今日からモノ知りシリーズ

トコトンやさしい

ねじの本

私たちの身の回りには、たくさんのねじがあります。自動車や鉄道、航空機、そして家電製品やパソコン、携帯電話などにも数多くのねじが使われています。ねじは最も大切な機械要素の一つなのです。

門田和雄

B&Tブックス
日刊工業新聞社

はじめに

本書は私たちの生活にたくさん入り込んでいるにもかかわらず、意外と注目されることが少ないねじに関する事項を幅広く理解できるように作成しました。

はじめにねじの役割やその歴史、ねじの規格やねじ業界など、ねじに関する話題を幅広くまとめているので、まず最初にねじに関する基本的な事項について幅広く興味をもっていただければと思います。

ねじの種類は実にさまざまです。その分類方法として、ねじの頭部形状やねじ山の形状の違いなどがあります。本書を読むことで、身の回りにある多くの規格品のねじを分類することができるようになるはずです。どうしてここにこのような種類のねじが使われるのかを理解することは、自分がねじを使う立場になったときにきっと役立つでしょう。

適切なねじを選定できるようになったら、次にそのねじを締めつける工具であるさまざまなドライバやスパナに関する知識を身につけましょう。そして、実際に自分の腕で適切にねじを締めつけることができるようになれば、それはあなたの技術になるはずです。また、ねじの太さや長さ、ねじ山の形状を測定するための測定工具に関する技術も、特にねじをつくろうとするときには欠かせない事項になります。

ねじの強度や締結に関する理論はなかなか難しい部分が多くあります。ただし、その基礎的な事項を理解しておけば、ねじのはたらきを科学的に理解することができるようになります。

斜面やくさびのはたらきを応用したねじの締結に関するサイエンスの視点を少しでも身につけてもらえればと思います。

ねじの製造法には、タップとダイスと呼ばれる簡単な工具から旋盤やねじ切り盤と呼ばれる本格的な工作機械を用いるものまで、幅広く切削加工に分類される加工法があります。また、材料から切りくずを出さずに、材料をたたいたり転がしたりして製造する塑性加工による加工法もあります。ねじが実際にどのような方法でつくられているのか。これを知ることで、ねじに関する理解をますます深めることができるでしょう。

ねじの材料は鉄鋼材料だけでなく、その他の金属材料やプラスチック材料が用いられることも多くあります。また、材料を加工した後に、材料の表面にめっきなどの処理を施すことも一般的なことです。一本の線材がねじになるまでの流れを全体的に理解できるようになれば、あなたもねじに詳しい人への仲間入りです。

ものづくりにおけるねじの大切さについて理解していただき、少しでも身近で私たちの生活を支えているねじについて愛着を深めてもらえればと思います。

２０１０年６月

門田和雄

トコトンやさしい

ねじの本

目次

目次 CONTENTS

第1章 ねじのいろいろ

第2章 ねじの種類

第3章 ねじの締付工具と測定工具

第4章 ねじの締結と強度

第5章 ねじの製造

第6章 ねじの材料と表面処理

第1章

ねじのいろいろ

1 もしもねじがなかったら

私たちの生活はねじに支えられている

私たちの身の回りには、たくさんのねじがあります。家電製品やパソコン、携帯電話などを見るだけでも、数多くのねじを見つけることができるでしょう。また、自動車や鉄道、航空機などの乗り物のまわりを見渡しても、ねじを見つけることができるはずです。さらには、建築物や橋などにも大きなねじがたくさん使用されています。もちろん、ねじはそれらの内部の見えない場所にも使用されているので、実際に使用されているねじの数は外見から見ることができるものよりもさらに多くなります。

試しに不要になった家電製品をドライバーで分解してみると、数十本のねじはすぐに取り出せるでしょう。そして、そのねじはすべてが同じ形状ではなく、頭の形や直径、長さなどがそれぞれ異なるはずです。そして、それらのねじは、それぞれ根拠があって、その種類が選定されているのです。

ところで、ねじは何のためにあるのか考えたことがありますか。もしもねじがなかったら何が困るのでしょうか。上で例にあげた製品で用いられているねじの大部分の用途は締結だと思います。どんな製品でも一つの部品でできているということはまずなく、複数の部品が組み合わされることで一つの製品はつくられるのです。そして、その締結部品の代表がねじということになります。もしもねじがなく、ねじ以外の方法で部品を組み合わせようとすると、接着剤を用いた接着や、部品同士を溶かして結合する溶接などが思い浮かぶかもしれません。もちろん、これらの方法が適切な場合もありますが、接着剤だけではなかなか強度を出すことができなかったり、溶接で接合してしまうと故障時の部品交換などで後から分解することが困難になるなどの問題も生じます。ねじには比較的小さな力で大きな締結力を発生させることができることや、取り外したいときには緩めることができるなどの特長があります。

要点BOX

- ●見渡すと周りはねじだらけ
- ●用途に応じて種類がある
- ●ねじは便利な締結部品

ねじの大きなはたらきは締結である

携帯電話

パソコン

家電製品
（冷蔵庫）

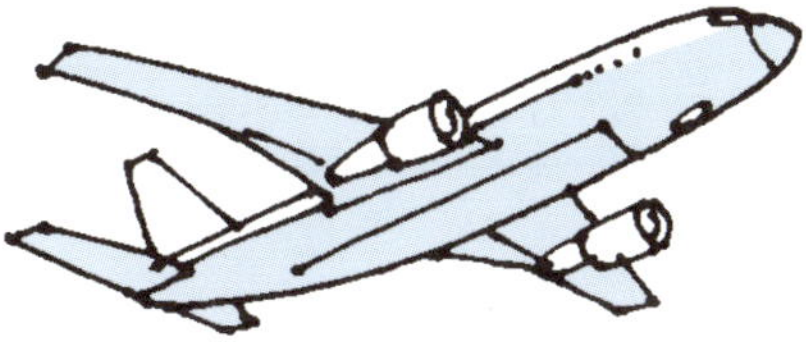

航空機

鉄道

自動車

これからねじについて学んでいくにあたり、私たちの生活がねじに支えられていることを再確認しておきましょう。

2 ねじは誰が発明したのか

発明家ダ・ヴィンチの眼力とモーズレーの功績

ねじを発明したのは誰なのか?それはいつ頃のことなのか? この質問に対する明確な答えはありません。しかし、ねじの基本原理となる螺旋《らせん》は紀元前から用いられていました。紀元前に発明されたアルキメデスの揚水ポンプや、ぶどう酒を絞り出すのに使われたプレス機には螺旋を利用したメカニズムが残されていますが、これらの用途は締結用ではなく、運動用でした。

締結用のねじの使用が広がりを見せるのは、レオナルド・ダ・ビンチが機械要素の一つとして、ねじを研究していた頃からです。ダ・ヴィンチは、ねじの幾何学的な形状やねじを製作するねじ切り盤を考案しており、そのスケッチなども残されています。そして、その後の産業革命の時代に確立した製鉄技術の進歩や機械を製作する工作機械の発明などにより、金属製のねじが本格的に普及していくことになります。

さまざまな工作機械が発明される中、１８００年頃にイギリスのヘンリー・モーズレーはねじ切り用の旋盤を開発しました。この旋盤は、加工する丸棒を回転させながら刃物台に固定された刃物を押しつけて切り込みながら移動させることで、丸棒にねじ山を成形していくというものです。モーズレーはねじだけでなく、幅広く機械部品を精密加工できる工作機械の開発に取り組み、工作機械の歴史の中でも重要な役割を果たしました。

ねじが大量生産されるようになると、そのねじ山の形状やねじ山とねじ山の間隔であるピッチなどを統一して互換性を持たせることが求められるようになりました。モーズレーの弟子であったジョセフ・ウィットウォースは、１８４１年にねじ山の角度を55度として標準化したウイットウォースねじを土木学会に提案して、それまで混乱していたねじの標準化に取り組みました。その後、このねじは１８６０年にイギリスでの一般的なねじの規格になり、普及していくことになります。

要点BOX

- ●ダ・ビンチのねじ切り盤
- ●モーズレーはねじ切り用の旋盤を開発
- ●ウイットウォースがねじの標準化に取組む

ダ・ヴィンチのねじ切り盤

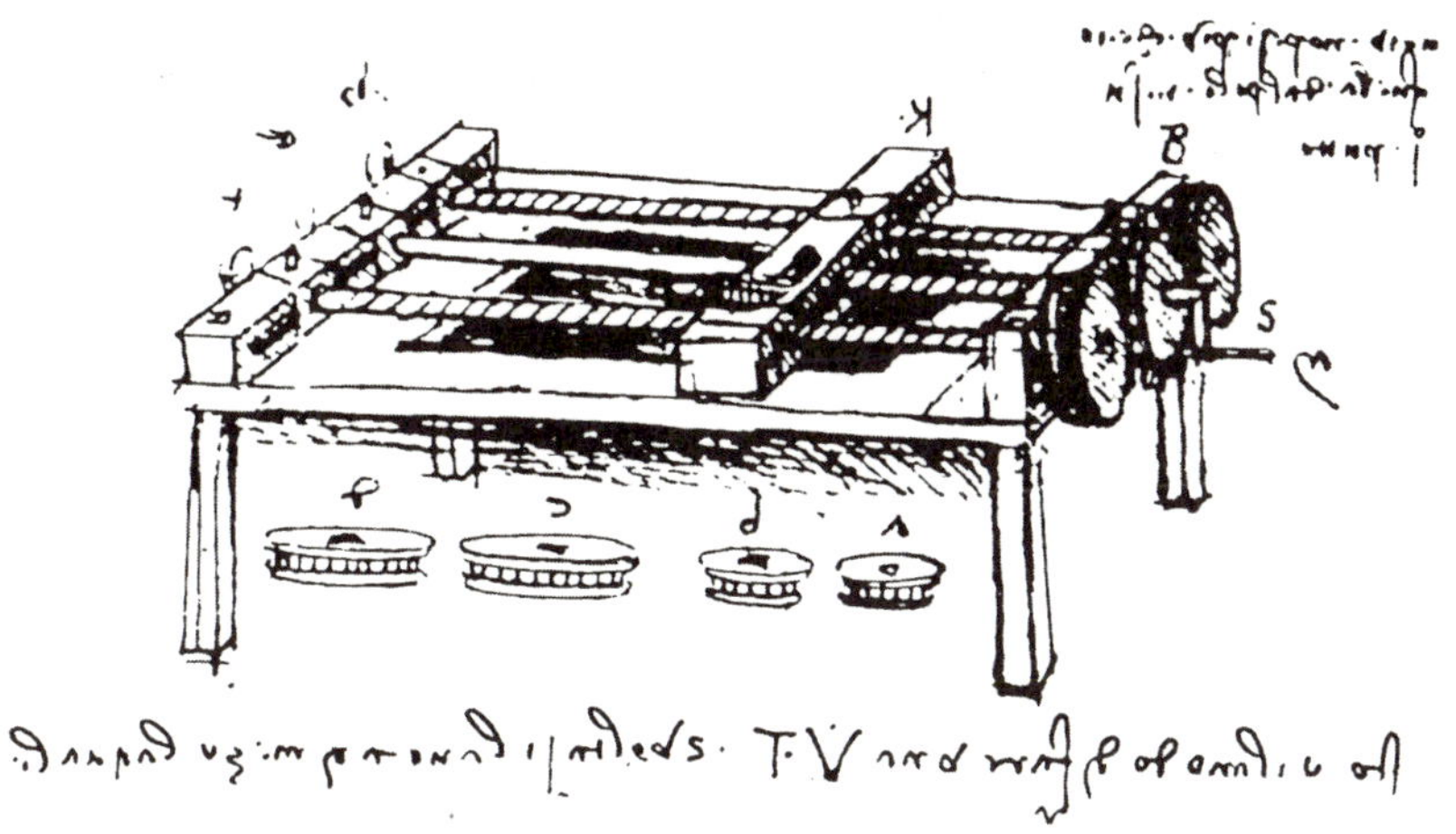

モーズレーのねじ切り旋盤

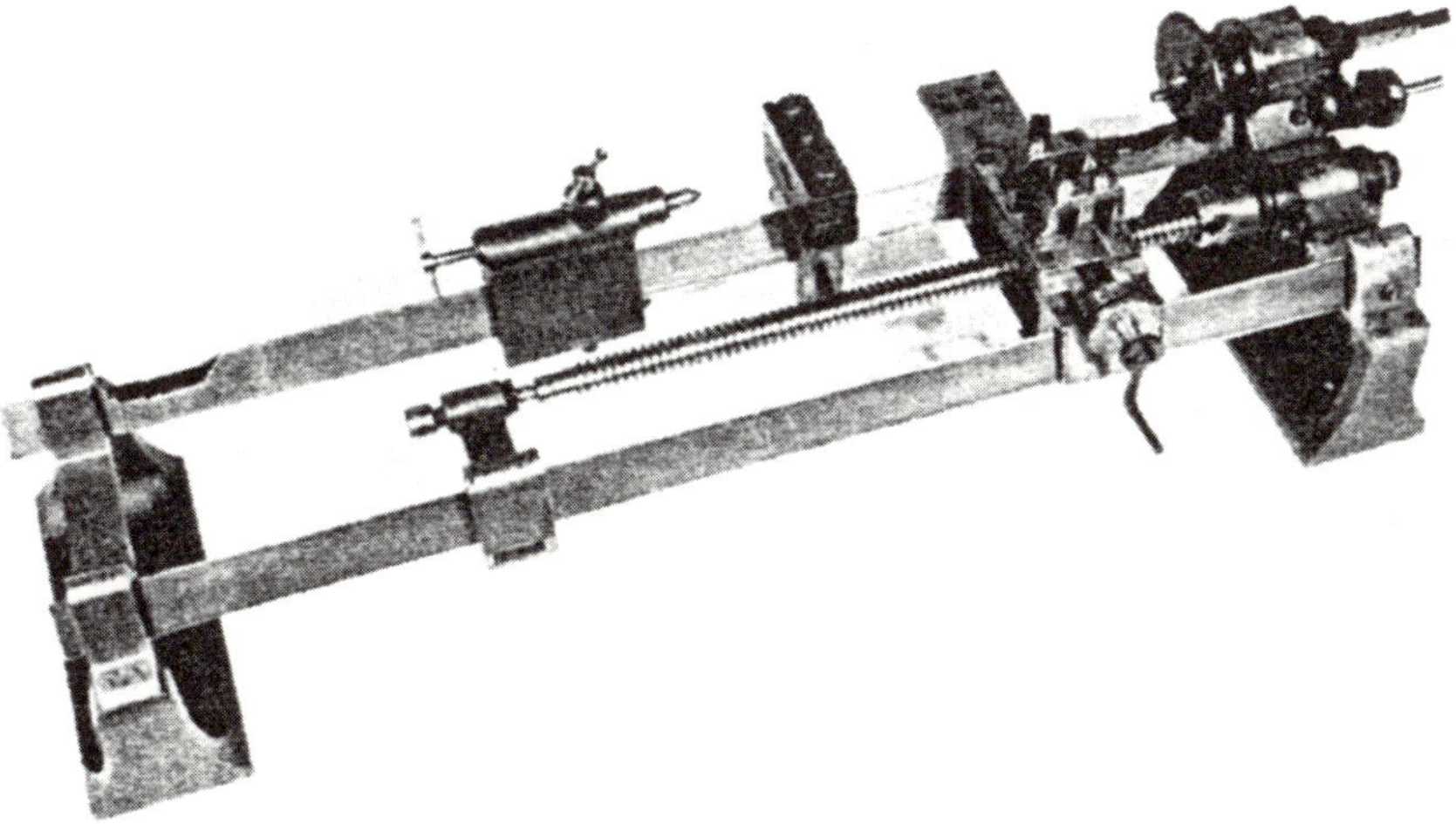

3

日本に伝来したねじの技術史

火縄銃からスチームハンマーまで

日本におけるねじの起源は、16世紀にポルトガル人が種子島に漂着し、そのときに伝来した火縄銃とともに入ってきたとされています。この火縄銃において火薬を出し入れする部分の尾栓にねじが用いられていたのです。種子島の領主はこの火縄銃を買い入れ、刀鍛冶にこれと同じものを製作するように命じました。そして、刀鍛冶は丸棒に糸などをコイル状に巻き付け、この螺旋に沿ってやすりなどで加工したと考えられています。ただし、この製造法は手作業であったため、互換性のある大量生産にはまだ至っておりませんでした。なお、この尾栓のねじ山の角度は約１２０度、頭部形状はのこぎりで切り込みを入れた程度のマイナス形状でした。

その後のねじの発展は、徳川幕府が鎖国を解くまで待つことになります。１８６０年に遣米使節目付役として海を渡った小栗上野介は、西洋文明の原動力は「精密なねじを量産する能力である」と考え、一本のねじを持ち帰りました。その後、小栗はフランスからのお雇い外国人ヴェルニーの協力を得て、横須賀に製鉄所と造船所を建設することになります。この場所には蒸気の力を利用して金属を加工するスチームハンマーがオランダから輸入され、船舶関係や軍事関係のねじ部品をはじめとするさまざまな機械部品が製造されました。なお、この施設は１９０３年に横須賀海軍工廠となり、多くの軍艦が製造され、第二次世界大戦後は在日米軍の基地となっています。驚くことに、当時のスチームハンマーは１９９６年まで約１３０年も稼働していました。

なお、小栗上野介が米国から持ち帰ったねじは現存しており、彼の菩提寺である群馬県の東善寺に展示されています。また、現在でも小ねじのことをビスということがありますが、これはフランスの援助でねじが輸入されたことの名残だということです。

要点BOX

- 日本でのねじの起源は火縄銃の尾栓から
- 小栗上野介が米国から持ち帰ったねじ
- 130年稼働しつづけたスチームハンマー

ねじの技術史

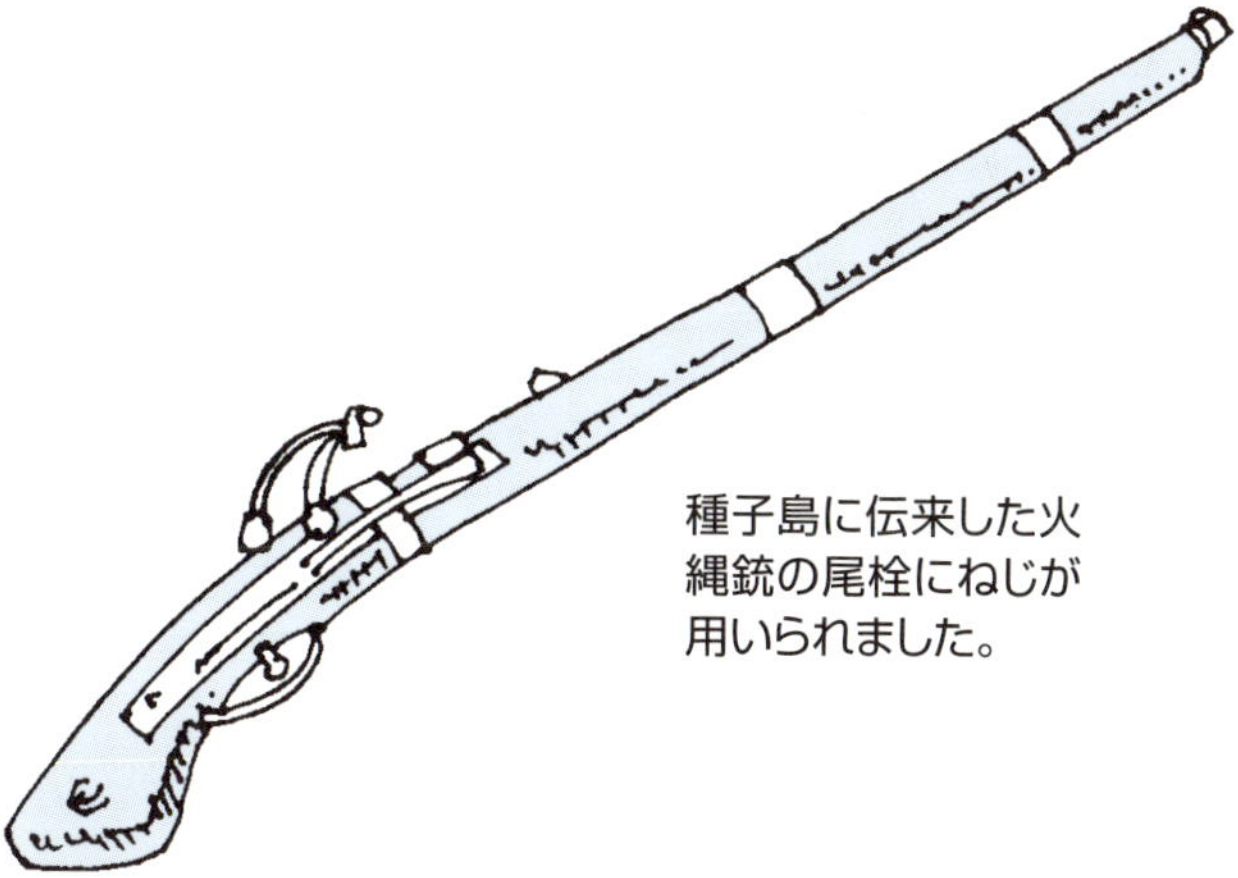

種子島に伝来した火縄銃の尾栓にねじが用いられました。

小栗上野介が持ち帰ったねじ

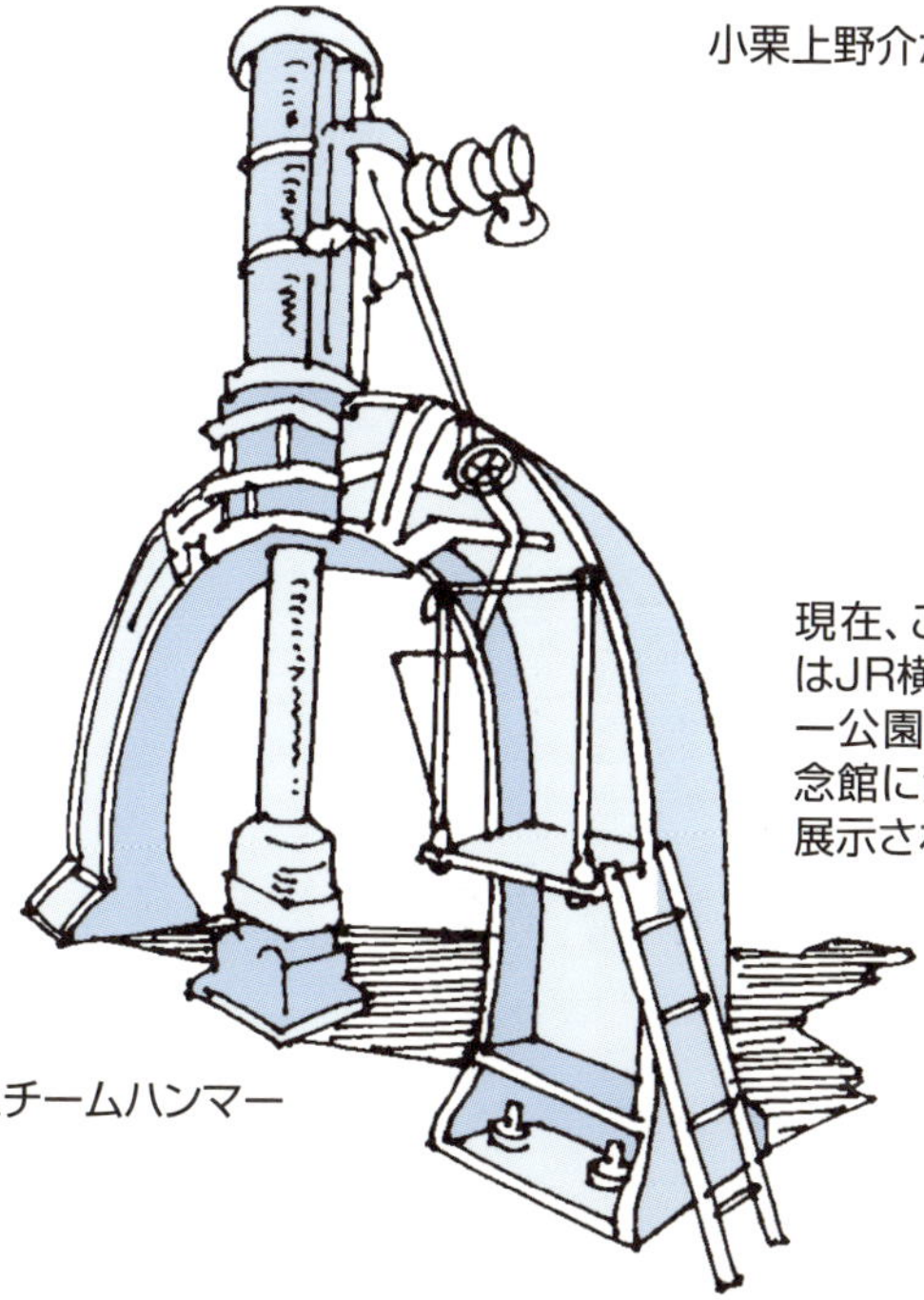

スチームハンマー

現在、このスチームハンマーはJR横須賀駅近くのヴェルニー公園内にあるヴェルニー記念館に貴重な産業遺産として展示されています。

4 ねじの規格が制定されるまで

ねじの国際標準化への長い道のり

ウイットウォースがイギリスで1860年に標準化したねじは、ねじ山の角度が55度のインチ当たりの山数で表したものでした。1864年にアメリカではセラーズがねじ山の角度を60度で表したインチ系のねじを発表し、これは後にUSねじとしてアメリカ規格に採用されました。1875年にメートル法が国際条約として締結されたことを受けて、1894年にはフランスでねじ山の角度が60度で長さをメートルで表したメートルねじが考案されました。このねじは1898年にSIねじとして国際的な規格になり、1940年にはヨーロッパ各国の同意を得てISAメートルねじとなります。これは現在まで普及しているメートルねじの原形となります。また、1898年にはドイツでDIN規格というメートルねじも制定されました。

イギリスのウイットウォースねじ、アメリカのUSねじ、フランスのメートルねじは、それぞれ別々に広まっていくことになります。しかし、戦時中に部品の互換性がないと困ることも多かったため、軍需品のねじの互換性を図る目的で、1948年にアメリカ、イギリス、カナダの三国間でねじ山の角度が60度のインチねじがユニファイねじとして制定されました。

1947年には、工業分野の国際的な標準規格を策定する国際標準化機構（ISO）が設立され、国際化により、互換性の要求が高まってきました。ねじも1962年にISAメートルねじとユニファイねじを基盤として、ISOメートルねじとISOインチねじとからなるISOねじを制定しました。このとき国際条約として締結されたメートル法に基づいて、メートルねじに一本化されなかった理由として、アメリカの軍事規格であるMIL規格の影響が大きかったことがあげられます。その名残か、現在でも航空機関係のねじには、インチ系のねじが多く使用されています。なお、1952年には日本もISOに加盟しています。

要点BOX

- ねじ山の角度が55°と60°のねじ
- 60°のインチねじがユニファイねじに
- ISOのメートルねじとインチねじ

ねじの規格の変遷

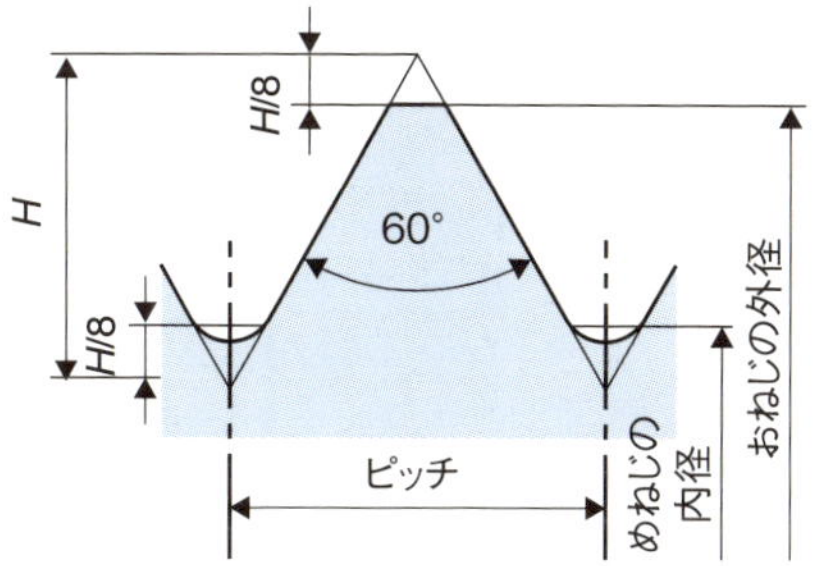

(a) SIねじ（メートルねじ）

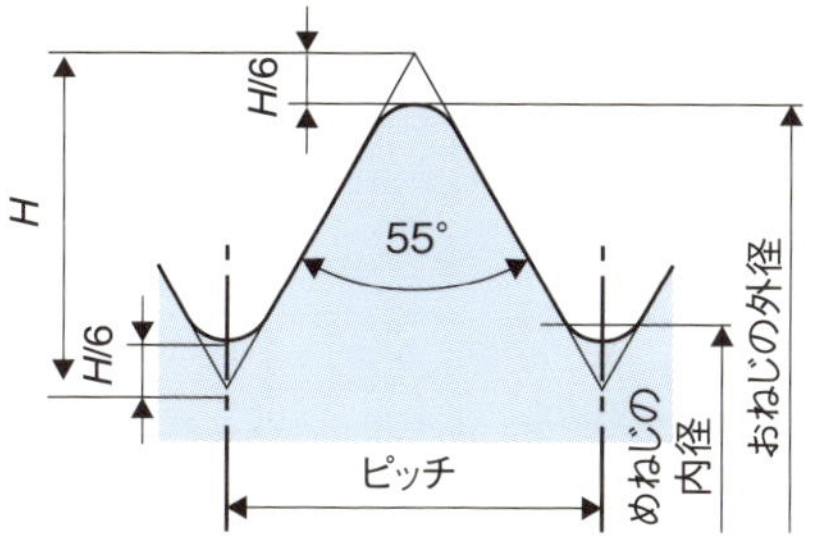

(b) ウイットウォースねじ（インチねじ）

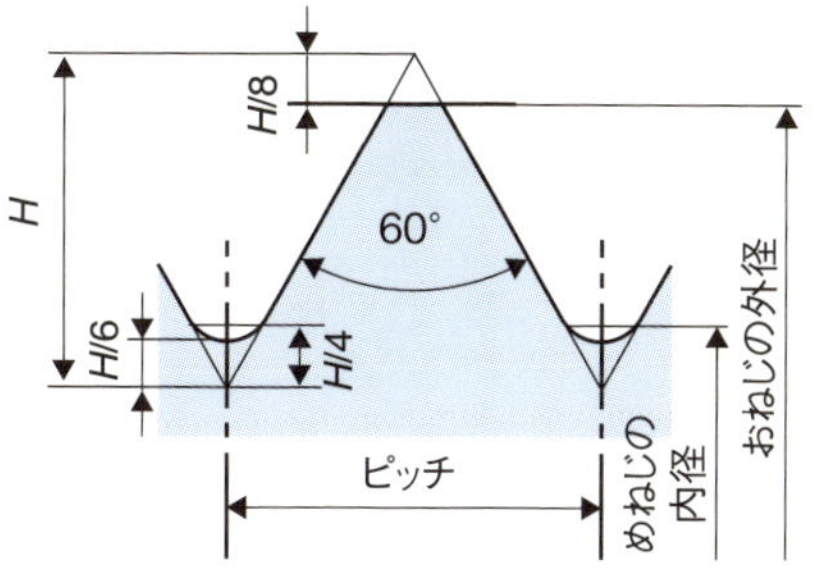

(c) ユニファイねじ（インチねじ）

1962年に統一

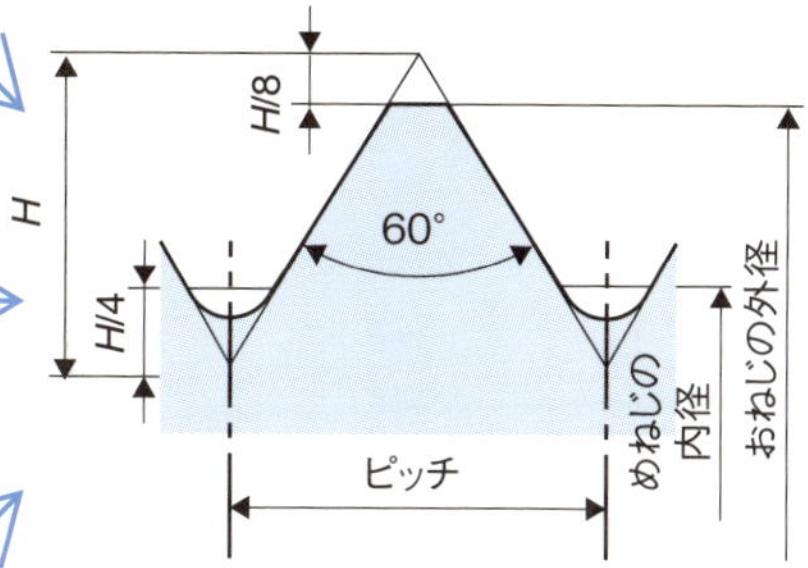

(d) ISOメートルねじ
ISOインチねじ

ISOはInternational Organization of Standardizationの略です

5

日本におけるねじの規格の変遷

JISとISOは一致する方向に進んでいる

日本は1875年のメートル法の国際条約から10年遅れて1885年に加入しました。その後、1921年に日本標準規格（JES）が制定され、1927年にメートルねじ第1号とウイットウォースねじ第1号が制定されました。その後、1939年の臨時日本標準規格、1946年の日本規格などが制定されますが、第二次世界大戦中には陸軍と海軍でもねじの規格が別々に運用されるなど、国内でも互換性は保証されていませんでした。

1946年6月1日に工業標準化法が公布され、日本工業規格（JIS）が制定されましたが、戦後はアメリカの影響を受けていたこともあり、JISの中にはメートル、ウイット、ユニファイの3規格が混在していました。その後、JISねじはISOねじを採り入れる方向に改められています。なお、現在はウイット規格が廃止され、メートル、ユニファイの2規格が規定されています。

JISねじとISOねじは一致させる方向に向かってはいるものの、さまざまな背景があり、すぐに一致しない種類のねじも存在しています。例えば、おねじの外径をMで表すメートル並目ねじのM1.7、M2.3、M2.6はISOねじには存在しない寸法ですが、日本ではM1.7は写真関係、M2.3とM2.6は電子機器関係に多く用いられてきました。ISOねじの寸法としては、わずか0.1ミリ寸法が異なるM1.6やM2.5が規定されていますが、移行にはまだ時間がかかりそうです。

なお、ねじに関するJISをまとめたハンドブックは、日本規格協会から毎年刊行されており、用語・表記・製図などを表したねじⅠ、一般用ねじ部品や特殊用ねじ部品などを表したねじⅡの2冊があります。

また、JISが制定された6月1日を「ねじの日」として、業界におけるねじ製品の社会的責任と義務についての認識を深めるとともに一般社会に対しても広くねじをPRする取り組みが行われています。

要点BOX

- ●日本は1885年メートル法国際条約加盟
- ●1946年にJIS制定
- ●6月1日はねじの日

日本におけるねじの規格の変遷

1885 年　メートル法の国際条約に加入

1921 年　日本標準規格（JES）が制定

1927 年　メートルねじ第 1 号、ウィットウォースねじ第 1 号が制定

第二次世界大戦中は規格が混乱しており
互換性は保証されず

1946 年　工業標準化法が公布され、
6 月 1 日　日本工業規格（JIS）が制定

6 月 1 日は
ねじの日です

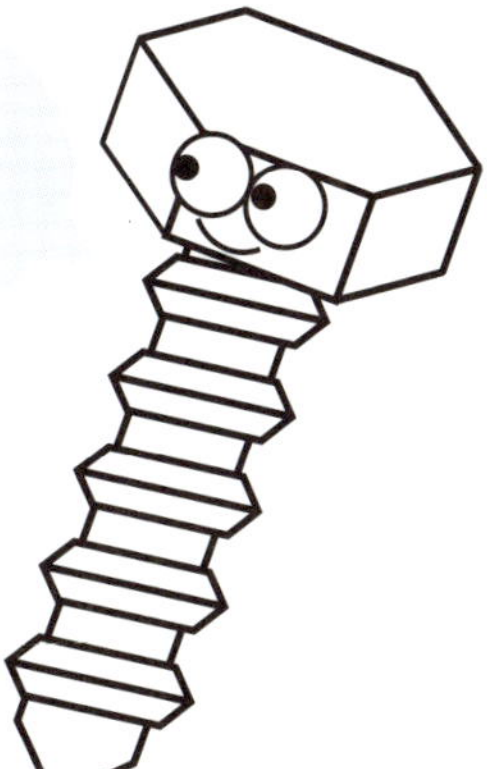

JISはJapanese Industrial Standards
の略です

6 なくならない ねじの附属書とは

ＩＳＯ規格に準拠しない ＪＩＳ規格ねじの輸出で告訴？

ＪＩＳねじはＩＳＯねじに一致させようとしていますが、両者の一致が難しいようなねじの場合、古くから慣習的に使用されてきた寸法のＪＩＳねじが突然なくなると困ってしまいます。先に述べたように、日本ではＩＳＯに規定されているＭ1.6よりも、古くからＪＩＳに規定されているＭ1.7の方が市場性があることなどが知られています。すぐにできそうなことは、今後製作する製品にＩＳＯねじの規格にないＪＩＳねじを使わないようにすることです。それでも、ＩＳＯねじと一致しないＪＩＳねじが完全に消え去るまでには何年もかかってしまうことでしょう。そのため、ＩＳＯねじの規格にそぐわないＪＩＳねじは何年か後に廃止するとして、附属書という形で暫定的に残しておくという方法がとられています。

ところが近年、このことに関して大きな問題が発生しました。ねじの中でも、市場性がとても大きい六角ボルトと六角ナットのＪＩＳねじの幅の基準寸法がＩＳＯねじとは異なるということでの附属書が、２００９年の12月31日で廃止されることになっていたのです。附属書から除外されるということは、このねじが国際規格として認定されなくなるというだけでなく、輸出入の際に貿易問題になることなども懸念されていました。具体的には六角ボルトと、六角ナットの互いに平行な二面間の距離である二面幅がＭ10、Ｍ12、Ｍ14では本体規格品が附属書規定品に比べて1ミリ小さく、Ｍ22では逆に2ミリ大きいということなど、わずかな寸法の違いですが、附属書が廃止されることの影響は大きかったのです。

結局、この問題は附属書の廃止期限を、２０１４年12月31日までとする5年間延長の追補改正が行われ、先送りという形になりましたが、5年後に向けて対策が迫られるところです。ねじの寸法が1ミリ違うだけで貿易摩擦が発生する可能性もあるほど、規格というものは重みのあるものなのです。

要点BOX

- JISとISOで一致できないねじ
- わずか1〜2mmの差が大問題
- 規格の重み

JISとISOが一致しない部分は附属書で一時しのぎ

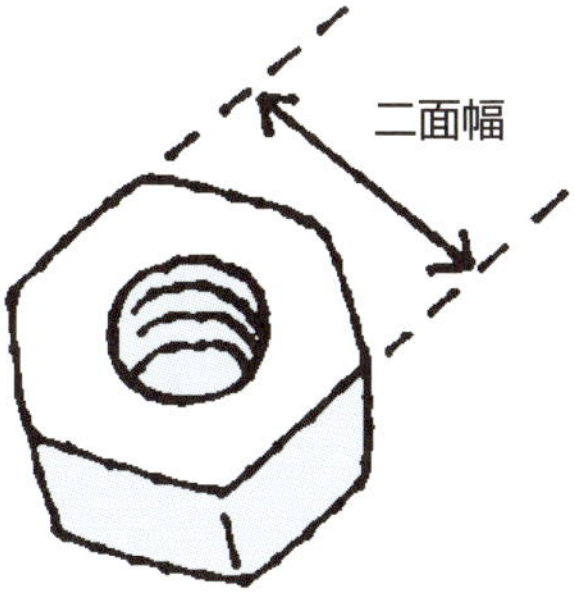

二面幅の寸法が1ミリ異なるだけで、
貿易摩擦が勃発か!?

ひとまず、2014年12月31日までの
5年間延長に

7 ねじはどのくらい生産されているのか

ねじ業界は不況に強いのか？

私たちの身の回りに数多く存在しているねじはいったいどのくらい生産されているのでしょうか。ねじの生産実績推移をまとめている日本ねじ工業協会の資料から、その推移を見てみましょう。ねじの生産実績は、ボルト、ナット、小ねじ、木ねじの４種類に分けて、生産量と生産金額がまとられていますが、ここではこれらをまとめた数値を紹介します。２００９年、日本におけるねじの生産量は３２０万８８１９トン、生産金額は８９８０億37万円でした。この年は未曾有の経済危機の影響などもあり、落ち込みがありましたが、それまでの５年間は着実に増加の推移をたどっていました。あらゆる製品のものづくりを根本で支えているねじ業界は、景気の変動にも大きな影響を受けることの少ない、安定成長を続けてきたのです。今後も各国が何かしらの製品を作り続ける限り、ねじ業界が衰退することはないはずです。ねじ業界では約９０００億円ものねじを生産しておりますが、これを例えば産業用ロボットの生産額と比較してみましょう。ロボットというと、人型をした歩行ロボットのイメージがあるかもしれませんが、まだまだ生産額は小さく、生産額のほとんどは工場で自動車や家電製品の組み立てに使う産業用ロボットが占めています。日本における産業用ロボットの２００９年の生産額は、前年比57・１％減と大きく落ち込んでの２２８９億円でした。ロボット業界は、産業用だけでなく家庭用をはじめとする非製造業分野に進出することで市場は１兆円以上の市場になるという予測もささやかれていますが、現実ではねじ業界の生産額の方が圧倒的に大きいのです。

もちろん、ロボットにも数多くのねじが使われておりますし、自動車にも家電製品にもねじは数多く入り込んでいます。このように考えてみても、ねじはあらゆる製造業を土台で支えているのです。

要点BOX
- ●不況でもねじ生産は落ち込まない
- ●ロボットの生産と比べてみると
- ●ねじはあらゆる製造業を土台で支える

ねじの生産重量

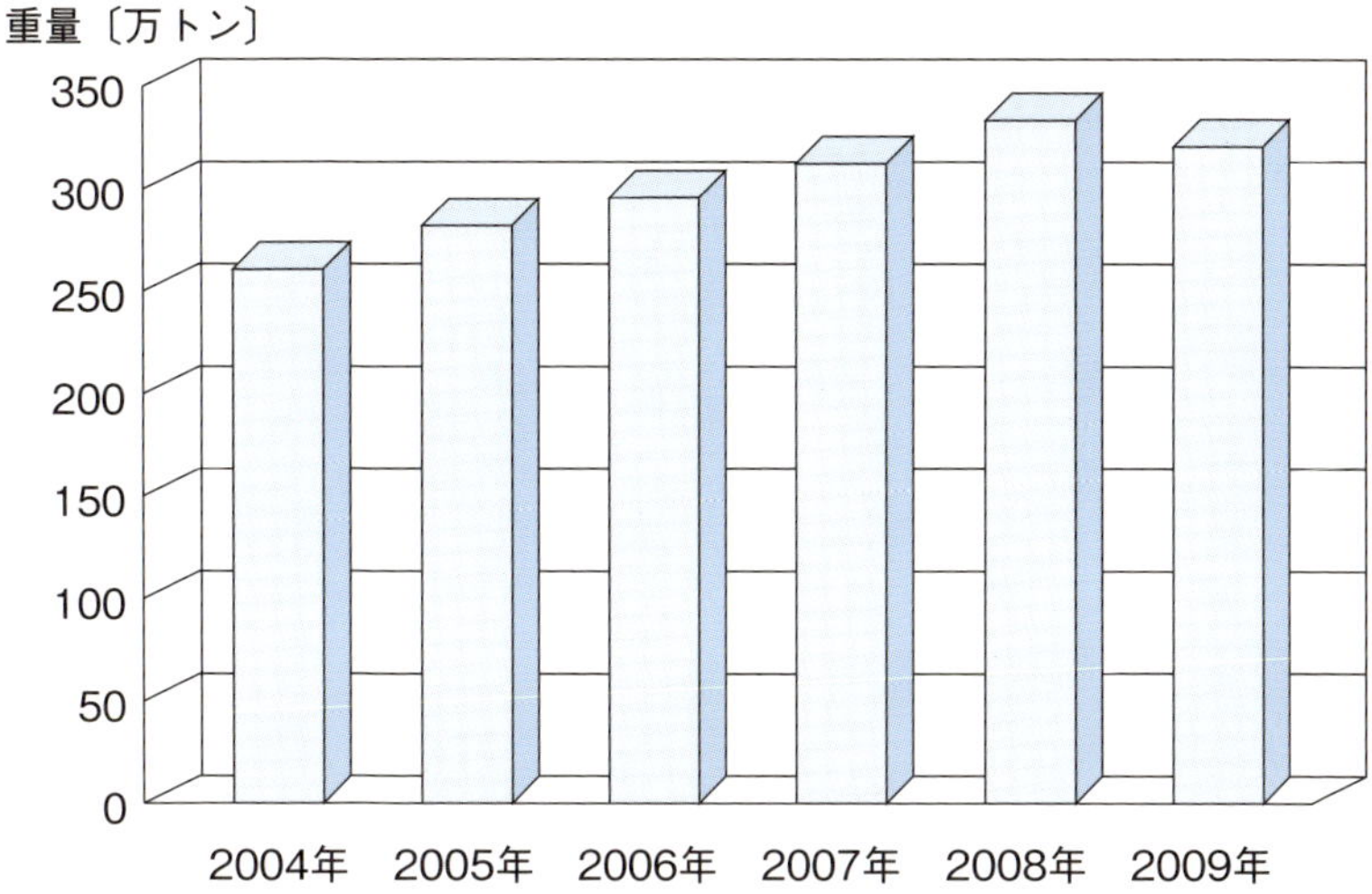

ねじの生産金額

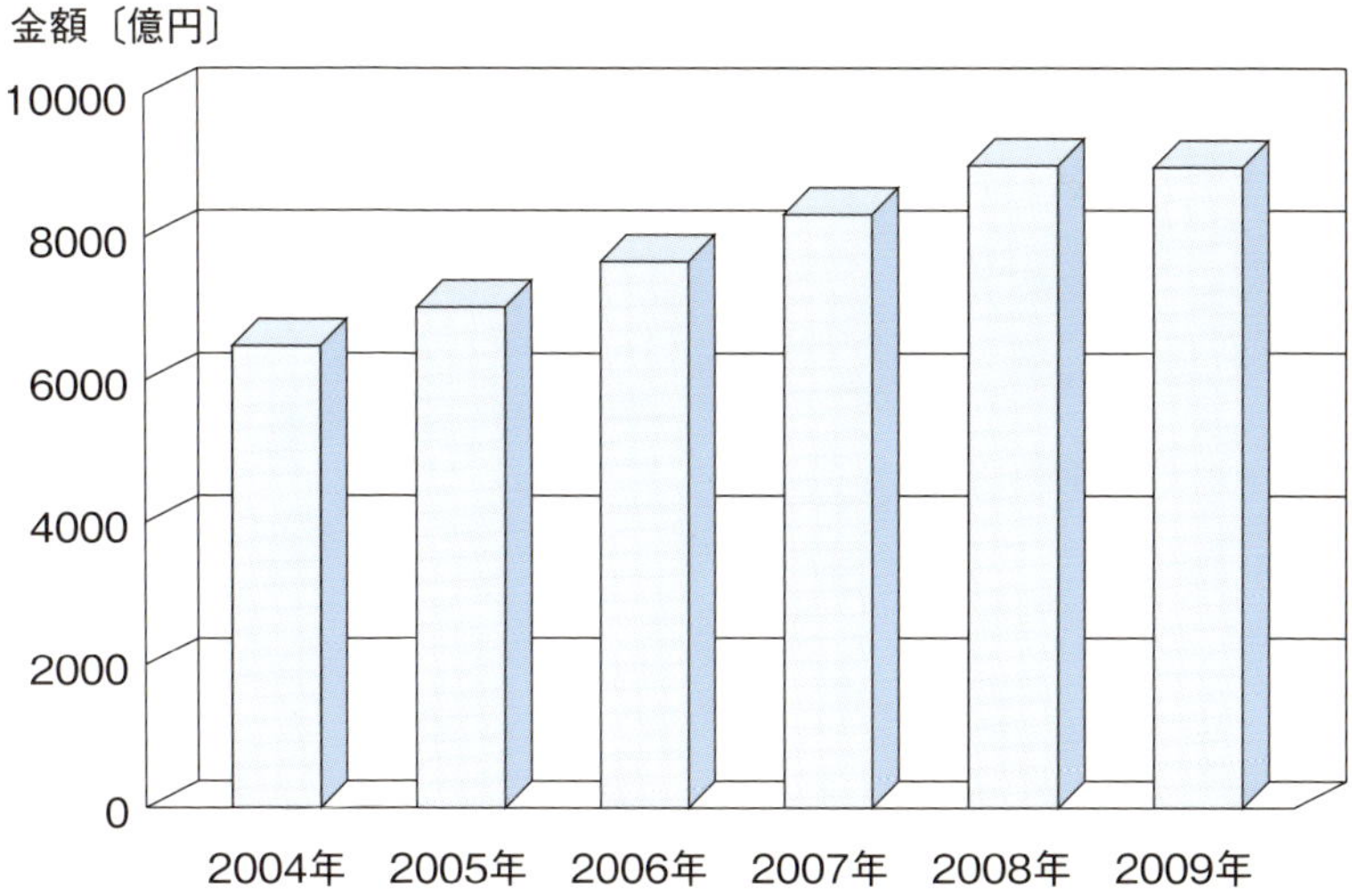

（日本ねじ工業会調べ）

8 ねじの流通は生産者、問屋、消費者

種類が豊富なねじを商うために必要なねじ問屋

ねじを購入して使いたいと思うねじの消費者にねじが届くためには、ねじの製造工場から直接購入することはまずありません。その間に入るのが、ねじの卸売り業者であり、これを問屋や商社ともいいます。また、これらの間には物流を担う運輸業者や倉庫業者なども関係しています。個人の方が何らかの工作や修理などでねじがほしいとき、ＤＩＹショップや金物屋などで10本程度を購入するのが一般的な入手方法ではないかと思います。

それでは、自動車メーカーや家電メーカーが製品を製造しようとするときに使用する種類も本数も多いねじはどのように調達しているのでしょうか。

ねじには多数の種類があり、数10万種類が流通しています。一方、一カ所の工場で製造できるねじの種類は限られているため、別々の工場で製造している10種類のねじを購入したいと思ったとき、10カ所の工場から別々に購入するよりは、それらを品揃えしている問屋から購入したほうが便利だということになります。すなわち、製品の組立工場とねじ工場の間において、ねじ問屋は大きな役割を果たしているのです。業界によっては、問屋をなくすことで流通経費を削減しようとする問屋不要論が唱えられることもあるようですが、多品種のねじが流通しているねじ業界においては、問屋はなくなるどころか、ますますその重要性を増していくでしょう。

なお、ねじの出荷額を都道府県別に見ると、圧倒的に多いのが大阪府、次いで愛知県、神奈川県、埼玉県です。特に大阪府には古くからねじの製造業者が多く集積しており、これに伴う生産地問屋としてのねじ問屋も数多く立地しています。特に江戸時代から木材の集積地で栄えた大阪市西区の立売堀《いたちぼり》には、大正時代以降に金属や機械などの問屋街が立地するようになり、現在でも多くのねじ問屋が集積しています。

要点BOX

- ●ねじの流通過程
- ●メーカーとユーザーの間を結ぶねじ問屋
- ●ねじ生産1位は大阪府

ねじの流通

すべての種類のねじをつくることができる工場は存在しないので、ねじの流通において卸問屋は必要となります。

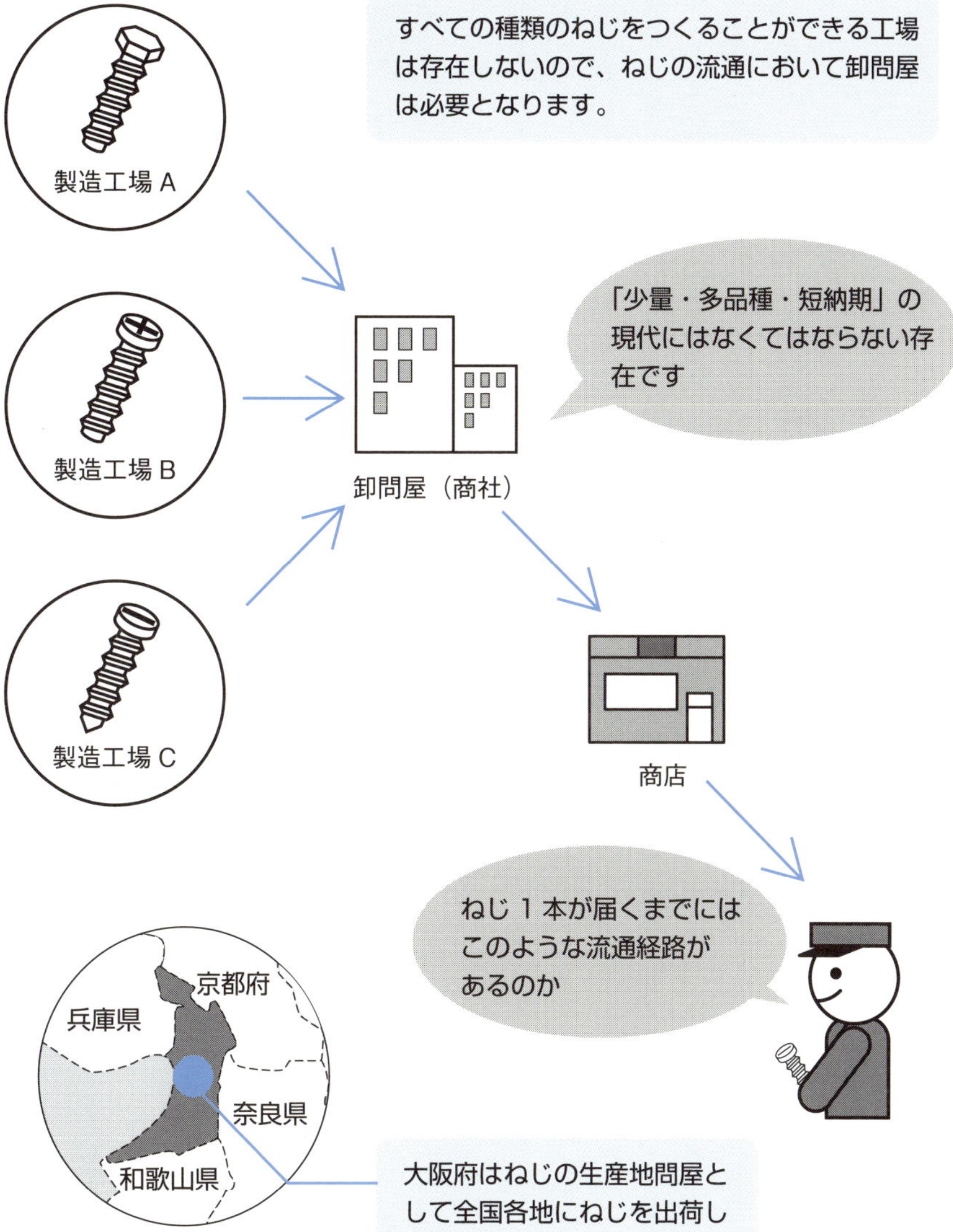

大阪府はねじの生産地問屋として全国各地にねじを出荷しています。

9 ねじ業界を取り巻くねじ関連団体

ねじ関連の業界専門紙や学協会のいろいろ

　ねじ業界に関する情報を収集したいときには、ねじの業界誌に目を通すことをお勧めします。金属産業新聞は、毎週月曜日発行のねじ業界の専門情報紙であり、ねじ業界の市況や団体動向、企業動向をはじめ、新製品、技術の報道、ねじ製造機械、工具、材料、ＩＴ、関連資材や統計資料の記事も充実しています。ファスニングジャーナルは、全国鋲螺新聞社を前身としたねじ業界の専門紙です。毎月3回発行されており、締結・ねじ業界の動向や技術・新製品情報などを掲載しています。

　日本ねじ工業協会は、日本のねじ業界団体であり、①行政庁および関係諸団体との折衝連絡、②ねじの品質向上並びに品種および規格の改善に要する事業、③ねじ資材の価格、材質等に関する調査および必要資材の需給の合理化対策の推進、④ねじに関する国際交流の推進、⑤ねじに関する内外文献資料情報等の収集および工業所有権の調査、⑥ねじ工業の設備経営の合理化施策の研究および推進、などの活動を行っています。

　日本ねじ研究協会は、ねじに関する技術的事項に取組んでおり、学識経験者並びにねじの生産・販売に携わる関係企業、ねじの需要者、材料、機械、工具、測定などの関連企業各社の協力を得て、ねじの締付け、疲れ強さ、ゆるみ、遅れ破壊などの調査研究を進めています。また、ねじの基本および締結用部品に関するＪＩＳ原案の作成にもあたっており、その制定・改正に協力するとともに、ＩＳＯ／ＴＣ１（ねじ）、ＴＣ２（締結用部品）およびＴＣ２０／ＳＣ４（航空機および宇宙航行体／航空宇宙用締結システム）の国内責任団体を勤め、案件の審議、意見書の作成・提案、国際会議への代表派遣などを行っています。

　また、機械、建築、土木、材料などの学会では、ねじに関する研究発表が行われています。

要点BOX

- ●ねじ関連の専門紙・誌
- ●ねじ関連の業界団体
- ●ねじ関連の学会

ねじ業界を取り巻くねじ関連団体

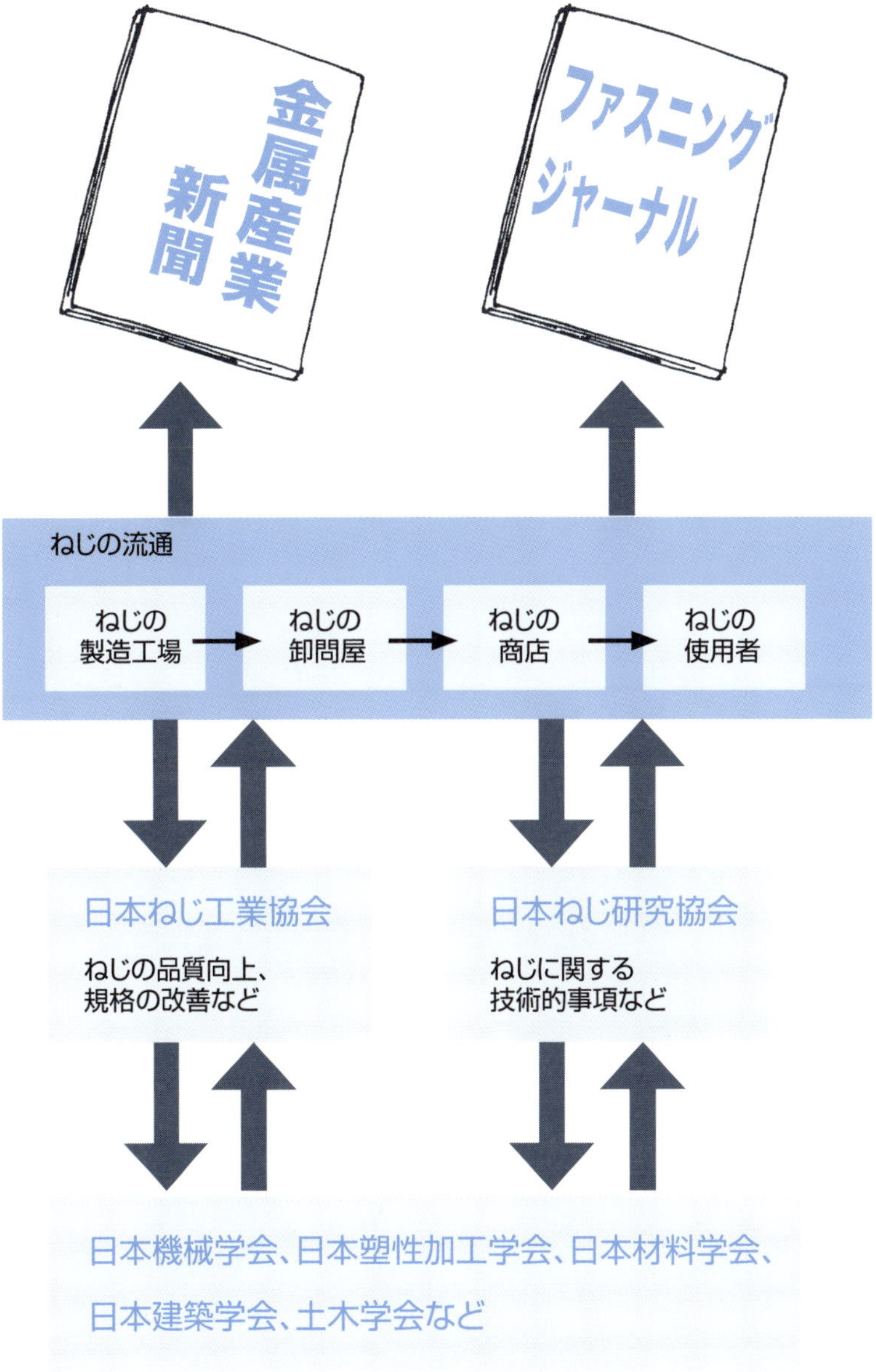

10 規格ねじと特殊ねじについて

オリジナリティを出せない規格品製造の宿命

　規格品のねじはＪＩＳやＩＳＯに準拠して各部の寸法が事細かに規定されています。すなわち、規格品のねじは全国どこの工場で製造しても均質の製品が製造されなければならないのです。このことは、ねじを製造する側から見ると製品に関するオリジナリティは出すことができないということになります。製造工程などでの工夫は製造業者ごとにそれぞれあると思いますが、製品にそれが直接的に反映されることはありません。もちろん、規格品の製造とはそういうものなのですが、これではねじの製造業者が「できるだけ安く生産する」ことだけに重点がおかれ、安易な価格競争に巻き込まれてしまうおそれがあります。

　中小のねじ工場は製造したねじを直接消費者に届けるのではなく、問屋を通して流通するのが普通です。そこで製造者と問屋がうまく連携して、他品種少量生産のねじをできるだけ在庫を抱えることなく、販売するシステムの確立が重要となります。

　一方、規格品のねじに対して特殊ねじと呼ばれるねじの一群が存在します。特殊ねじとは、広くは規格品以外のねじという意味であり、いわゆるオーダーメイドのねじです。ある機械の組み立てにどうしてもほしい形や材質のねじが規格外で存在しない場合、ねじの製造者や商社と相談しながら、オリジナルのねじを製造するのです。このように製造されるねじの形状は、規格品のねじのように頭部とねじ部があるという一般的なものではなく、複雑な形状をした機械部品の一部にねじがあるというようなものも多く存在します。また、特殊ねじは自動車部品用などに大量生産されるものもありますが、個人の趣味用に製造されることもあります。その用途は実に幅広く、オリジナルのギターやオートバイや家具の部品などさまざまです。

　このようにねじは規格品だけでなく、実にさまざまな形で世の中に存在しているのです。

要点BOX

- ●ねじはJIS、ISOで規格化されている
- ●特殊ねじはオーダーメイドのねじ
- ●複雑な機械部品の一部にもねじ山が

規格ねじと特殊ねじ

規格ねじ

大量生産に互換性部分としてのねじは欠かせない

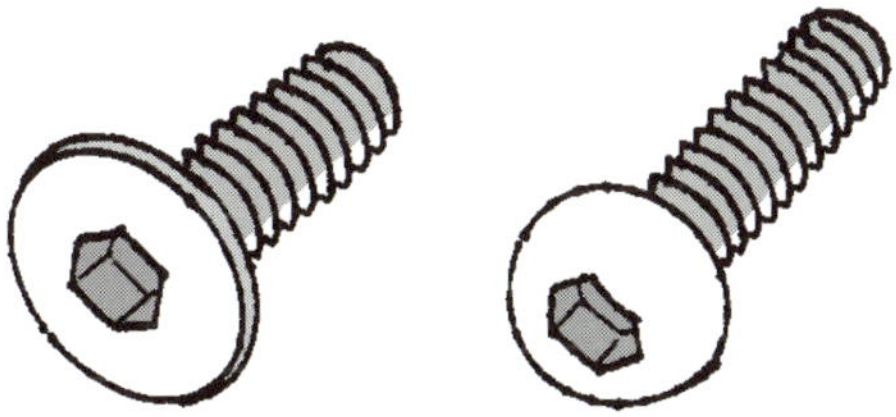

ISOやJISに準拠したねじ

どの工場でつくっても材質や寸法が規定されているので、同じ製品ができる

特殊ねじ

耐熱性

高強度

電気絶縁性

いたずら防止

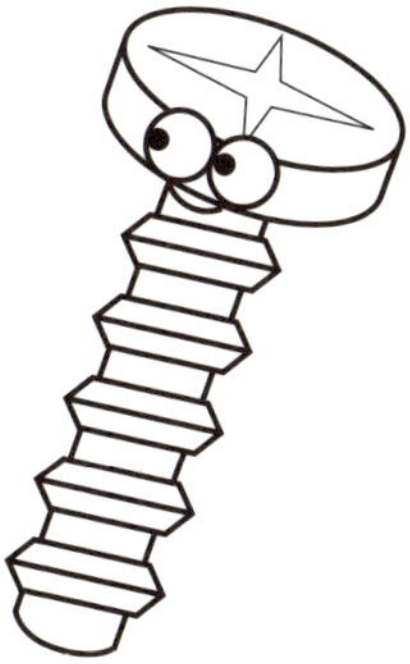

耐薬品性

非磁性

軽量

電気伝導性

規格ねじにはない要求に応じた形状や性質を持たせたねじも多い

Column

ねじがニックネームの野球チーム

アメリカ合衆国のミシガン州は、五大湖のうちの４つに囲まれた北東部に位置する州です。昔から馬車や自転車の製造が盛んだった地域でしたが、１９０３年にヘンリー・フォードが量産型の自動車工場を建設した自動車工業発祥の州として知られています。ミシガン州最大の市は自動車の街とも呼ばれるデトロイトですが、ミシガン州の州都はランシングです。

　ランシングは現在、メジャーリーグベースボール（ＭＬＢ）で唯一アメリカ国外のカナダに本拠地を持つ球団であるトロント・ブルージェイズの１Ａチームであるランシング・ラグナッツの本拠地となっています。そのラグナッツのナッツ（ｎｕｔｓ）とはねじのことであり、これは工業の州にちなんで名付けられたようです。そして、驚いたことにこのチームのロゴはねじなのです。六角ボルトに顔をあしらったねじのロゴが野球帽の中心に、またユニフォームにもねじのロゴが描かれています。

　工業の州ならではの愉快なマスコットキャラクターだと思いますが、実際にねじというものの存在が根付いており、そのステイタスもあるのではないかと思います。

第2章

ねじの種類

11 ねじの各部名称のいろいろ

ねじを学ぶ第一歩は各部の名前を覚えることから

ねじは、円筒や円錐の面に沿って螺旋状の溝を設けた形状をしており、溝を円筒または円錐の外面に設けたものをおねじ、内面に設けたものをめねじといいます。

ねじのはたらきは、この溝を利用して、部材の締結をしたり、伝達運動を生み出したりすることです。一般におねじは、ねじ山をもつ軸、ねじの先端部の先、ねじ頭部の頭、頭と軸をつなぐ首と呼ばれる部分から構成されます。また、ねじ山には凹凸があり、おねじの場合には山の部分を外径、谷の部分を谷の径、めねじの場合には、内径と谷の径といいます。

直角三角形で円柱をつくり、これを丸めていくと、その斜面は曲線を描きます。この曲線をつる巻線といい、ねじの溝はこのつる巻線に沿って形成されています。このつる巻線が右回りになるものを右ねじ、左回りになるものを左ねじといいます。通常のねじは多くが右ねじであり、左ねじは時計方向に回転している軸の固定などに用いられます。

隣り合うねじ山の距離をピッチ、ねじを1回転させたときの軸方向の移動量をリード、ねじ山のつる巻線とその上の1点を通るねじの軸に直角な平面とがなす角度をリード角といいます。一般的なねじではピッチとリードが等しく、これを一条ねじといいます。リードがピッチの2倍あるものを二条ねじ、3倍ある物を三条ねじといい、これらを総称して多条ねじといいます。多条ねじは厚さが薄い管の接合部などで用いられます。一般的なねじはねじ山が円筒形の軸の周囲に刻まれる平行ねじですが、気密性が必要な部分などには、円錐形の軸に沿って刻まれているテーパねじが用いられます。

ねじの寸法を代表する直径を呼び径といい、主としておねじの外径が使われます。また、ねじ溝の幅がねじ山の幅に等しくなるような仮想的な円筒を有効径といい、強度計算などにはこの寸法が使われます。

要点BOX

- ●ねじとめねじ
- ●ねじには右ねじと左ねじがある
- ●一条ねじ／二条ねじ／三条ねじ

ねじ各部の名称

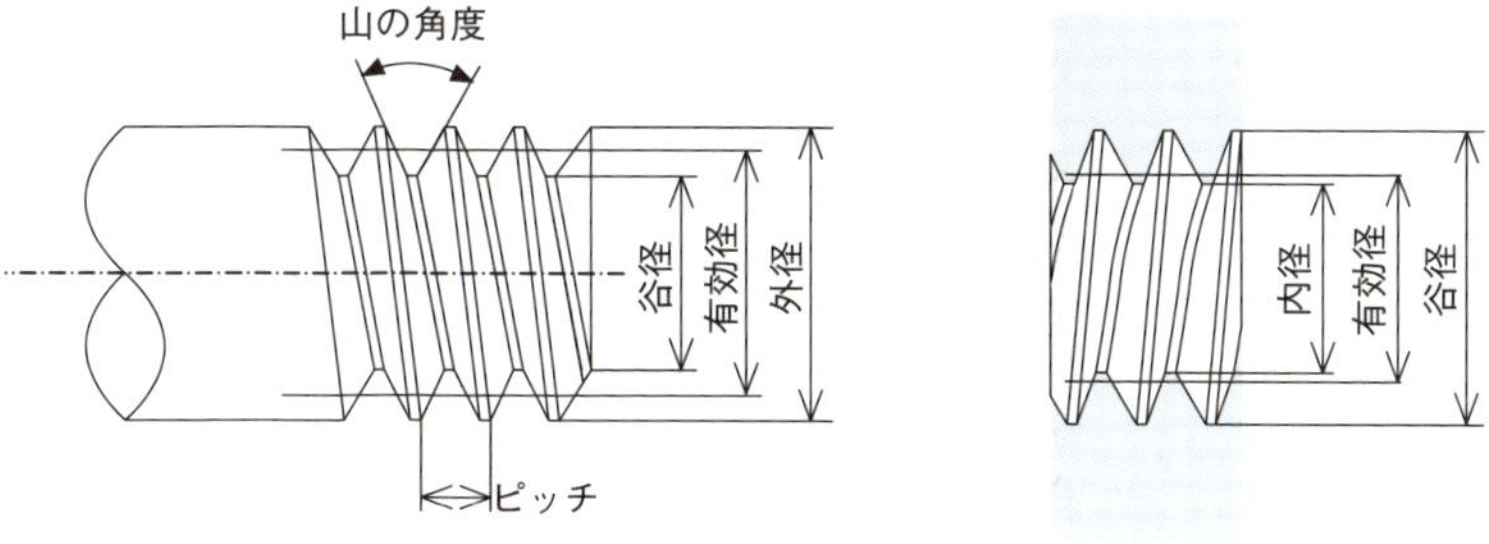

おねじ　　　　めねじ

つる巻線と斜面

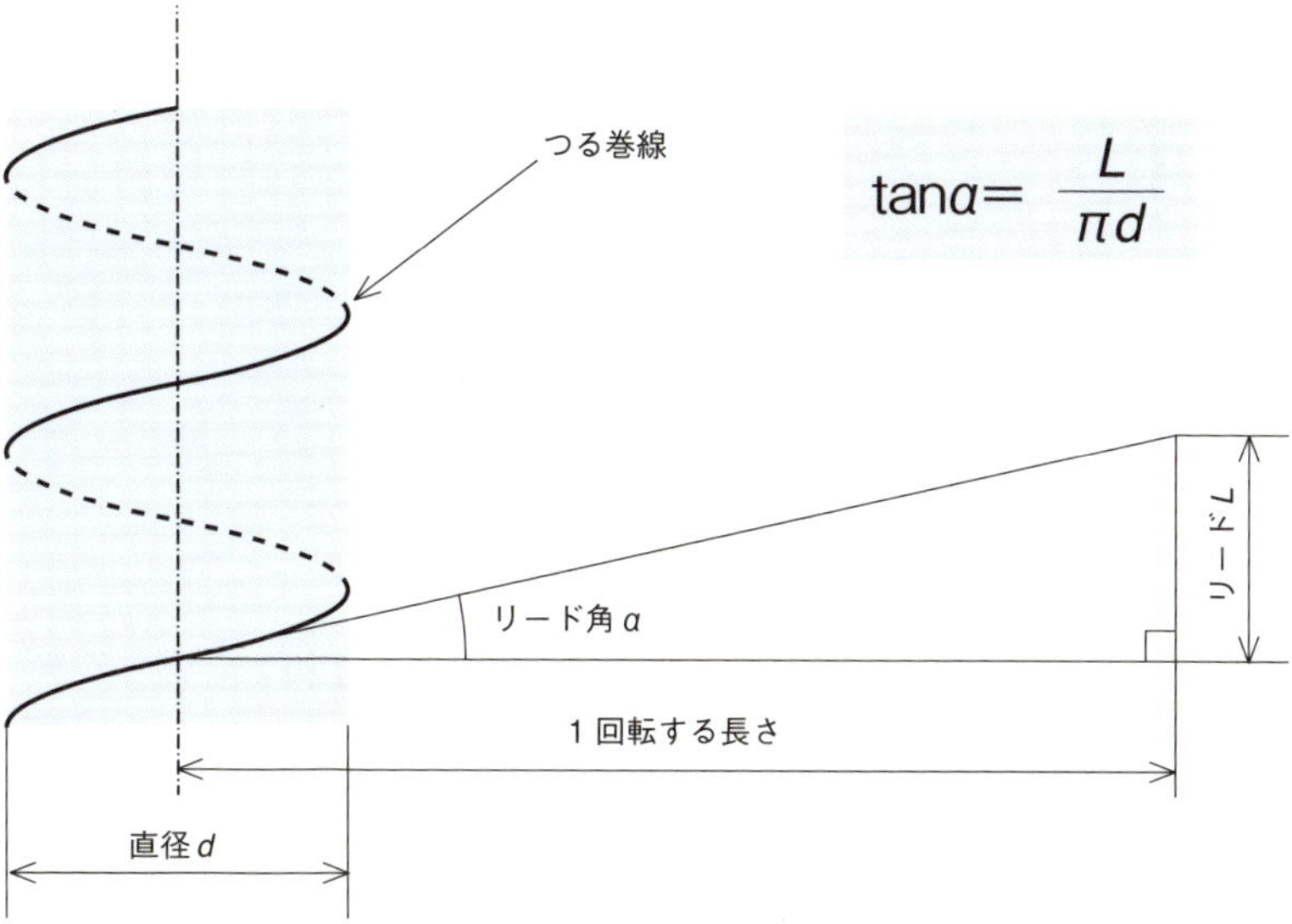

12 小ねじの頭部形状のいろいろ

小ねじの分類は頭部形状の違いから

おねじの外径が8㎜以下のねじを一般に小ねじといいます。ここでは、まずその頭部形状の違いから分類します。なべは上面の角に丸みがあるもの、皿は上面が平らな円錐の形をしたもの、丸皿は上面にやや丸みのある皿、トラスは球の上を切り取ったような丸みがあるもの、バインドは頭部が台形で上面に丸みがあるものです。市場性のある小ねじの大部分はこれらのいずれかに該当します。この他には、省スペース化や軽量化のために頭部の高さを薄くした低頭ねじや超低頭ねじと呼ばれるものなどもあります。

一般的な小ねじの表記はＭ４×10のように、ねじの種類を示す英字記号と呼び径×（頭部の高さを含めない）長さで表すことが多いのですが、締結部材に対して埋め込まれることが多い皿ねじだけは、頭部の高さを含めて長さを表記します。なお、丸皿の長さに関しては、埋め込まれたときに盛り上がる部分を含めないで、長さを表記します。

また、ねじ先の形状には次のような種類があります。あら先は転造加工をしたままで、特に面の加工を行っていないものです。面取り先はねじ先の端部の角をほぼねじの谷径まで面取りしたものです。ここで面取りとは部材の角部を丸めることをいい、人が接触してケガをすることを防いだり、部材同士が接触したときに相手を傷つけることを防いだりするために施されます。丸先はねじの先端部に丸みを付けたもの、平先はねじの先端部に約45度の面取りを施して端面を平らにしたものです。

また、ねじ部の先端にねじの呼び径の$\frac{1}{2}$に等しい長さの円筒部のあるものを棒先、ねじの呼び径の$\frac{1}{4}$に等しい長さの円筒部のあるものを半棒先といいます。さらに、ねじの先端部を90度の円すい状にとがらせたものを全とがり先、全とがり先の先端部をわずかに切り取ったものをとがり先、ねじ部端面の中央にくぼみを付けたくぼみ先といいます。

要点BOX

●小ねじは頭の形で分類される
●小ねじは記号×呼び径
●ねじ先の形状の種類

小ねじの頭部形状のいろいろ

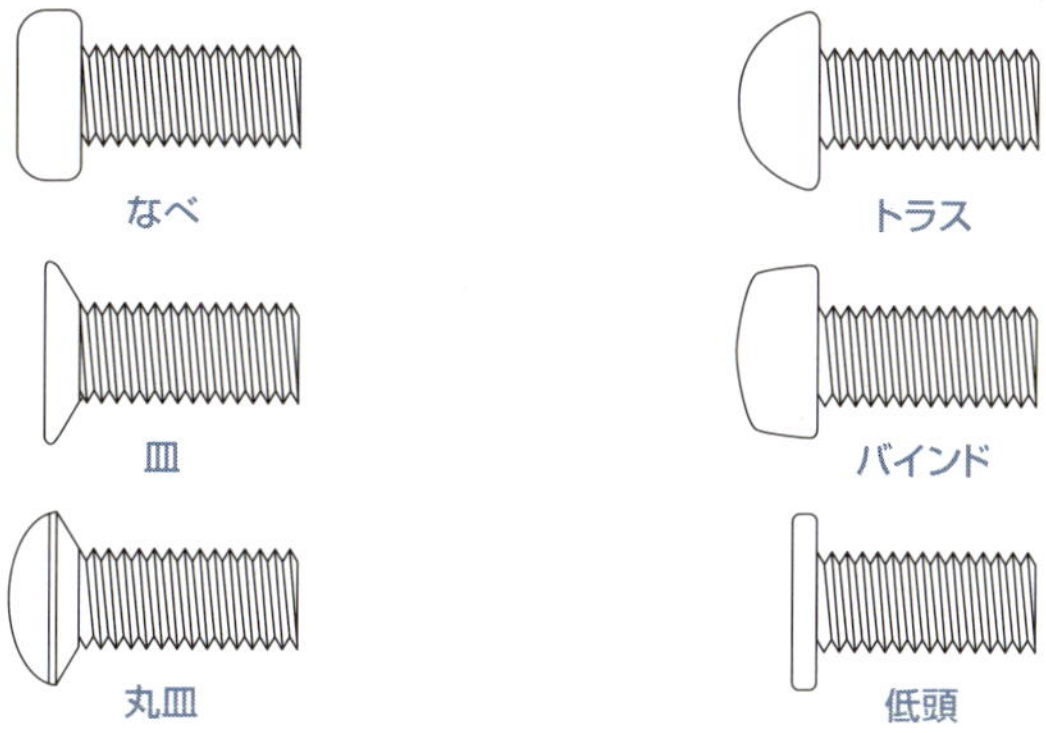

ねじ先の形状

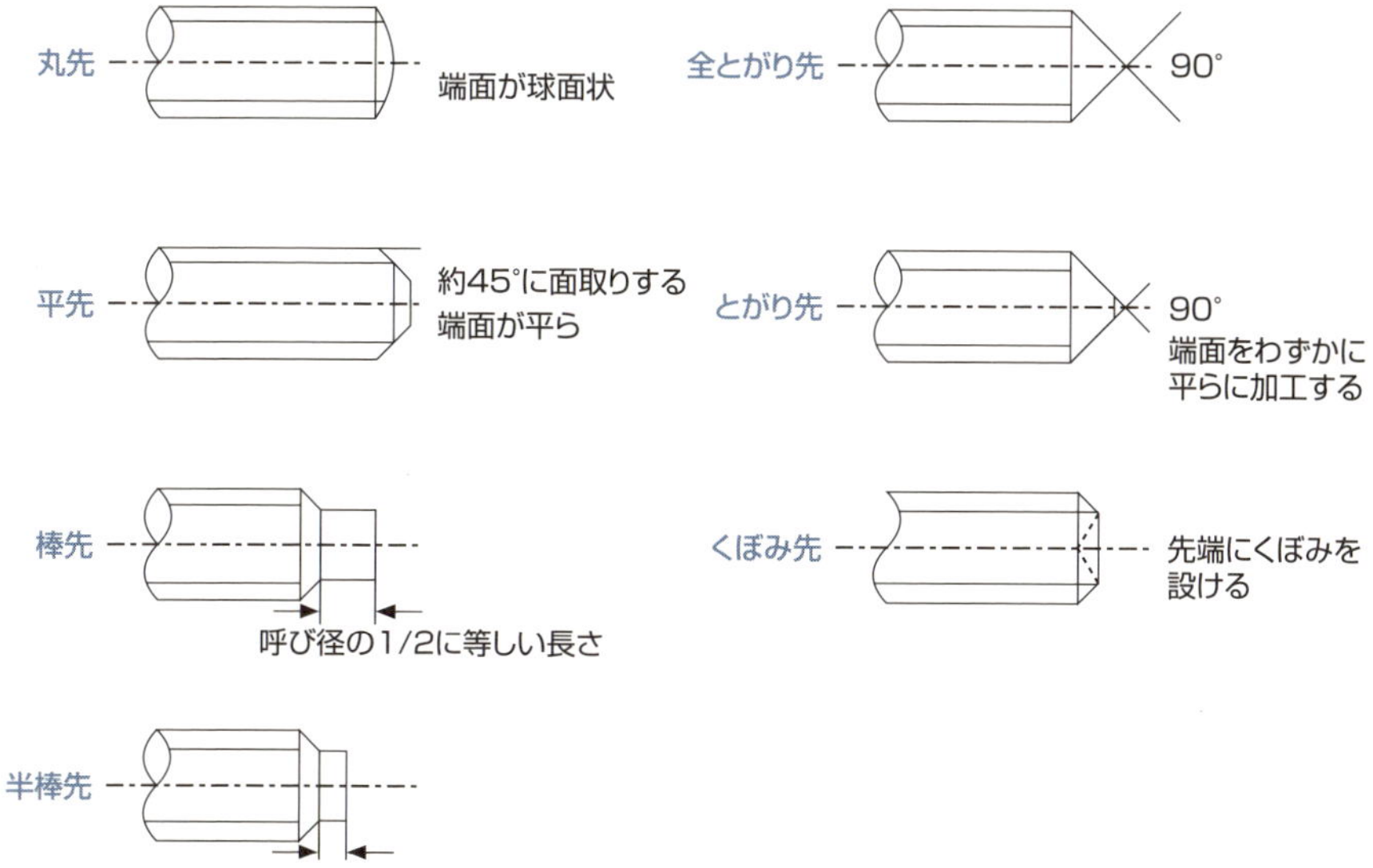

13 小ねじの頭部くぼみ形状のいろいろ

ねじ頭部のくぼみはプラスかマイナスか?

　一般に小ねじの頭部のくぼみ形状（ねじ業界ではリセスという）、すなわち、ねじ回しを押しあてる部分の凹みは、プラスかマイナスの形状をしています。ただし、ねじの用語では、プラス形状のことを十字穴付き、マイナス形状のことをすりわり付きといい、それぞれの頭部形状をもつ小ねじのことを、十字穴付き小ねじ、すりわり付き小ねじと呼びます。さらに、これに頭部形状の違いも含めて、十字穴付きなべ小ねじ、十字穴付き皿小ねじ、十字穴付き丸皿ねじ、すりわり付きなべ小ねじ、すりわり付き皿小ねじ、すりわり付き丸皿ねじなどのように種類を区分します。

　十字穴の形状について、JISではH形（ISO規格のフィリップス形）、Z形（ISO規格のポジドライブ形）、S形（ISO規格にはない）の三種類を規定しています。なお、H形とZ形はねじの呼びがM1.6以上の一般用ねじ部品に用いられ、S形はM2以下のねじ部品およびM3以下の小頭のねじ部品に適用されます。S形の寸法が小さいのは、これが日本写真機工業規格の精密機器用ねじ十字穴0番によるためです。それぞれの形について、溝部分の幅や深さなどが規定されているので、ねじを締めるときのドライバの形状もこれに合わせて選定する必要があります。

　ところで、十字穴付きねじとすりわり付きねじでは、どちらをよく見かけるでしょうか。おそらく大部分が十字穴付きねじだと思います。これはドライバを用いて締結しようとしたとき、十字穴付きの方が軸心の移動が少ないので溝にしっかりはまるためです。これは電動工具で締結を行うときなどにも確実性があり、作業性も向上します。

　ただし、十字穴付きねじをドライバを用いて締結するときに、上から押さえつける力（推力）が小さいと十字穴からドライバが手元に浮き上がってくるカムアウトと呼ばれる現象が発生することがあるので、注意する必要があります。

要点BOX

- ●小ねじの頭部形状での分類
- ●十字穴の形状はJISではH・Z・Sの3種類
- ●よく見かけるのは十字穴付きねじ

小ねじの頭部くぼみ形状のいろいろ

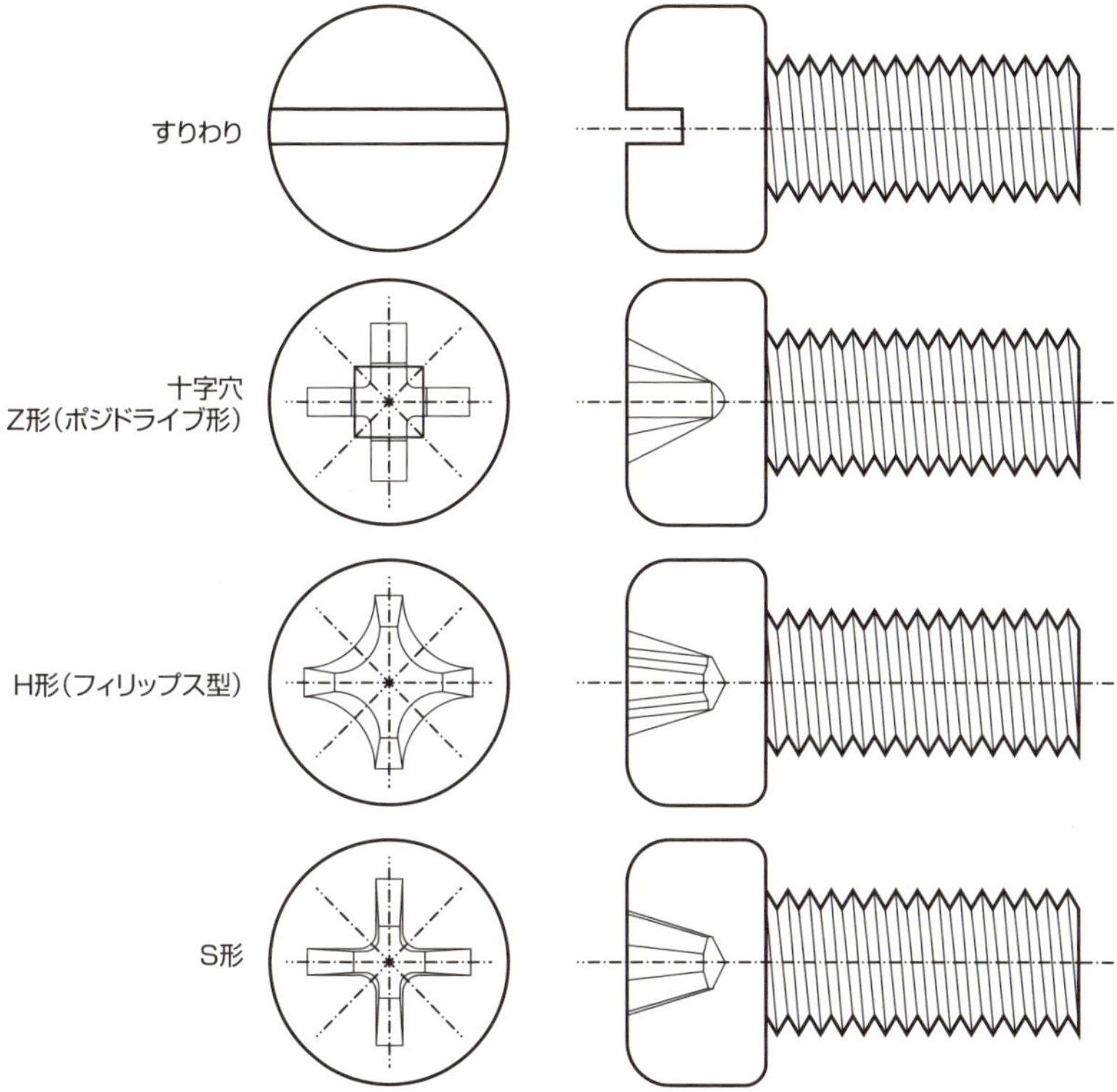

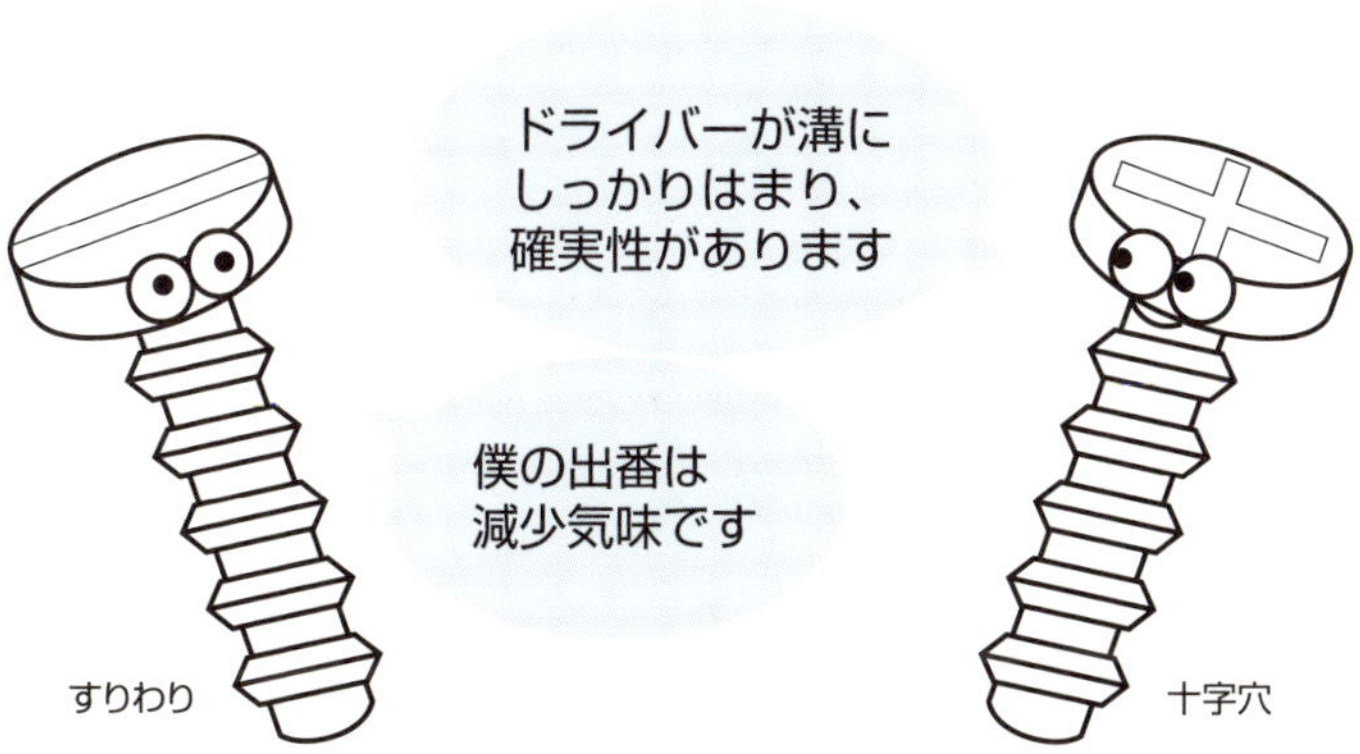

14 ボルトの頭部形状のいろいろ

六角形はボルトの形状の基本です

一般にボルトはナットと一組で使われるものとされることもありますが、小ねじと小さめのボルトとの区別は特に存在しません。ボルトの頭部形状の代表は六角ボルトであり、円筒部の形状によって、ねじが切られていない円筒部の直径がおねじの外径（呼び径）に等しい呼び径六角ボルト、円筒部の全体にねじが切られている全ねじ六角ボルト、ねじが切られていない円筒部の直径がおねじの有効径に等しい有効径六角ボルトなどがあります。

六角穴付きボルトは円筒形の頭部に六角径の穴があるボルトであり、六角穴に工具をあてて高強度の締め付けができるという特徴があります。また、このボルトをキャップスクリューと呼ぶこともあります。また、頭部がボタン形の六角穴付きボタンボルトや、頭部が皿形の六角穴付き皿ボルトなどもあります。

フランジボルトは頭部に座金が一体化された形状のボルトです。頭部を高くすることで工具のすべりを防止し、座面にセレートと呼ばれ幾何模様をつけることで緩みを防止できるなど、さまざまな工夫が盛り込まれています。このボルトは主に自動車関係で多く用いられています。

アイボルトは機械器具類のつり下げなど、一般の荷役に用いるボルトです。頭の環状部分が目のように見えるため、英語ではeye boltsと表記します。

蝶《ちょう》ボルトは頭部に蝶形のつまみが付いており、締め外しの簡便さが求められる箇所で用いるボルトです。なお、翼を広げたような形状をしているため、英語ではwing boltsと表記します。また、ねじ部に樹脂の頭部を取り付けたノブボルトやユリヤねじなどと呼ばれるものもあります。

基礎ボルトはアンカーボルトとも呼ばれる建築構造物を据え付けるときの土台に締め付けるボルトであり、L形やJ形などの種類があります。

要点BOX

- ●ボルトの頭部形状の代表は六角ボルト
- ●座金が一体化されたフランジボルト
- ●建築用に使われるアンカーボルト

ボルトの頭部形状のいろいろ

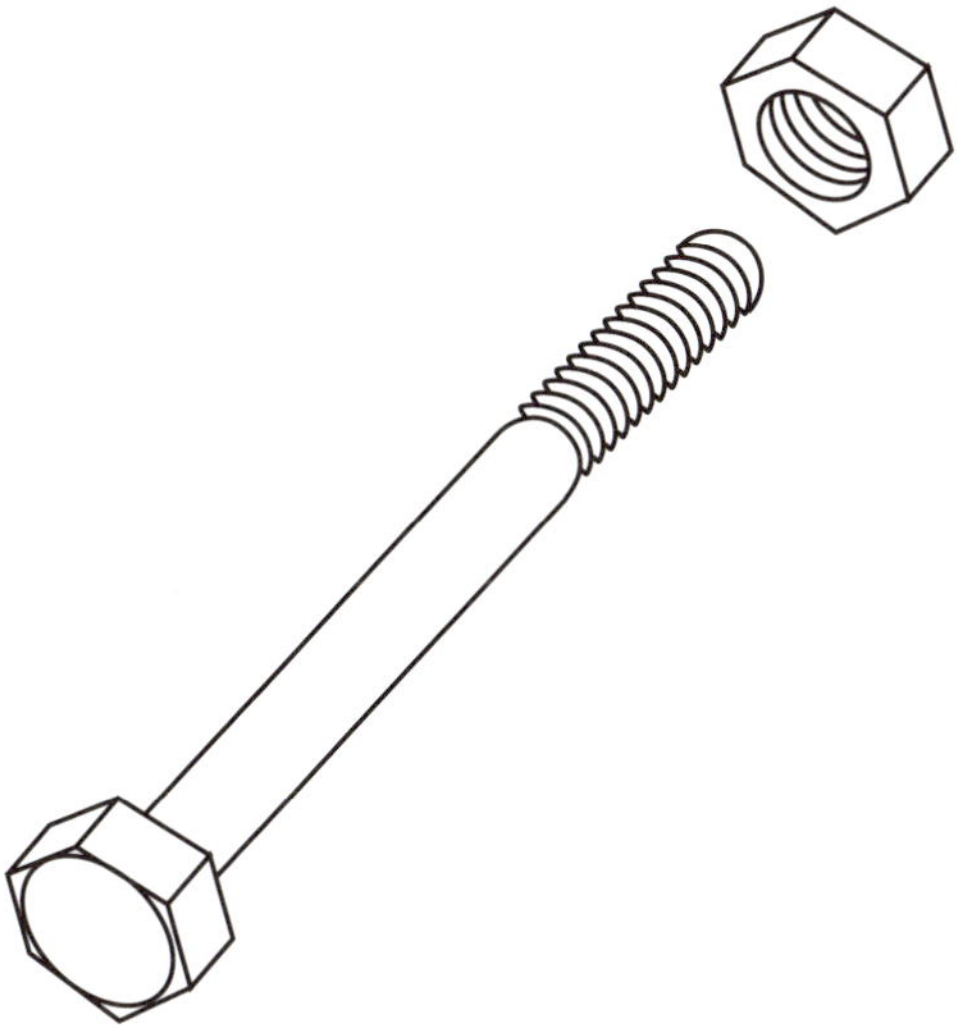

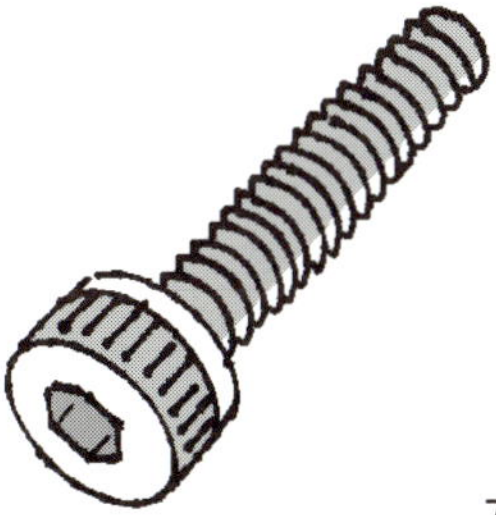

六角穴付きボルト

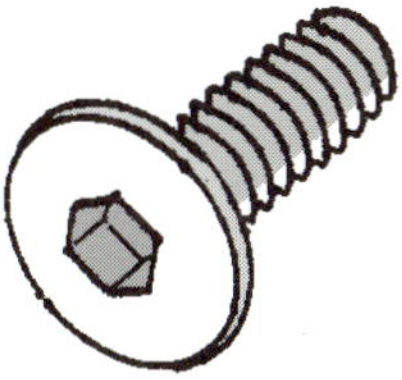

六角穴付き皿ボルト

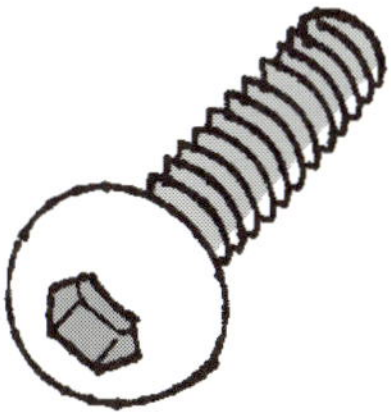

六角穴付きボタンボルト

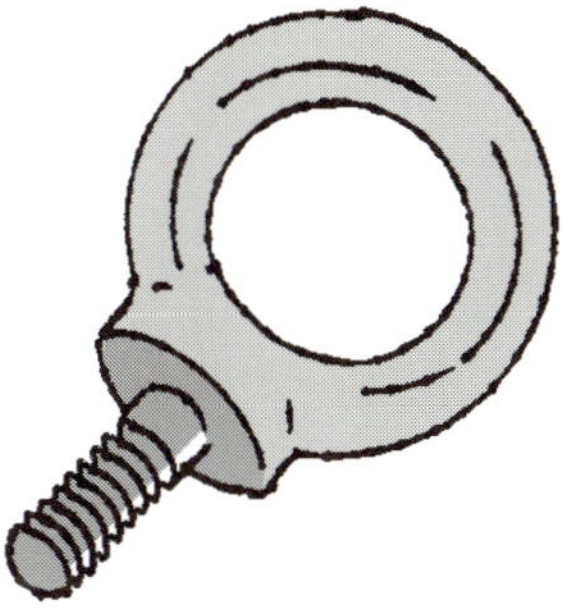

アイボルト

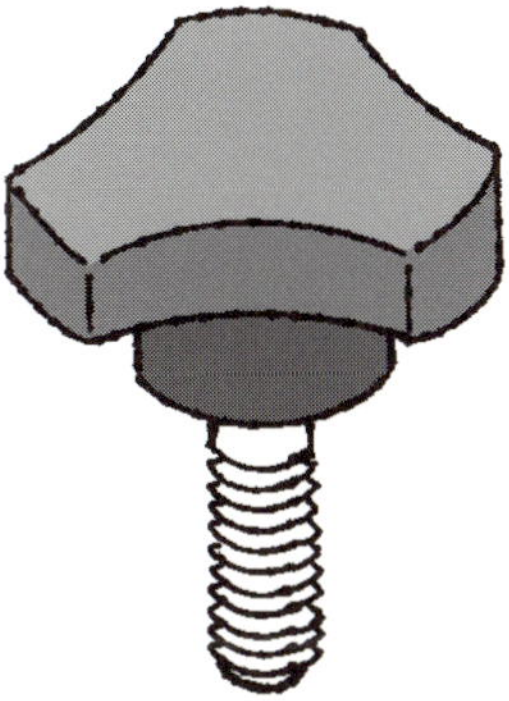

ノブボルト

15 ナットの形状のいろいろ

ナットには必ずめねじがあります

　ボルトとセットで使用されるめねじの総称をナットといいます。代表的なナットは、外形が六角形をした六角ナットであり、JISではナットの高さによって3種類に分類しています。ナット高さとはナットの上面と座面との間の距離のことです。この他にもナットの各部形状を表す用語として、ねじ部品のスパナをかける部分の互いに平行な二面間の距離である二面幅、ねじ部品のスパナをかける部分の互いに相対する角と角との間の距離である対角距離などがあります。

　JISでは、六角ナットを次の5種類に分類しています。①六角ナット―スタイル1はナットの高さが呼び径の約0.8倍のもの、②六角ナット―スタイル2はナットの高さが呼び径の約1倍のもの、③六角ナット―部品等級がCと低いもの、④六角低ナット・両面取り、⑤六角低ナット・面取りなし。なお、低ナットとはナットの高さが呼び径の約0.5倍のものです。なお、ISOに準拠したこの規格は１９９９年に規定されたものであり、このときにそれまでの規定は附属書扱いになりました。しかし、現在でも市販品の多くは附属書規定品です。そのため、片側に面取りがある1種、両側に面取りがある2種、両側に面取りがある低ナットである旧規格も紹介しておきます。6項でも述べましたが、この附属書は２０１４年末に廃止されることが決まっています。

　この他のナットには、ボルトの頭部と同じように、フランジ付き六角ナット、アイナット、蝶ナット、四角ナット、などがあります。

　また、ナットの脱落防止用の割りピンを差し込む溝がある六角溝付きナットは、1種から4種が規定されています。なお、この溝付きナットはお城のように見えるためか、英語ではcastle nutsと表記します。一般的な六角ナットの片面を覆う半球のキャップが付いた六角袋ナットは3種類が規定されています。英語表記はdomed cap nutsです。

要点BOX

- ●代表的な六角ナット
- ●JISによる六角ナットの分類
- ●六角溝付きナットは1～4種がある

六角ナットの種類

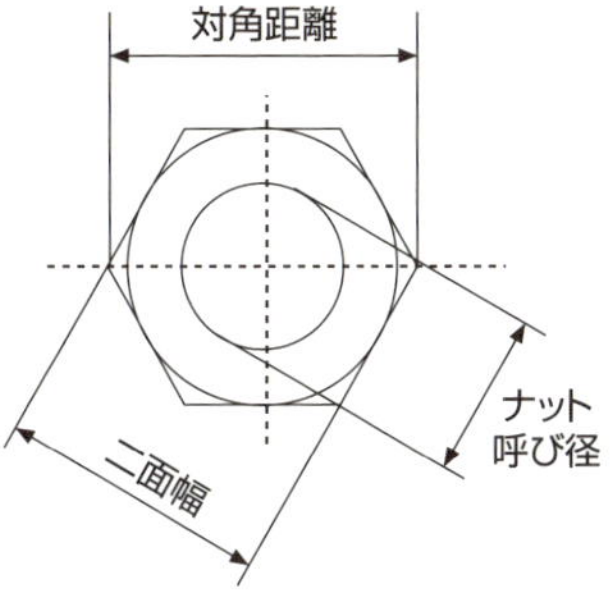

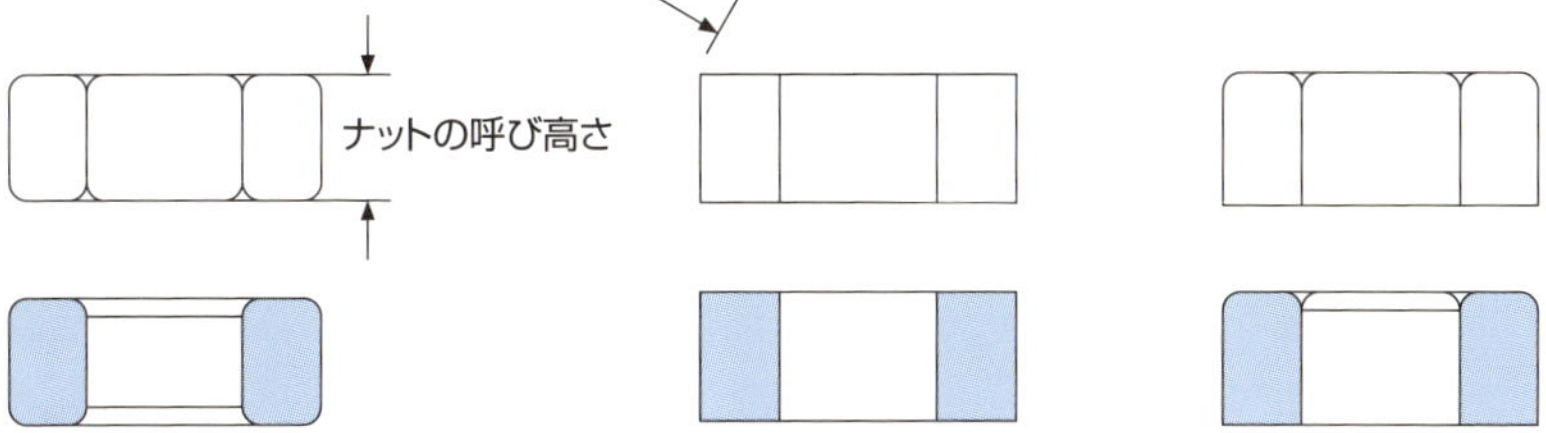

六角両面面取りナット　六角面取りなし　六角片面面取り

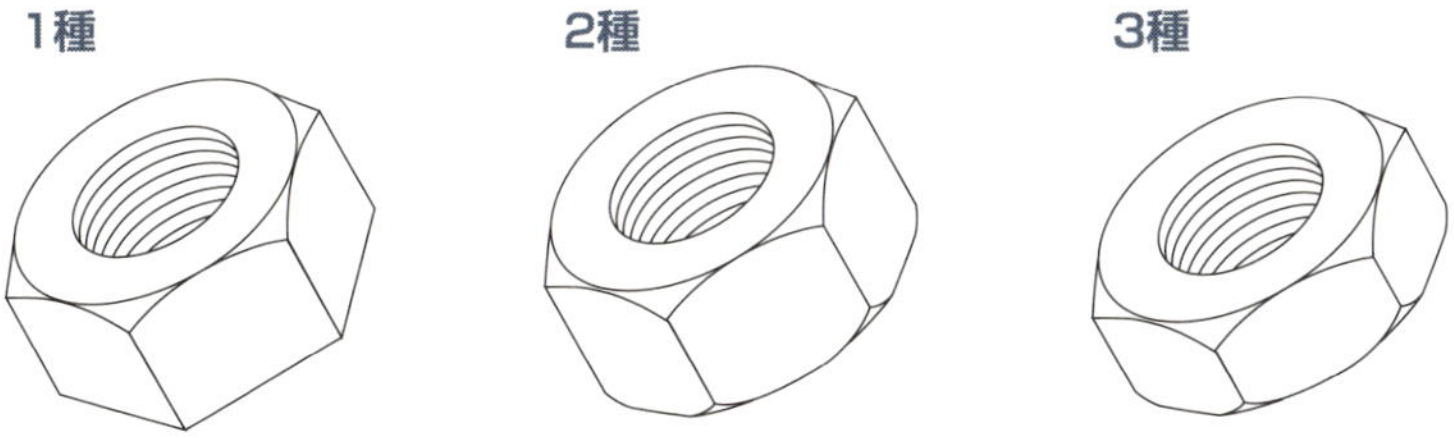

片面取り　両面取り　薄型両面取り

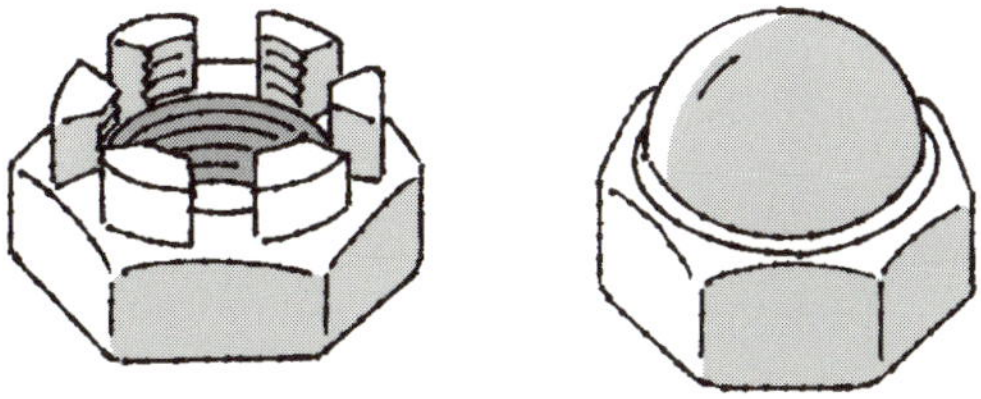

六角溝付きナット　六角袋ナット

16 座金はゆるみ防止のために

平らなものや歯形のものなどいろいろ

座金は、小ねじ、ボルト、ナットなどの座面と締め付け部との間に入れる部品のことであり、形状や機能、用途などによって、いろいろな種類があります。そのはたらきには、被締結材にナットやボルト頭がめり込むのを防ぐこと、穴径がボルト径に比べて大きい場合に座面を安定させること、振動などによりねじが緩むことを防ぐこと、気密を保つことなどがあります。なお、座金はワッシャーとも呼ばれます。

平座金は平板状の座金であり、ねじに対して通し穴が大きい場合や軸力に対して十分な座面が得られない場合に用いられます。ばね座金は平座金の一部を切断して切り口をコイル状にした座金であり、平座金よりばね定数が大きいという特長があります。波形ばね座金はばね座金を波形に曲げた座金であり、通常のばね座金より密封性が向上します。皿ばね座金は皿状断面の座金であり、ばね座金よりもばね定数が大きいという特長があります。歯付き座金は座金の外側あるいは内側に回り止めをする花びらのような多数の歯がある座金であり、ボルトやナットを締め付ける際には歯先のねじられた部分がつぶされることによって過大な軸力を防ぎます。歯付き座金には、内歯形、外歯形、皿形、内外歯形などの種類があります。舌付き座金は丸い座金の一部を突き出した形をしており、その部分が回り止めのはたらきをする座金です。つめ付き座金は座金から短いつめ状の突起を設けて、この部分がボルトやナットに接触することで回転緩みを防止するものであり、丸い座金の外周につめのある外つめ付き座金、丸い座金の内周につめのある内つめ付き座金などがあります。

なお、あらかじめ小ねじの首下に座金を組み込んだ座金組込み小ねじには、平座金やばね座金などを1枚組み込んだもの、ばね座金と平座金、歯付き座金と平座金を2枚組み込んだものなどがあります。

要点BOX

- ●用途に応じていろいろある
- ●ばね作用を持つばね座金
- ●回り止めをつけた歯付き座金

座金のいろいろ

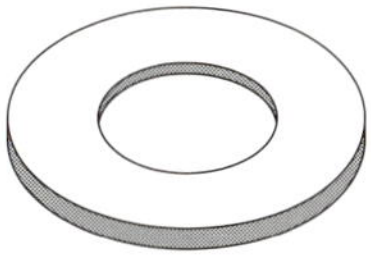

平座金

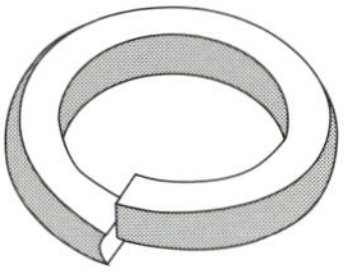

ばね座金

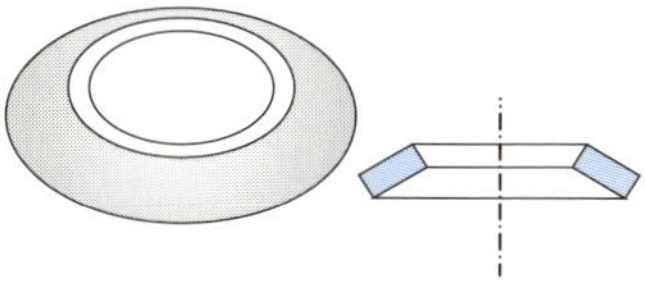

皿ばね座金

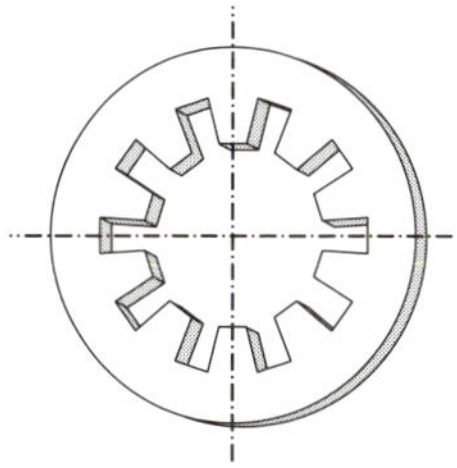

内歯型

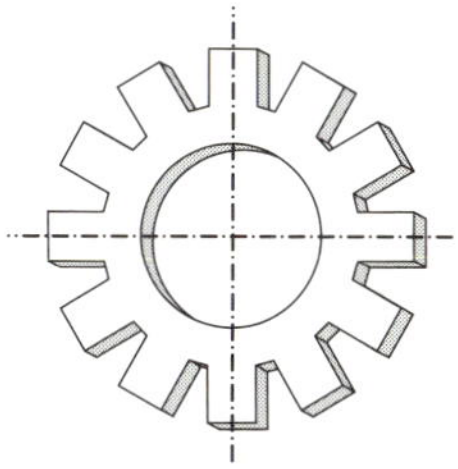

外歯型

歯付き座金

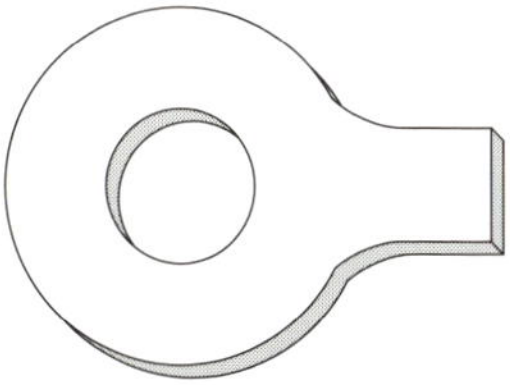

舌付き座金

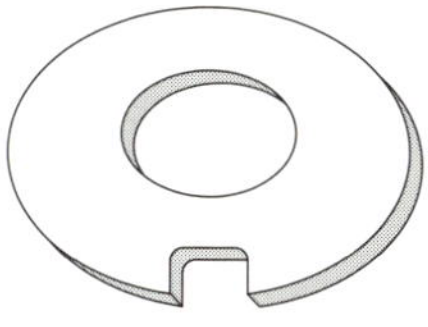

外つめ付き座金

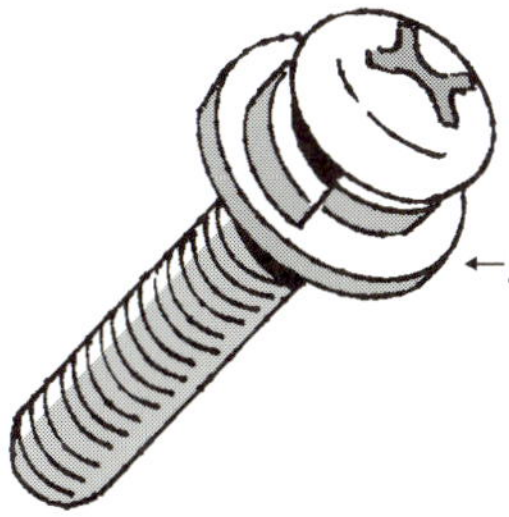

座金組込み小ねじ

17 ねじ山の形状のいろいろ

ねじ山の基本は角度が60度の三角形

ねじ山の基本は、ねじの直径やピッチをミリメートルで表したねじ山の断面の傾斜角度が60度の三角ねじです。このねじは比較的緩むことが少なく、加工も容易であるため、締結用のねじで使われる最も一般的な形状です。ＩＳＯでは三角ねじとして、メートルねじとユニファイねじが規定されています。

管用ねじはねじ山の断面の角度が55度の三角ねじです。管、管用部品、流体機器などの接続に利用されることが多く、平行ねじのほかにテーパねじがあります。

台形ねじはねじ山の断面が台形をしたねじです。三角ねじより斜面の角度が大きく、軸方向の精度が出しやすいという特長をもつため、運動用ねじとして、工作機械の親ねじ、測定器の測定軸などのように高精度のピッチが要求される送りねじに用いられます。なお、ＪＩＳではねじ山の角度が30度のメートル台形ねじと、直径はミリメートル、ピッチは25・4㎜あたりの山数で表した、ねじ山の角度が29度である29度台形ねじが規定されています。

角ねじはねじ山の断面が正方形に近いねじです。三角ねじに比べて、小さな回転力で軸方向に移動できるため、プレスやジャッキなどで利用されます。

のこ歯ねじは三角ねじと角ねじを組み合わせたように、斜面の傾きが非対称になっているねじです。軸方向の力が一方向だけにはたらくような用途に向き、プレスや万力で利用され、緩めるときに素早く動くという特長があります。

丸ねじは台形ねじの山の頂および谷底に大きい丸みをつけたねじであり、電球の口金等に使われています。

この他、使用目的に応じて用いられているねじとして、時計や光学機器、計測器などに用いる呼び径が小さいミニチュアねじ、イギリスの自転車技術協会が定めた自転車ねじ、自動車用・自転車用のタイヤバルブねじなど、さまざまなねじ山の形状があります。

要点BOX

- ●基本はねじ山の角度60°の三角ねじ
- ●JISで規定されている台形ねじ
- ●電球の口金などに使われる丸ねじ

ねじ山の形状のいろいろ

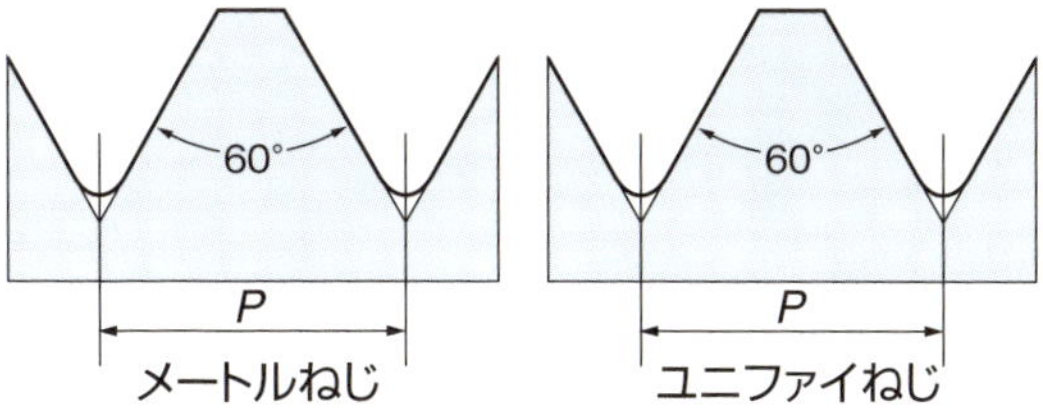

三角ねじ

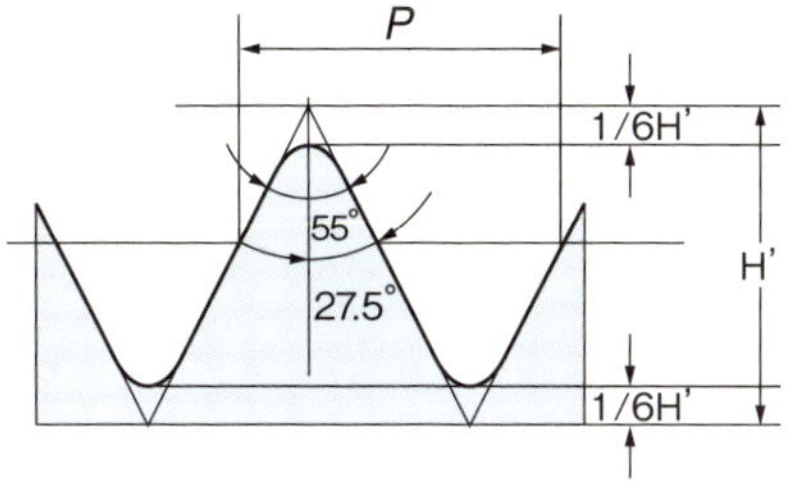

管用平行ねじ

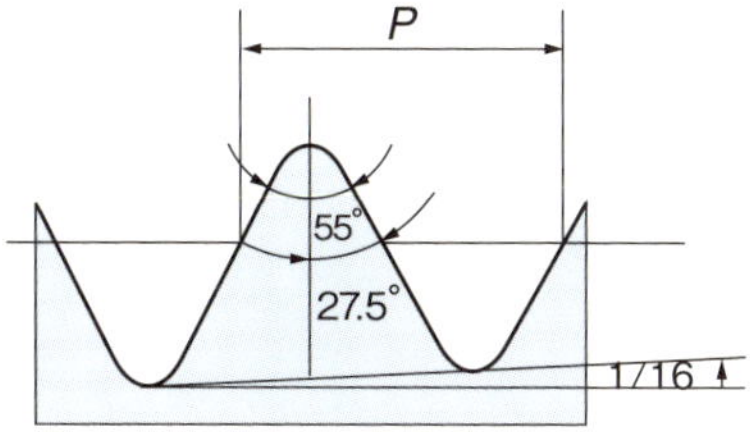

管用テーパねじ

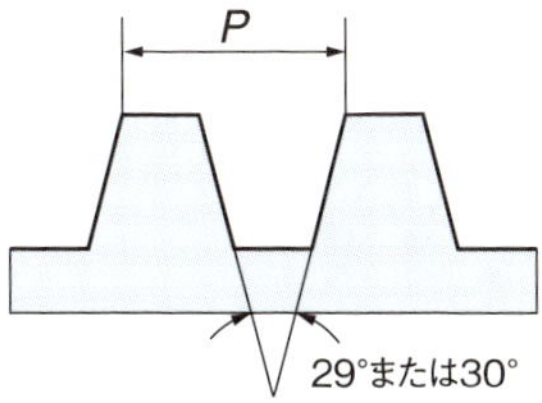

台形ねじ

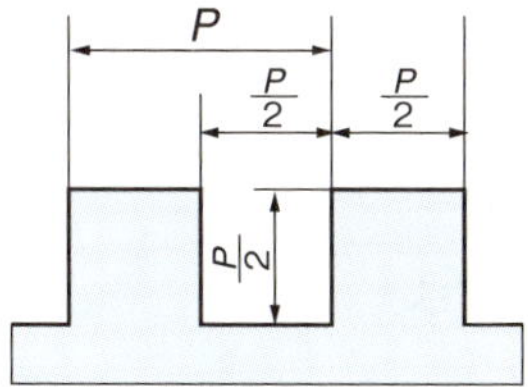

角ねじ

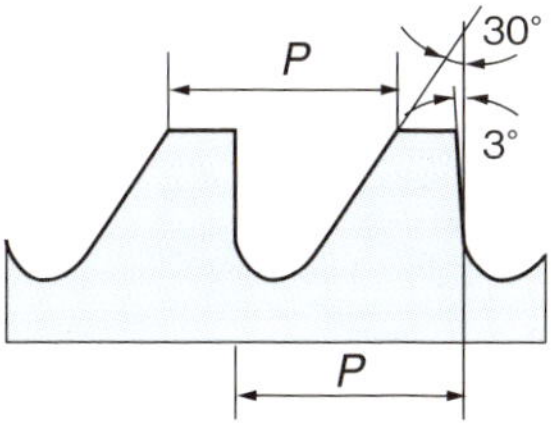

のこ歯ねじ

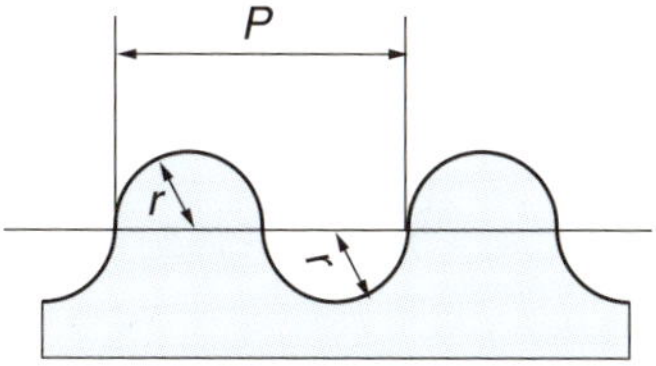

丸ねじ

18 メートルねじはねじ山の基本形

ねじ選定の基本はMで表記されるメートルねじ

メートルねじの各部寸法はJISにおいて、ねじの呼びやピッチ、有効径などが規定されています。記号はMで、呼び径3ミリメートルのねじはM3と表記します。従来はメートル並目ねじとよりピッチが細かいメートル細目ねじとに大別されていましたが、1998年の規格改正によりメートル細目ねじは廃止され、一部に記載は残っているものの、現在はメートル並目ねじに一本化されています。使用できるねじの呼び径は最優先に選ぶべき1欄、必要とする場合には2欄、次に3欄を選ぶこととされており、呼び径が決まるとそれに対応したピッチや有効径などの各部寸法は絞られます。例えば、1欄にあるM6では並目のピッチは1、細目のピッチは0・75です。両者を同じ強さで締め付けた場合、ピッチが小さいほうが強く締まり、緩みにくくなるため、精密さが要求される場所にはピッチが小さいものが用いられます。一方、ピッチの小さいねじは、ねじ山が多くなる分だけ締め付け時間も必要になるため、作業効率は悪くなります。

なお、メートル並目ねじで規定されている呼び径の範囲はM1～M300です。なお、これより小さな呼び径0・3～1・4ミリメートルに関してはミニチュアねじに規定されていますが、時計、光学機器など特別な場合の使用以外では、メートル並目ねじを使用します。

メートルねじに対して、ねじの寸法をインチで表記するインチねじもあります。インチねじと呼ぶことも多いのですが、JISではインチねじではなく、ユニファイねじと呼ばれます。こちらはメートルねじのように統一されておらず、ユニファイ並目ねじとユニファイ細目ねじとに大別されています。ユニファイねじはピッチを1インチ（≒25・4㎜）あたりのねじ山数で表記します。なお、ユニファイねじのねじ山の角度は60度の三角ねじです。

要点BOX

- ●メートルねじの基準寸法
- ●メートルねじはMで表示される
- ●インチねじはJISではユニファイねじ

一般用メートルねじの基準寸法

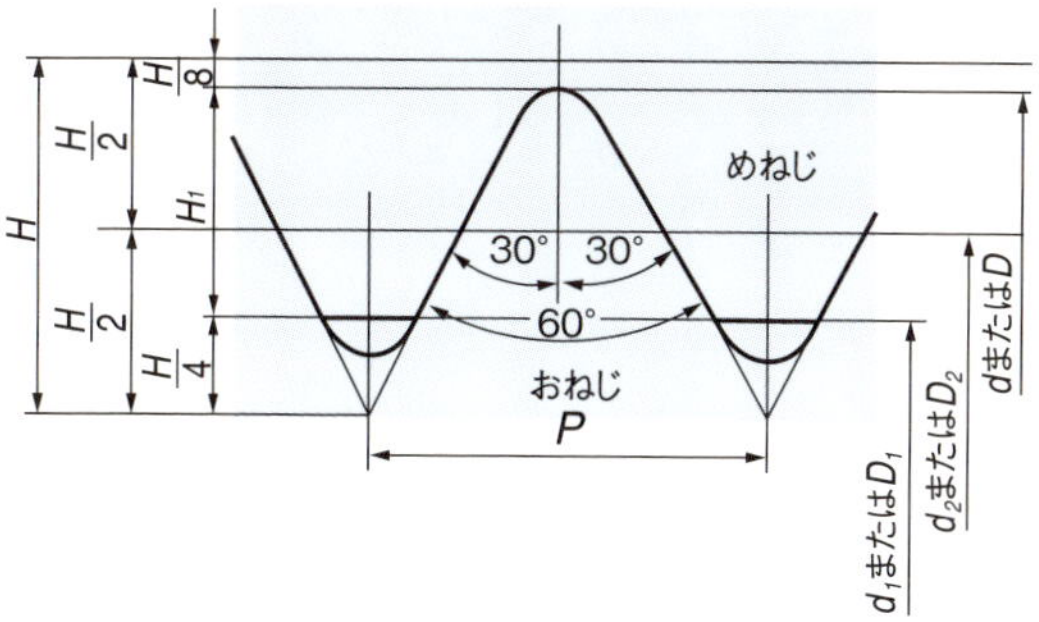

$H = 0.866025\,P$
$H_1 = 0.541266\,P$
$d_2 = d - 0.649519\,P$
$d_1 = d - 1.082532\,P$
$D = d$(呼び径)
$D_2 = d_2$(有効径)
$D_1 = d_1$

ねじの呼び			一般用メートルねじの基準寸法〔単位:mm〕				
			ピッチ P	ひっかかりの高さ H_1	めねじ		
					谷の径D	有効径D_2	内径D_1
					おねじ		
1欄	2欄	3欄			外径d	有効径d_2	谷の径d_1
M3			0.5	0.271	3	2.675	2.459
	M3.5		0.6	0.325	3.5	3.11	2.85
M4			0.7	0.379	4	3.545	3.242
	M4.5		0.75	0.406	4.5	4.013	3.688
M5			0.8	0.433	5	4.48	4.134
M6			1	0.541	6	5.35	4.917
		M7	1	0.541	7	6.35	5.917
M8			1.25	0.677	8	7.188	6.647
		M9	1.25	0.677	9	8.188	7.647
M10			1.5	0.812	10	9.026	8.376
		M11	1.5	0.812	11	10.026	9.376
M12			1.75	0.947	12	10.863	10.106
	M14		2	1.083	14	12.701	11.835
M16			2	1.083	16	14.701	13.835
	M18		2.5	1.353	18	16.376	15.294
M20			2.5	1.353	20	18.376	17.294
	M22		2.5	1.353	22	20.376	19.294
M24			3	1.624	24	22.051	20.752
	M27		3	1.624	27	25.051	23.752
M30			3.5	1.894	30	27.727	26.211
	M33		3.5	1.894	33	30.727	29.211
M36			4	2.165	36	33.402	31.67
	M39		4	2.165	39	36.402	34.67
M42			4.5	2.436	42	39.077	37.129
	M45		4.5	2.436	45	42.077	40.129
M48			5	2.705	48	44.752	42.587
	M52		5	2.705	52	48.752	46.587
M56			5.5	2.977	56	52.428	50.046
	M60		5.5	2.977	60	56.428	54.046
M64			6	3.248	64	60.103	57.505
	M68		6	3.248	68	64.103	61.505

〔注〕1欄を優先的に、必要に応じて2欄、3欄の順に選ぶ

19

ユニファイねじを知ってねじに詳しく

インチとメートルの換算はややこしい

ユニファイねじのピッチは、メートル並目ねじが1や1・25のようにミリ単位で表記されましたが、ユニファイねじなどインチ基準のねじではピッチを1インチ（＝25・4㎜）あたりの山数で表されます。メートルねじがMで表記されたのに対して、ユニファイねじでは並目ねじをUNC、細目ねじをUNFで表記します。ただし、JISではそのままのインチでなく、ミリメートルに換算して表記されています。例えば、ねじの呼びがNo.10－24UNCと表記されるユニファイ並目ねじのねじ山数は24であり、そのピッチは1.0583、おねじの外径は4.826です。ちなみに、メートルねじではM6のピッチが1.0であるため、このねじはM6のねじよりやや大きなピッチで、外径はM5よりもやや細い形状になります。また、3/8－16UNCと表記されるユニファイ並目ねじのねじ山数は16であり、そのピッチは1.5875、おねじの外径は9.525です。なお、メートル並目ねじではM10のピッチが1.5であるため、このねじはM10のねじとピッチがほぼ等しく、外径がやや細い形状になります。

なお、ユニファイねじの表記は、3/8や1/4、1/2のように分数で表記されることがあります。これはインチ表記独特の表記方法であり、後述する管用ねじなどでも登場するので、ここでまとめておきます。まずは1インチを基準として、これを1/8単位で分けて、1/8、2/8、3/8、4/8、5/8、6/8、7/8、8/8とします。1インチは25・4㎜であるため、1/8は3.175㎜であり、3/8は9.525㎜、5/8は15.875です。

ところで、日本ではインチ表記を和文読みとして、1/8を1分、3/8を3分という表現があり、現在でもねじ業界ではこの呼称が用いられています。ただし、この呼称には若干ややこしい箇所があります。すなわち、2/8は約分して1/4と表記されますが読み方は「にぶ」、4/8は約分して1/2と表記されますが読み方は「よんぶ」となるのです。

要点BOX

- ●ユニファイ並目ねじの基準寸法
- ●並目ねじはUNC、細目ねじはUNF
- ●1/4は「にぶ」、1/2は「よんぶ」

ユニファイ並目ねじの基準寸法

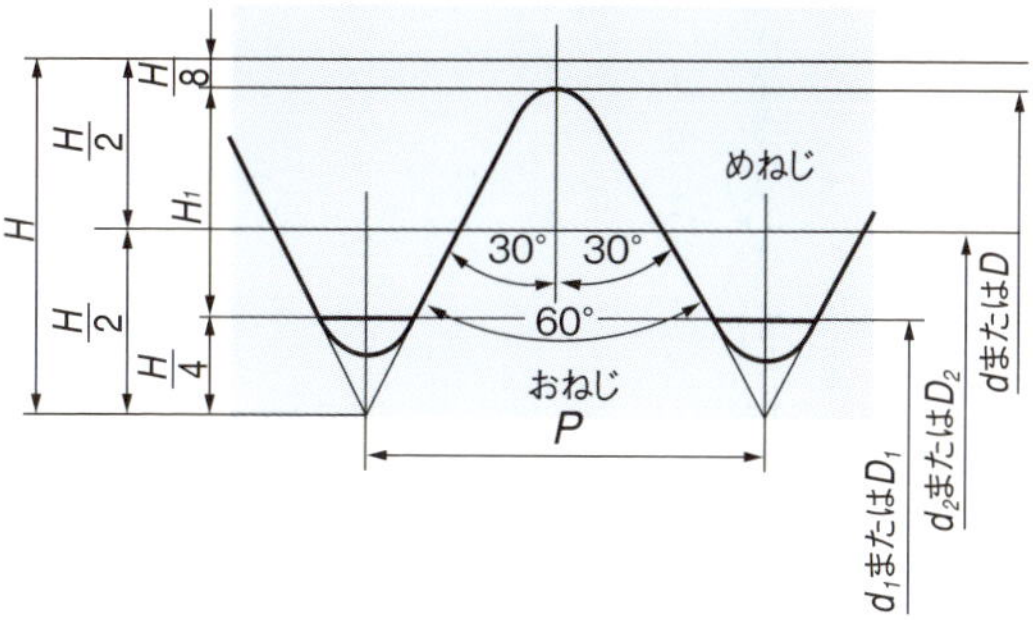

ねじの呼び		ねじ山数 25.4mmにつき (n)	ピッチ (P) (参考)	ひっかかりの高さ	めねじ 谷の径(D)	めねじ 有効径(D_2)	めねじ 内径(D_1)
1	2				おねじ 外径(d)	おねじ 有効径(d_2)	おねじ 谷の径(d_1)
	№1-64 UNC	64	0.3969	0.125	1.854	1.598	1.425
№2-56 UNC		56	0.4536	0.246	2.184	1.890	1.694
	№3-48 UNC	48	0.5292	0.286	2.515	2.172	1.941
№4-40 UNC		40	0.6350	0.344	2.845	2.433	2.156
№5-40 UNC		40	0.6350	0.344	3.175	2.764	2.487
№6-32 UNC		32	0.7938	0.430	3.505	2.990	2.647
№8-32 UNC		32	0.7938	0.430	4.166	3.650	3.307
№10-24 UNC		24	1.0583	0.573	4.826	4.138	3.680
	№12-24 UNC	24	1.0583	0.573	5.486	4.798	4.341
1/4-20 UNC		20	1.2700	0.687	6.350	5.524	4.976
5/16-18 UNC		18	1.4111	0.764	7.938	7.021	6.411
3/8-16 UNC		16	1.5875	0.859	9.525	8.494	7.805
7/16-14 UNC		14	1.8143	0.982	11.112	9.934	9.149
1/2-13 UNC		13	1.9538	1.058	12.700	11.430	10.584
9/16-12 UNC		12	2.1167	1.146	14.288	12.913	11.996
5/8-11 UNC		11	2.3091	1.250	15.875	14.376	13.376
3/4-10 UNC		10	2.5400	1.375	19.050	17.399	16.299
7/8-9 UNC		9	2.8222	1.528	22.225	20.391	19.169
1-8 UNC		8	3.1750	1.719	25.400	23.338	21.963
11/8-7 UNC		7	3.6286	1.964	28.575	26.218	24.648
11/4-7 UNC		7	3.6286	1.964	31.750	29.393	27.823
13/8-6 UNC		6	4.2333	2.291	34.925	32.174	30.343
11/2-6 UNC		6	4.2333	2.291	38.100	35.349	33.518
13/4-5 UNC		5	5.0800	2.750	44.450	41.151	38.951
2-41/2 UNC		4 1/2	5.6444	3.055	50.800	47.135	44.689
21/4-41/2 UNC		4 1/2	5.6444	3.055	57.150	53.485	51.039
21/2-4 UNC		4	6.3500	3.437	63.500	59.375	56.627
23/4-4 UNC		4	6.3500	3.437	69.850	65.725	62.977
3-4 UNC		4	6.3500	3.437	76.200	72.075	69.327
31/4-4 UNC		4	6.3500	3.437	82.550	78.425	75.677
31/2-4 UNC		4	6.3500	3.437	88.900	84.775	82.027
33/4-4 UNC		4	6.3500	3.437	95.250	91.125	88.377
4-4 UNC		4	6.3500	3.437	101.600	97.475	94.727

20 管用ねじを知ればさらにねじに詳しく

管用ねじには平行形とテーパ形がある

管用《くだよう》ねじはねじ山の断面の角度が55度の三角ねじです。管用平行ねじは機械的な結合を主目的とするねじ部が平行な管用ねじであり、管用テーパねじはねじ部の気密性を高めるためにねじ部に傾斜となるテーパを付けたねじです。

管用平行ねじの表記はGであり、おねじの場合には等級を表す記号（AまたはB）を付けます。G3/8では1インチあたりのねじ山数は19、おねじの外径は16.662㎜です。なお、旧JISでは管用平行ねじの表記はGではなくPFでした。そのため、現在でもPFという表記は附属書に残されており、実際にPF表記のねじを見かけることもあります。ただし、1/8、1/4、3/8など小口径管用ねじでは、GとPFは表記されている数値は同じで記号が異なるだけなので、換算の必要はありません。

管用テーパねじの表記は管用テーパおねじがRであり、R3/8では1インチあたりのねじ山数は19、おねじの外径は16.662㎜です。また、ねじ管用テーパめねじはRc、管用平行めねじはRpと表記します。なお、ここでいう管用平行めねじは、管用テーパおねじに対して使用するものであり、先に述べた通常の管用平行めねじとは寸法許容差が異なります。こちらも旧JISで用いられていた表記が附属書に残っており、テーパおねじRとテーパめねじRcはPT、平行めねじRpはPSで表されます。こちらもGとPFと同様に、表記されている数値は同じで記号が異なるだけなので、換算などは必要ありません。なお、いずれのテーパの大きさも16分の1にとるのが普通です。

ここで16分の1とは、軸方向に16だけ進んだら、円周方向に1の勾配ができることを意味します。

なお、管の接続に使われるねじ山の角度が60度のインチ三角ねじであるアメリカ管用ねじ（NPT）には、テーパねじと平行ねじとがあり、テーパねじにおけるテーパの傾きは16分の1です。

要点BOX

- ●管用ねじの基準山形と基準寸法
- ●管用平ねじの表記はG
- ●管用テーパねじの表記はR

管用ねじの表記

平行めねじに対して適用する基準山形

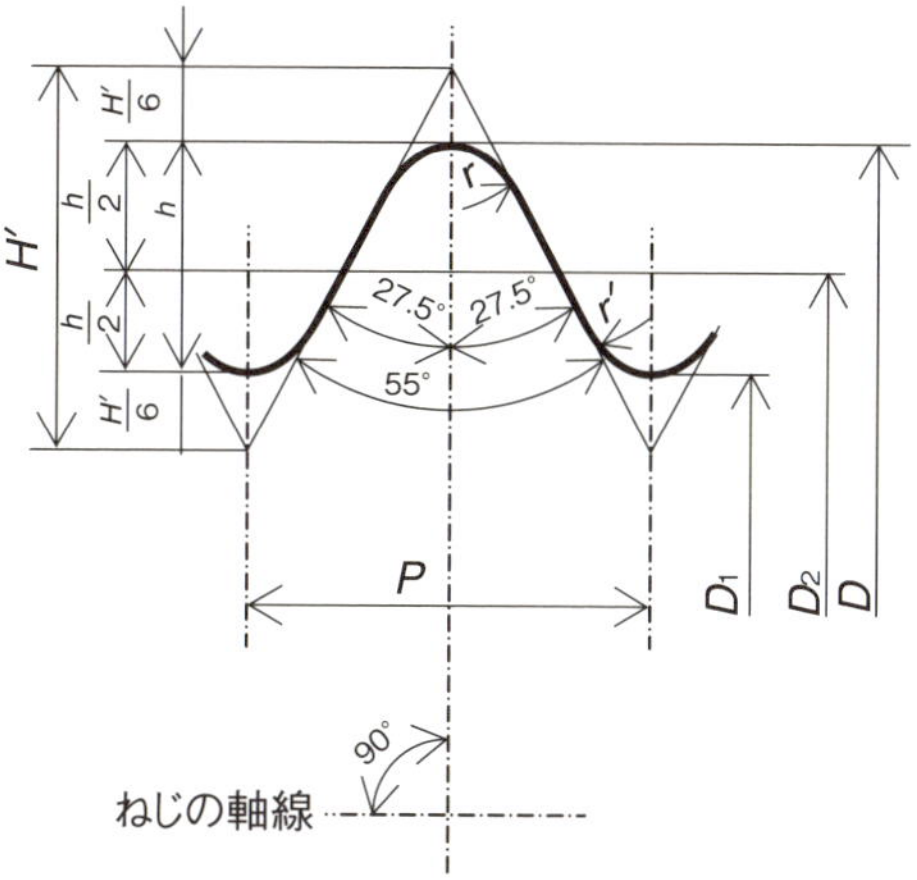

太い実線は、基準山形を示す。

$$P = \frac{25.4}{n}$$

$H' = 0.960\ 491P$

$h = 0.640\ 327P$

$r' = 0.137\ 329P$

テーパおねじおよびテーパめねじに対して適用する基準山形

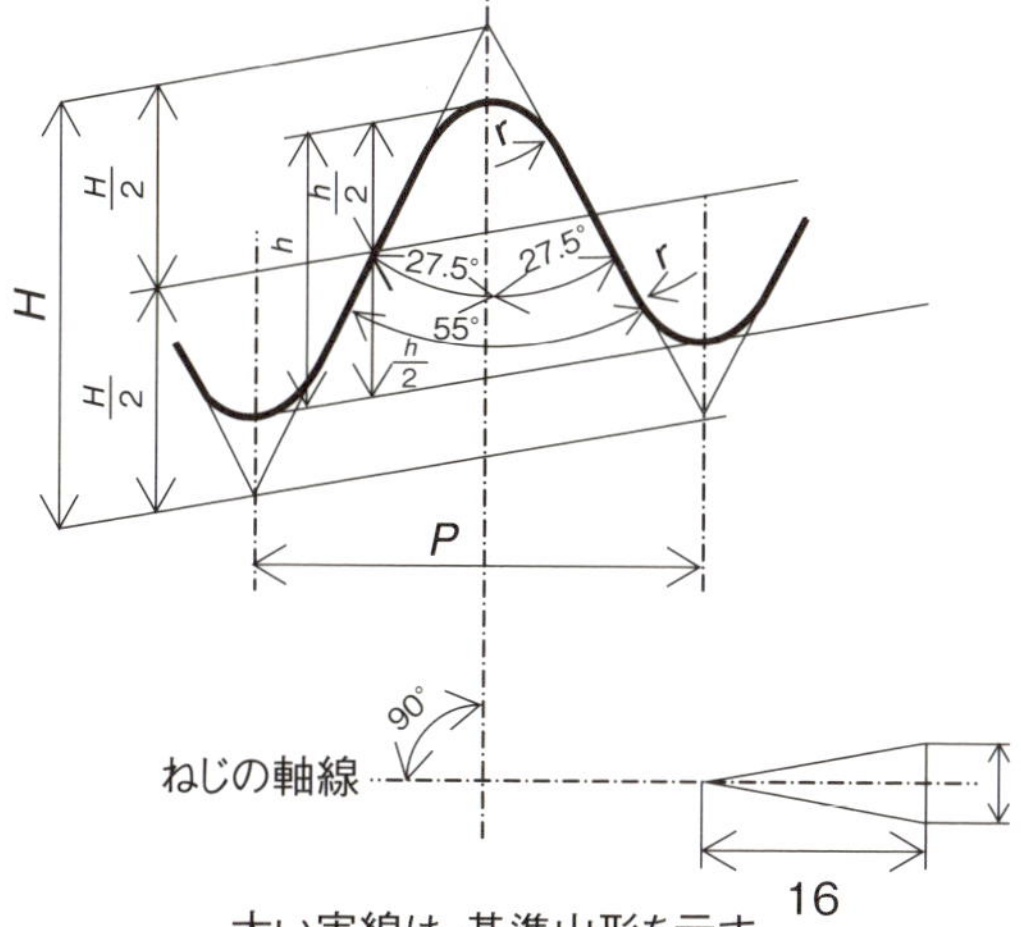

太い実線は、基準山形を示す。

$$P = \frac{25.4}{n}$$

$H = 0.960\ 237P$

$h = 0.640\ 327P$

$r = 0.137\ 278P$

21 タッピンねじは意外と身近なねじ

ややピッチ間隔の大きなねじが多い

タッピンねじはねじ自身で薄い鋼板や樹脂材料などに直接ねじ込むことができるねじです。このねじはめねじや座金を必要としないことが多く、締め付け前の相手部品へのねじの加工工程を減らすことができるため、作業性がよいという特長があります。

タッピンねじのねじ先の形状には、１９９９年のＪＩＳ改訂によりＩＳＯに準じた形で、先端部がとがったＣ形、先端部が平らなＦ形、尖った先端部にやや丸みがあるＲ形の３種類が規定されています。このとき、それまでのＪＩＳ規格である１種～４種は附属書扱いになりましたが、現在でも市場性があるタッピンねじの多くはこちらの旧規格です。

1種タッピンねじはAタッピンねじとも呼ばれ、ピッチがもっとも荒いタッピンねじです。このねじは先端部がとがっており、薄板や木材の締結に用いられます。2種タッピンねじは1種タッピンねじよりもピッチが細かく先端の2～2.5山にテーパがあります。さらに先端部に溝がないB0タッピンねじと、先端部を¼カットして相手部材に切り込みやすくしたB1タッピンねじに分類され、厚さが5ミリ程度までの鋼板などの締結に用いられます。３種タッピンねじは通常の小ねじと同じピッチで先端部の2.5～３山にテーパがあります。さらに先端部に溝がないC0タッピンねじと、先端部を¼カットして相手部材に切り込みやすくしたC1タッピンねじに分類され、２種タッピンねじより厚い鋼板の締結に用いられます。４種タッピンねじは1種タッピンと同じピッチのねじですが、市場性はあまりありません。

タッピンねじに関するＪＩＳはこのねじ部形状とねじ頭部を組み合わせたものとして規定されており、十字穴付きタッピンねじとすりわり付きタッピンねじは、さらに頭部形状がなべ、皿、丸皿に分類されます。

要点BOX

- ●締結物に直接ねじ込むタッピンねじ
- ●先端の形状によりJISは3種がある

タッピンねじのねじ先

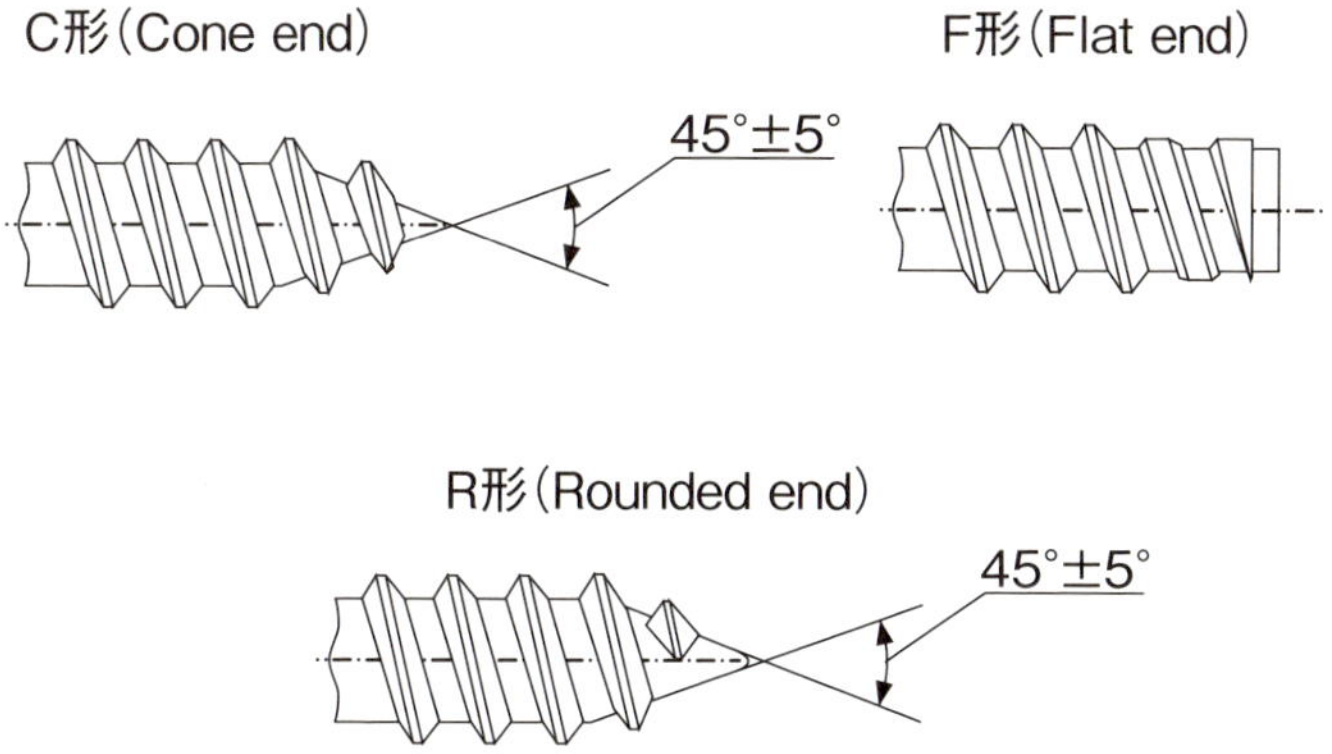

ねじ先

タッピンねじの種類

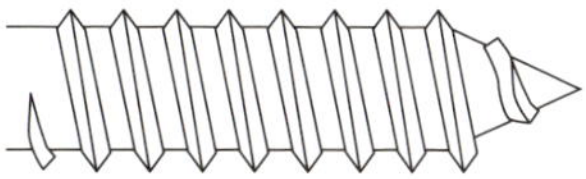

1種タッピンねじ
（Aタッピンねじ）

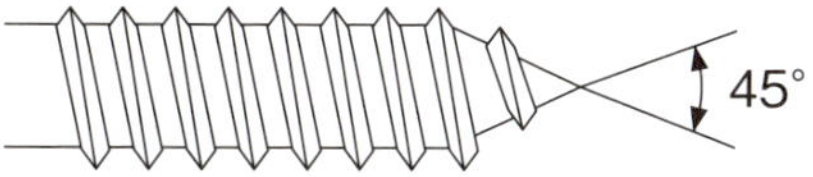

4種タッピンねじ
（ABタッピンねじ）

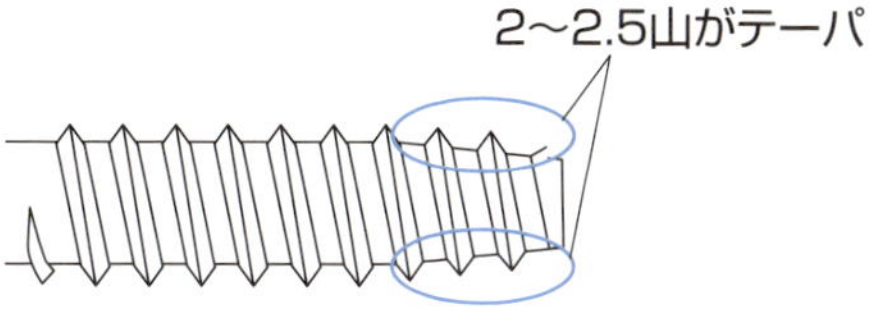

2種タッピンねじ
（B0タッピンねじ）

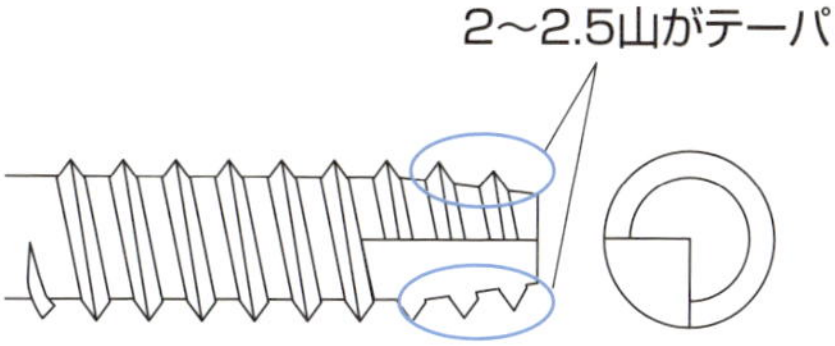

2種タッピンみぞ付
（B1タッピンねじ）

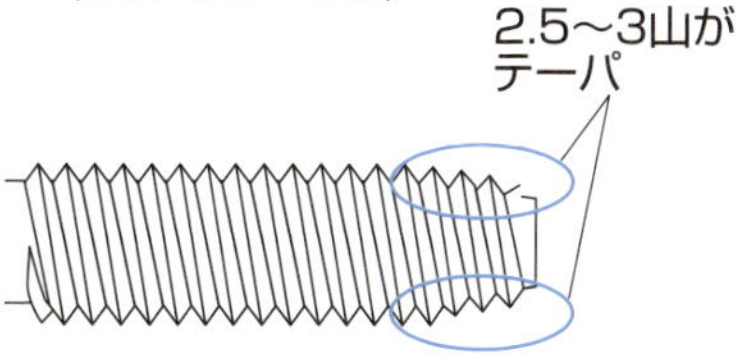

3種タッピンねじ
（C0タッピンねじ）

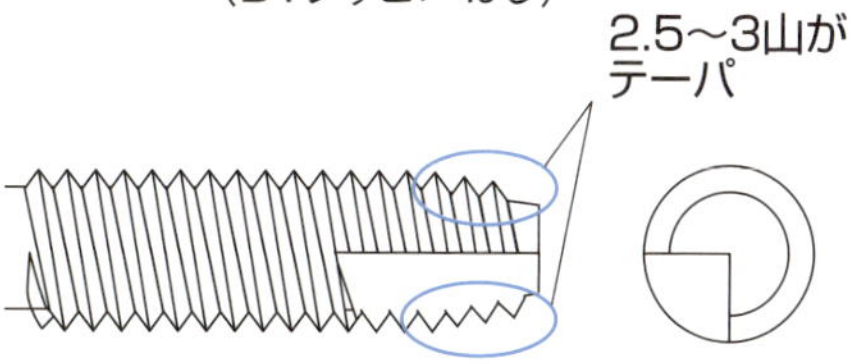

3種タッピンみぞ付
（C1タッピンねじ）

22 止めねじはとても地味なねじ

止めねじはイモネジとも呼ばれます

止めねじはねじの先端を利用して機械部品間の動きを止めるねじであり、先端の形状には、平先、とがり先、棒先、くぼみ先、丸先などがあります。また、頭部のくぼみ形状には、すりわり付き、六角穴付き、四角頭などがあります。なお、止めねじは英語ではset screwと呼ばれます。また、ほかのねじと比べても小さい寸法のものが多いためイモネジとも呼ばれます。代表的な止めねじの用途として、丸棒の外周面を締結することがあげられます。なお、六角穴付き止めねじとすりわり付き止めねじでは、六角レンチでねじの中心に合わせて締め付けができる六角穴付き止めねじのほうが優れています。JISに規定されている六角穴付き止めねじの最小呼び径はM1.6です。一方、すりわり付き止めねじには、さらに小さなM1、M1.2、M1.4などの呼び径もあります。

ねじ部はありませんが、穴に差し込んで継ぎ手、位置決め、ねじの回り止めなどの目的に用いる棒状または筒状の部品にピンがあります。平行ピンは断面が円形で側面が円筒になっている頭なしのピンであり、一方が平面取りで他方が丸面取りをしたA種、両端とも平面取りのB種、両端とも面取りなしのC種が規定されています。また、ダウエルピンは平行ピンの一種で焼入硬化をした精度の高いピンであり、一般には位置決めなどに用います。

テーパピンは断面が円形で側面が1/50のテーパになっている頭なしのピンです。先割りテーパピンはテーパピンの小端部に軸方向の割りを入れたピンです。ねじ付きテーパピンは、テーパピンの大端側におねじ、またはめねじを設けたピンです。

スプリングピンは弾性がある板を円筒状に丸めてピンの半径方向にばね作用が生じるピンです。割りピンは硬い針金をヘヤピン状に折り曲げたピンであり、ねじの戻りやピンの脱落などを防ぐために用いられます。

要点BOX
- ●止めねじの使い方
- ●止めねじの形状
- ●ピンのいろいろ

止めねじの形状

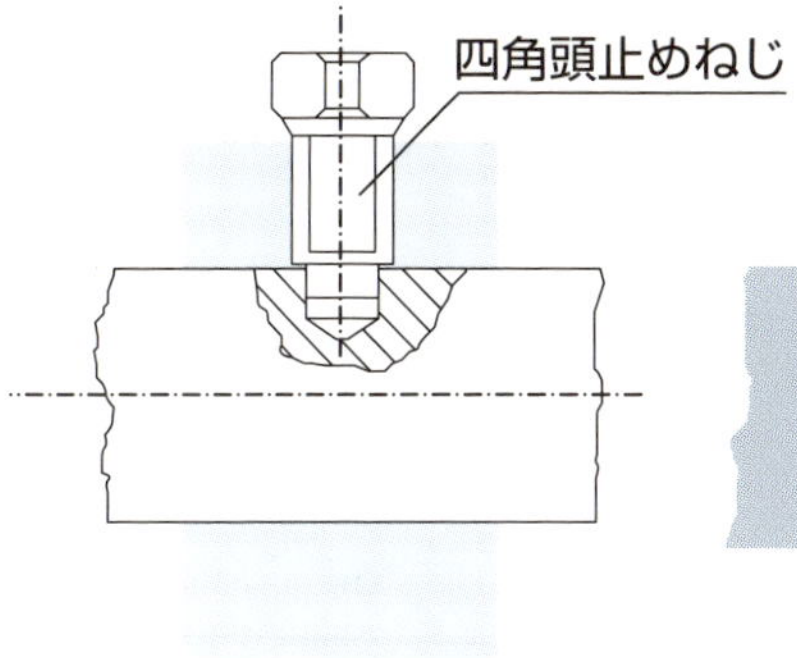

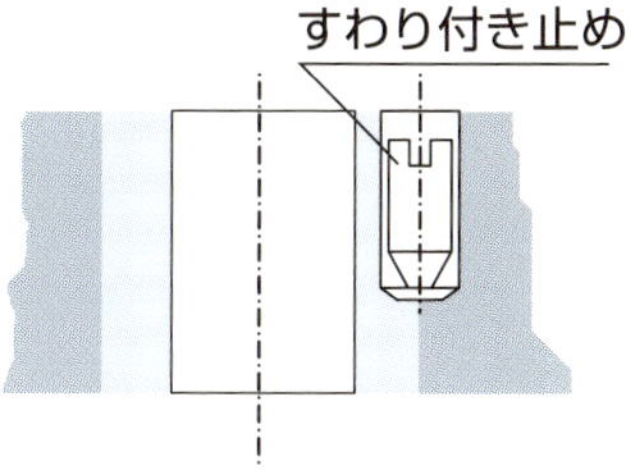

六角穴付き止めねじ－くぼみ先

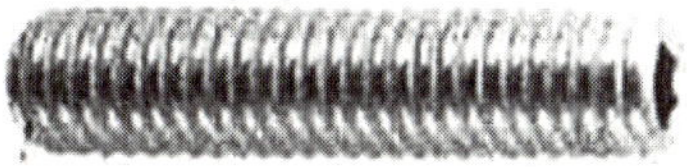

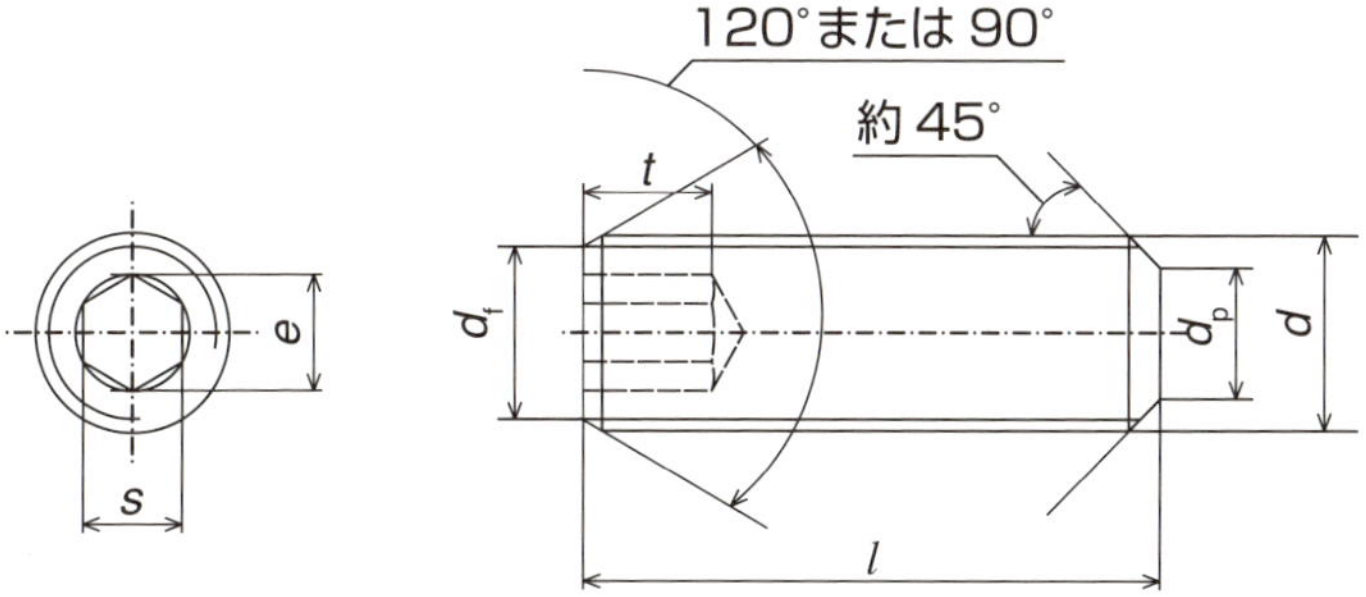

ピンの形状

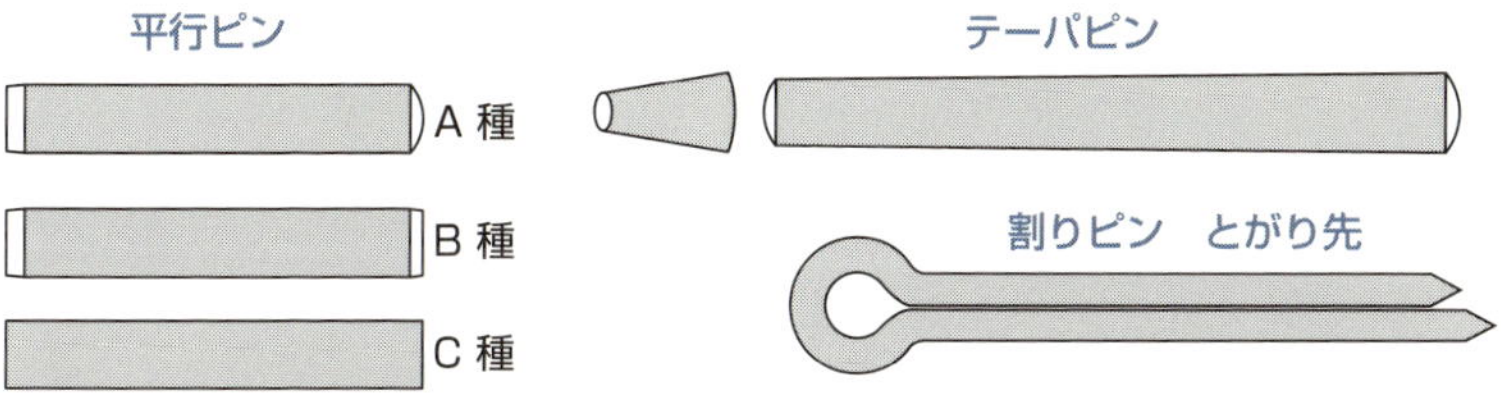

23 リベットも意外なところで使われている

中空リベットはノートPCなどにも用いられています

リベットは軸部にねじのない頭付きの部品であり、締結物の穴に軸部を差し込み、軸端をかしめて継手とする部品の総称です。ねじ止めのように後から取り外すことはできませんが、リベットセッターなどの機械で素早く締結ができ、かしめた後の信頼性も高いという特長があります。

冷間成形リベットは塑性加工で頭部を成形するものであり、頭部の形状の違いによって、丸リベット、小形丸リベット、皿リベット、薄平リベット、なべリベットなどの種類があります。丸リベットの呼び径は3㎜から20㎜が、またそれぞれの呼び径に応じた長さが規定されています。

熱間成形リベットは頭部を熱間で成形するものであり、頭部の形状の違いによって、丸リベット、皿リベット、丸皿リベット、ボイラ用丸リベット、ボイラ用丸皿リベット、船用丸皿リベットなどの種類があります。

冷間成形リベットは呼び径が大きいものが多く、丸リベットの呼び径は10㎜から36㎜が、またそれぞれの呼び径に応じた長さが規定されています。

チューブラリベットは軸に中空部があるリベットであり、中空部の深さに浅いものと深いものとがあります。中空部の深さが軸径の約90%のものをセミチューブラリベット、中空部の長さが軸径の1・12倍を超えるものをフルチューブラリベットといいます。JISで規定されているのは、セミチューブラリベットであり、頭部形状には薄丸、トラス、平、皿、丸などがあります。これを中空リベットともいいます。

セミチューブラリベットは、中実のリベットに比べて小さな力でかしめることができ、軸太りや締結物の割れが少ないため、回転物への使用にも適しています。その用途は、自動車のブレーキを取り付けるための自動車部品向けライニングリベットやノートPC、折りたたみ式の携帯電話やゲームなどの回転部分などに用いられています。

要点BOX
- ●軸部にねじがなく、かしめて使う
- ●後から取り外すことはできない
- ●リベット形状のいろいろ

リベットによる締結

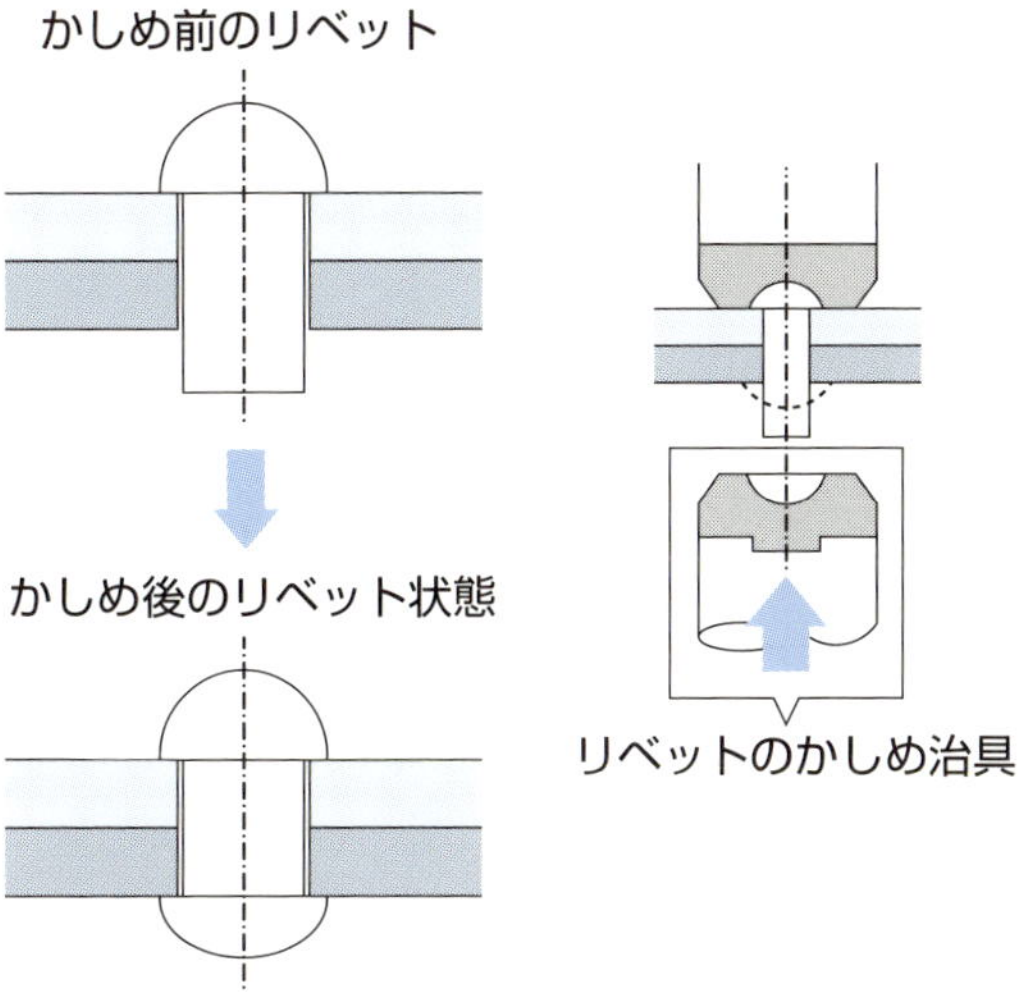

リベットの形状のいろいろ

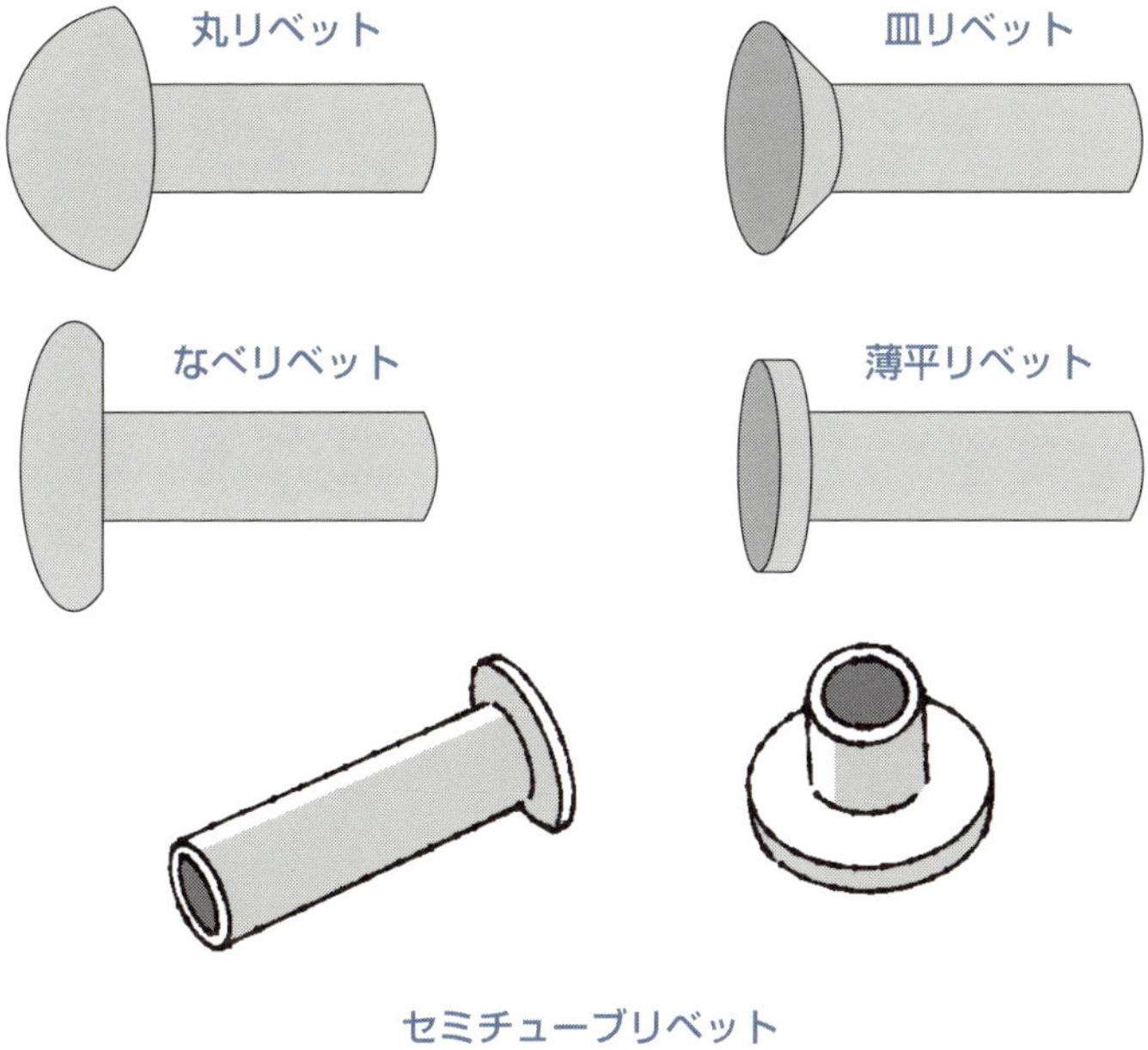

24 木ねじと釘は木材の締結に用いられる

ねじと釘の歴史は別々に発展してきました

木ねじは木材にねじ込むのに適した先端とねじ山とをもつねじのことです。頭部の形状には、丸、皿、丸皿などがあり、ＪＩＳにおいて頭部のくぼみ形状は十字穴付き木ねじとすりわり付き木ねじ、材質は鋼、ステンレス鋼および黄銅が規定されています。

木ねじのねじ山は先のとがったタッピンねじに似ていますが、ねじ頭部の首下にねじ切りされていない部分があります。また、材質の違いでは木ねじが炭素含有量の少ない柔らかな素材が用いられているのに対して、タッピンねじは木ねじよりも炭素含有量が高めの鋼材を熱処理により硬化させて使用するため、硬さの面で優れています。そのため、相手材が硬い場合にはタッピンねじを用いた方がよいでしょう。

木ねじは通常、木材に金物などを固定するときに使用します。木材と木材を止める場合にはコーススレッドスクリューのほうが適しています。これは米国で建築用としてきたもののようで、強度は釘《くぎ》の5倍程度です。ラッパ状の頭部をしているためラッパビスと呼ばれることもあります。ねじのピッチが粗く、長いものが揃っているため、木材や合板の固定に適しています。

釘は線材を利用して製造する点ではねじと似ていますが、ねじが主に金属の締結に用いられる機械部品であるのに対して、主に木材の締結に用いられる建築部品として扱われているため、規格などもねじとは別々に規定されています。

ねじと釘とでは歴史的な変遷も別々に発展してきました。日本における釘は、鉄を槌でたたいて四角に作る和釘と呼ばれるものがあり、これは飛鳥時代の法隆寺の建造にも用いられていました。明治時代になると、線材を材料として機械で作る洋釘が輸入されるようになり、これが現在一般に用いられている釘になります。日本では、明治41年に官営八幡製鉄所において国産線材の製造が行われ、釘の自国生産がはじまりました。

要点BOX

- ●いろいろな木ねじ
- ●木ねじによる締結
- ●木ねじと釘

木ねじによる締結

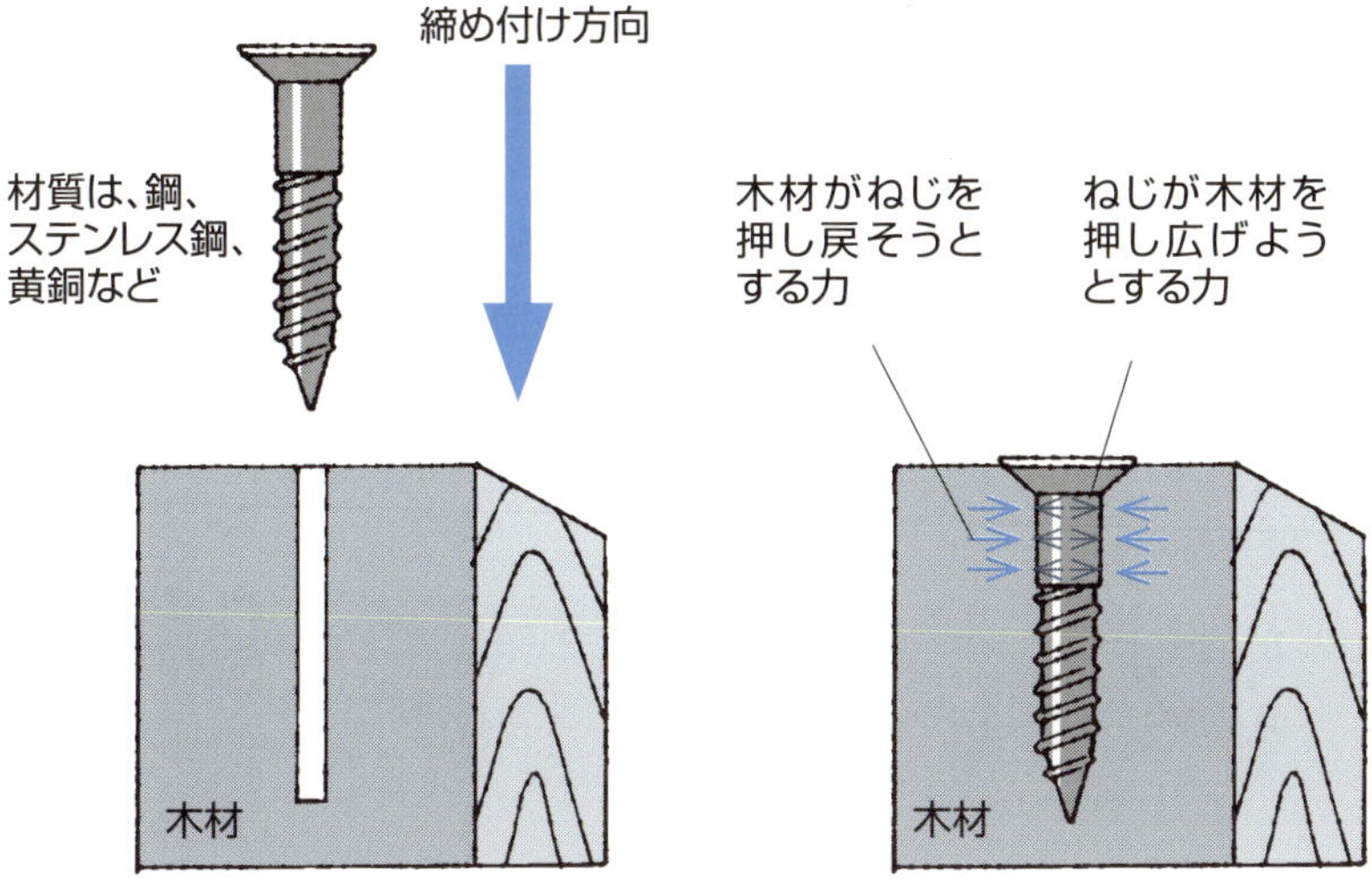

木材に適切な下穴をあけてから、締結することで、さらに安定した緩み防止効果が得られます。

25 いろいろな形をしたねじの頭

ねじ頭部のくぼみは星形や三角形などいろいろ

ねじの頭部のくぼみの形状には、十字穴付きやすり割り付き以外にもさまざまなものがあります。

アメリカのカムカー社が開発したトルクス（ＴＯＲＸ）は、ねじの頭が六角の星形をしているためドライバとねじとのかみ合いが強く、力の伝達効率が非常に良いという特長があります。そのため、欧米では自動車関係や情報通信機器分野などで広く用いられています。

アップル社のコンピュータであるMacintoshには古くからこのトルクスねじが使用されています。トルクスの締結を行うためには、専用のドライバを用いる必要があります。

なお、トルクスという名称は登録商標のため、一般にはヘクサロビュラー（Hexalobular、6つの突起の意）またはヘクスグローブ（Hex glove、6つの耳たぶの意）と呼ばれます。

日本でも六角星の形状や3本の溝が刻まれた形状、穴の中央に突起を設けた形状などがあり、通常の工具では回せない特殊な溝や穴が付いたねじがあります。これらは携帯電話や家庭用ゲーム機など、簡単に開けられては困るような場所において、いじり止めねじやいたずら防止ねじとして用いられます。ただし、最近はこれらに対応したドライバも比較的容易に入手できるようになっており、防犯用としての用途は薄れつつあります。

このように、まだＪＩＳやＩＳＯで規定されていないねじの頭部形状は、登録商標や特許などで保護されていることが多く、その場合にはねじの頭部形状とそれを締結するドライバはワンセットであり、登録商標や特許を持っている者しか製造や販売ができません。今後、十字穴付きに代わるねじが広く普及してＩＳＯで規定されることがあるかはわかりませんが、現在もねじの頭部形状の開発は続いているのです。

要点BOX

- ●ねじの頭はいろいろある
- ●力の伝達がよいトルクス
- ●ねじの頭とドライバは一対

いろいろなねじ頭部のくぼみ形状

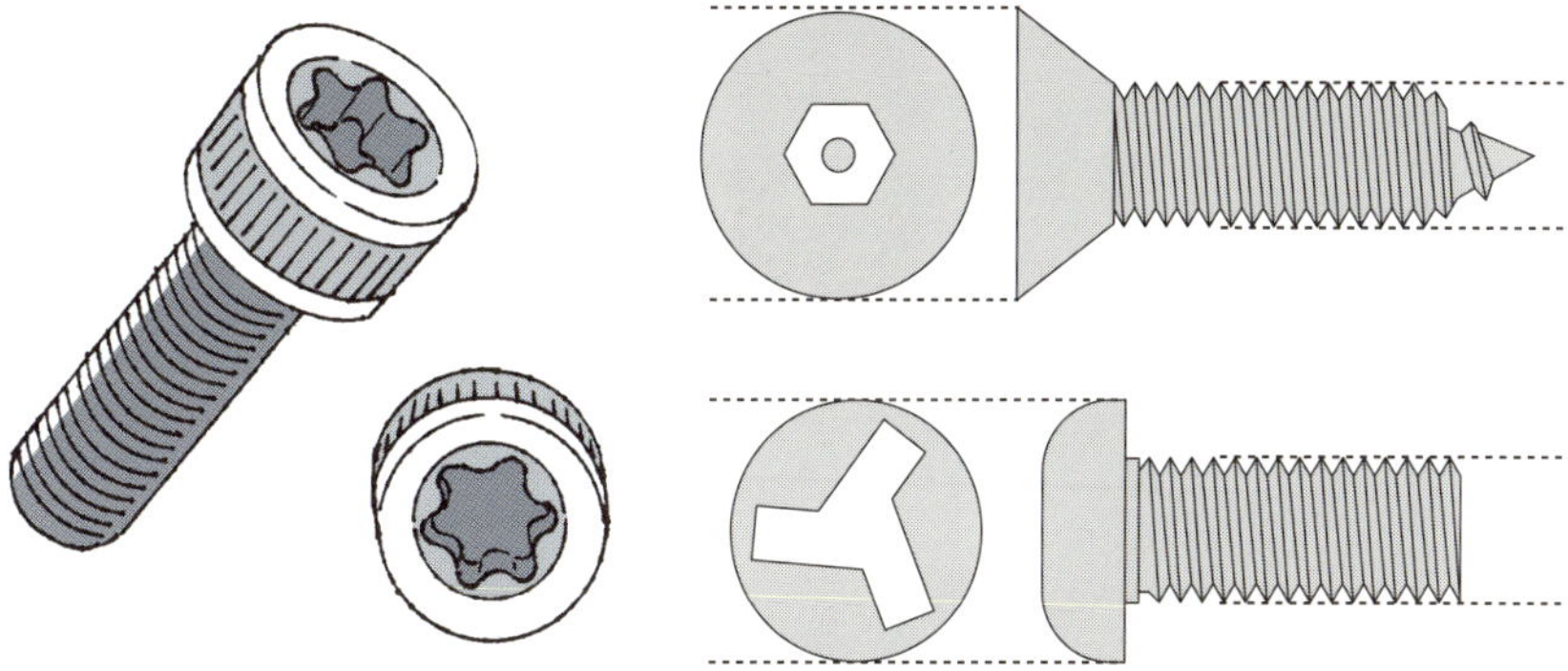

いたずら防止ねじ

26 建築・土木分野で用いられる高力ボルト

同じねじでも分野によって違いがあります

ここまでに紹介したねじは一般的な小ねじやボルト・ナットであり、機械や電気機器などに幅広く用いられています。同じねじでも建築や土木の分野で用いられるねじは太くて強度があるものが多く、違いが見られます。

鉄骨や橋梁の工事などで用いられる高力ボルトやハイテンションボルトと呼ばれるボルトは、引張強さが普通のボルトの2倍以上もあります。このボルトは機械構造用炭素鋼や低炭素鋼、ステンレス鋼などを材料としており、機械的性質はもちろん、防錆処理を施してあるため、海岸・海上等の腐食の著しい場所での使用にも適しています。

高力ボルト接合には、接合部を強い力で締め付けて、被接合材との間に生じる摩擦力を利用する接合が用いられます。接触面には円環状の摩擦面が形成され、この面積が広いため、応力の集中は起こらず、繰返し荷重に対する疲労強度も高くなります。

高力ボルトは、六角ボルトと六角ナットと座金を一組のセットで用いることが規定されています。また、トルシア型高力ボルトは、導入ボルト張力が所要の値になるまで締め付けると、破断溝が破断してピンテールと呼ばれる部分が外れます。このことがボルト張力の目視検査になり、これにより施工管理が容易になるため、広く用いられています。

高力ボルトの締付けには、あらかじめ所要のトルクに調整され、電気や圧縮空気を動力源としてモータを回転させてハンマーを回転させる、インパクトレンチまたはトルクレンチなどが用いられます。

構造物においてボルトが数多く並んで配置されているものを見かけます。高力ボルトは、材料に対して平行な直線であるゲージライン上に規則正しく配置することが規定されています。なお、ゲージラインが数本ある場合を多列配置継ぎといい、並列や千鳥などの種類があります。

要点BOX

●高力ボルトの引張強さは普通の2倍
●六角ナット、座金と一組で用いる
●締付けはトルクレンチで

高力ボルト

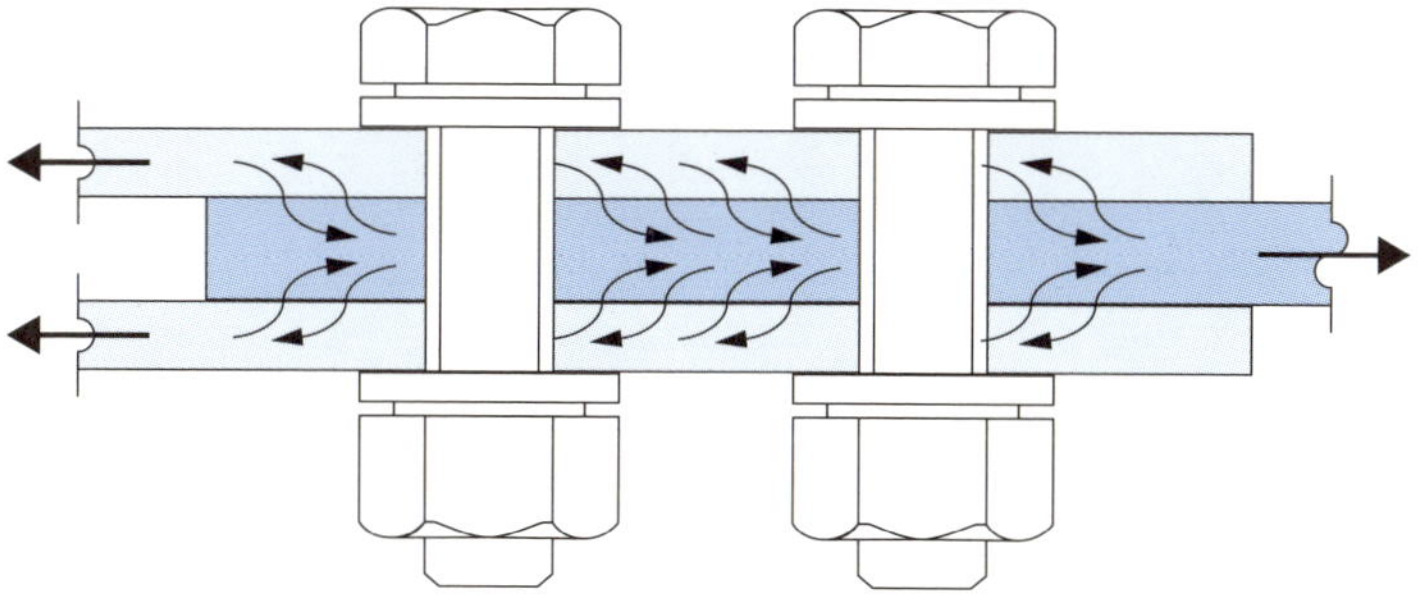

摩擦結合

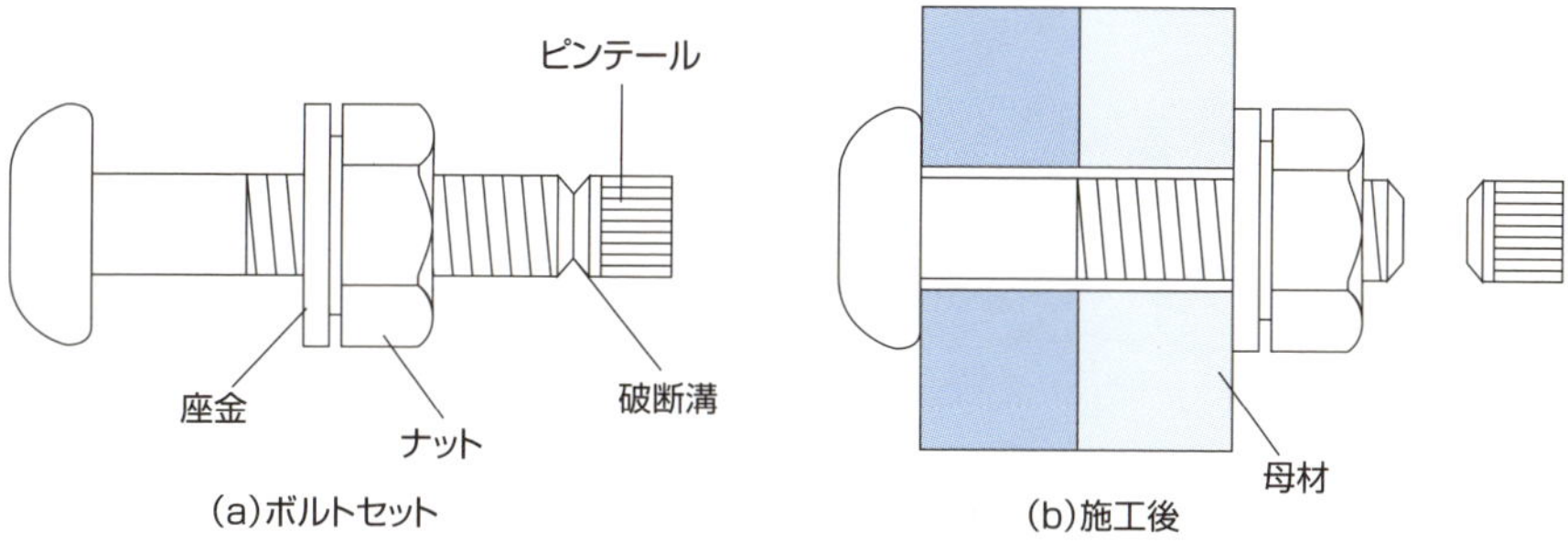

トルシア型高力ボルト

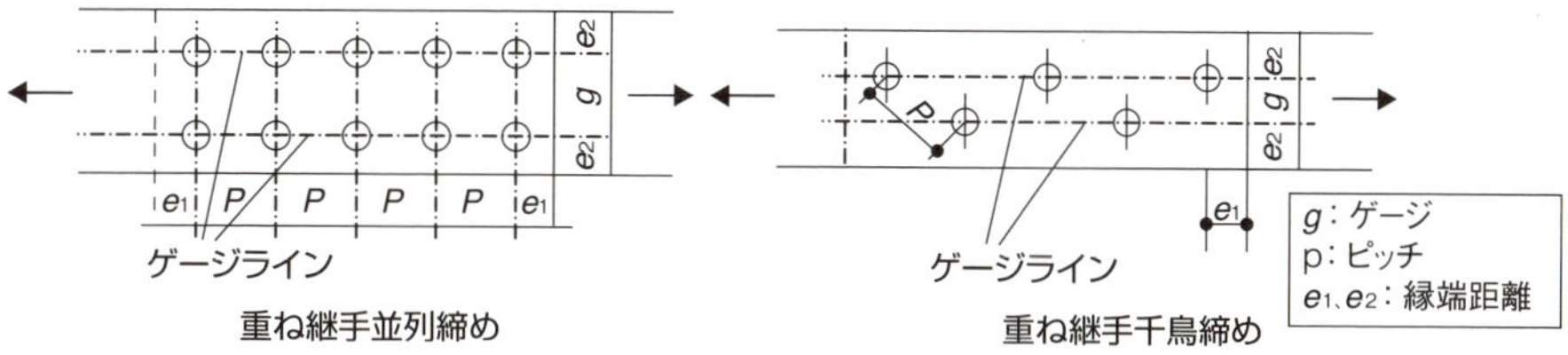

高力ボルトの配置

Column

アンカーボルト

アンカーボルトには、建方用アンカーボルトと構造用アンカーボルトとがあります。

建物を建てるときに柱の位置決めや一時固定に用いられる建方用アンカーボルトは、構造部材や設備機器などを固定するために、コンクリートに埋め込んで用いるL字型やJ型のボルトです。

建物の構造上の耐力を負担する構造用アンカーボルトは構造物を建てた後も、建物と大地を基礎コンクリートの中でつなぐ重要な役割を担っています。すなわち、このアンカーボルトがうまくはたらかなければ、いくら頑丈で最適な基礎を構築しても意味がないのです。

ところが、これほど重要なはたらきをする構造用アンカーボルトにその強度や材料、製造法に関する明確な基準はなく、１９９５年の阪神・淡路大震災での構造物の倒壊の際に問題になりました。

２０００年にアンカーボルトの品質向上と安定供給、ボルトメーカーの地位と信頼性の向上を目的に設立された建築用アンカーボルトメーカー協議会（略称ＪＦＭＡ）では、アンカーボルトの規格化に向けたさまざまな活動を行っています。

●L型アンカーボルト

●J型アンカーボルト

●建築用アンカーボルト

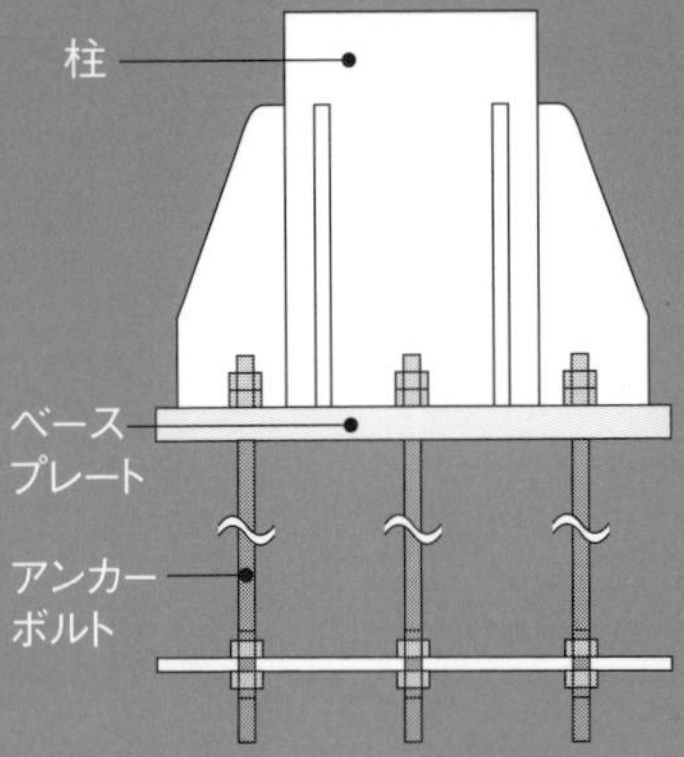

第3章

ねじの締付工具と測定工具

27 ドライバの定番は十字穴付き

小ねじの締付けは十字ねじ回しから

小ねじの締付けに用いられる代表的な工具がドライバです。小ねじの頭部のくぼみには十字穴付きとすり割り付きがあり、ドライバの形状もこれに対応して規定されています。

十字穴付き用のプラスドライバはＪＩＳでは十字ねじ回しとして規定されており、十字穴の形状には一般的なＨ形と精密機器用のＳ形とがあります。また、本体と握り部との結合方法の違いにより、ドライバの軸が握り部の途中までの普通形、握り部が端部まで貫通している貫通形とに分類されます。貫通形はドライバのハンドル後部を軽く叩いてねじを緩めてから回す構造です。さらに、先端部にねじを引き寄せるための磁力の有り、無しという区別もあります。

すり割り付き小ねじの締付けにはマイナスが用いられます。シンプルな構造であり、古くから用いられてきましたが、プラスドライバに比べるとドライバとねじとが接合するまでの時間がかかるため作業性が劣ることになり、最近はプラスドライバが主流になっています。

メガネや腕時計などの小ねじの締付けに用いられるものを精密ドライバといい、通常は大きさの異なるプラスドライバとマイナスドライバが6本程度のセットになっています。精密ドライバの柄の端には空回りする円盤状の支えがあり、この部分を手のひらで押すことでドライバをねじに対して垂直に保つことができます。そのため、これをうまく利用することで、回転力の微調整が容易になります。

ドライバの握り部であるハンドルデザインにはさまざまな形状があり、常に進化しています。基本的には大きなねじを締付けるためには大きな回転力（トルク）が必要となるため、握り部も太いほうがよいでしょう。最近では握り部の形状も単なる円筒形でなく、手のひらや指関節とフィットするような握りやすく、かつ力を加えやすい形状の製品も登場しています。

要点BOX

- ●ドライバは小ねじの頭部に対応する
- ●ドライバはマイナスとプラスがある
- ●ハンドルデザインも使いやすく進化する

ねじ回しの先端部の形状

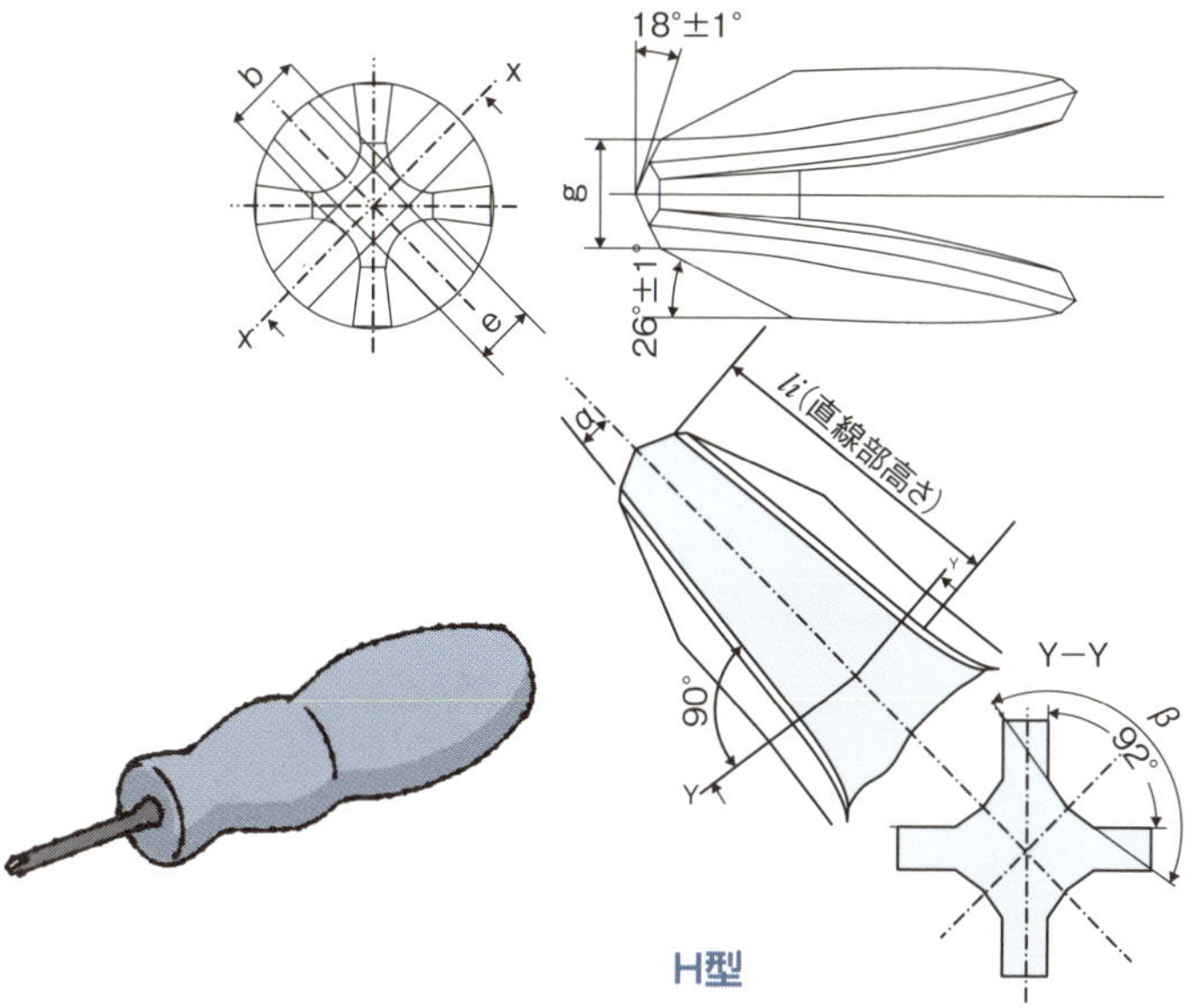

H型

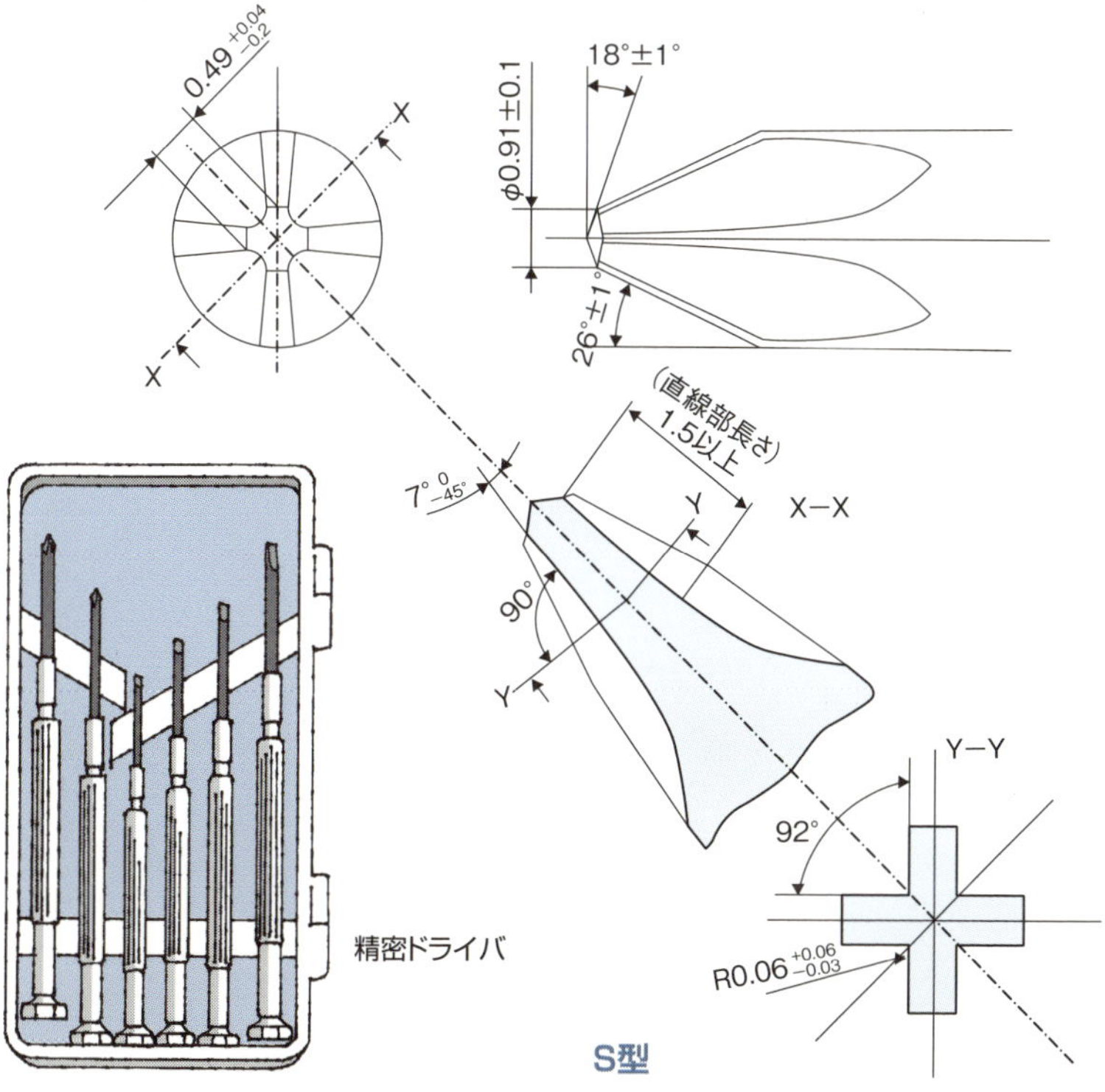

精密ドライバ

S型

28 スパナやレンチの種類はいろいろ

工具の形状は常に進化している

ボルトやナットの締付けに用いられる代表的な工具がスパナであり、開口部がコの字に開いているためオープンエンドレンチとも呼ばれます。スパナには開口部が柄の片側にある片口スパナや開口部が両側にある両口スパナなどの種類があります。スパナは手軽な工具であるものの、六角ボルトの締付けを行うときにボルトを二面でしかつかんでいないため、ボルトの角がトルクに耐えられなくなることがあるので注意が必要です。

スパナを上手に活用するためには、ボルトに対して平行に使用すること、ボルトは開口部の突き当たる場所まで押し込んだ状態で使用することなどを心がける必要があります。

また、開口部が柄に対して15度程度傾いていたり、開口部の先端が薄くなっているものなど、細部にさまざまな工夫が施されているスパナもあるので、作業に応じて使い分けるとよいでしょう。

ボルトやナットをより確実につかんで締結するためには、開口部が丸形で頭部の全周を包んで締付けを行うメガネレンチが用いられます。丸形の部分がメガネのような形をしているためにこの名前が付けられたようですが、ボックスエンドレンチやオフセットレンチなどと呼ばれることもあります。また、柄の片側がスパナでもう片側がメガネレンチであるコンビネーションレンチもあります。メガネレンチの柄の形状には、直線上のストレートメガネレンチの他、30度や45度、75度などの角度のついたオフセットメガネレンチがあります。

両者の使い分けとして、作業面に障害物がないときには力を込めて作業ができるストレートメガネレンチを用い、作業面にある障害物をまたいでボルトやナットを締付ける必要があるときには、必要な傾斜角をもったオフセットメガネレンチを用います。

また、片側がスパナでもう片側が首振り構造のソケットであるフレックスソケットスパナは、スパナ側で早回し、ソケット側で本締めができます。

要点BOX

- 片口スパナ、両口スパナなどある
- 作業に応じて使い分ける
- ボルト、ナットを確実につかむメガネレンチ

スパナやレンチのいろいろ

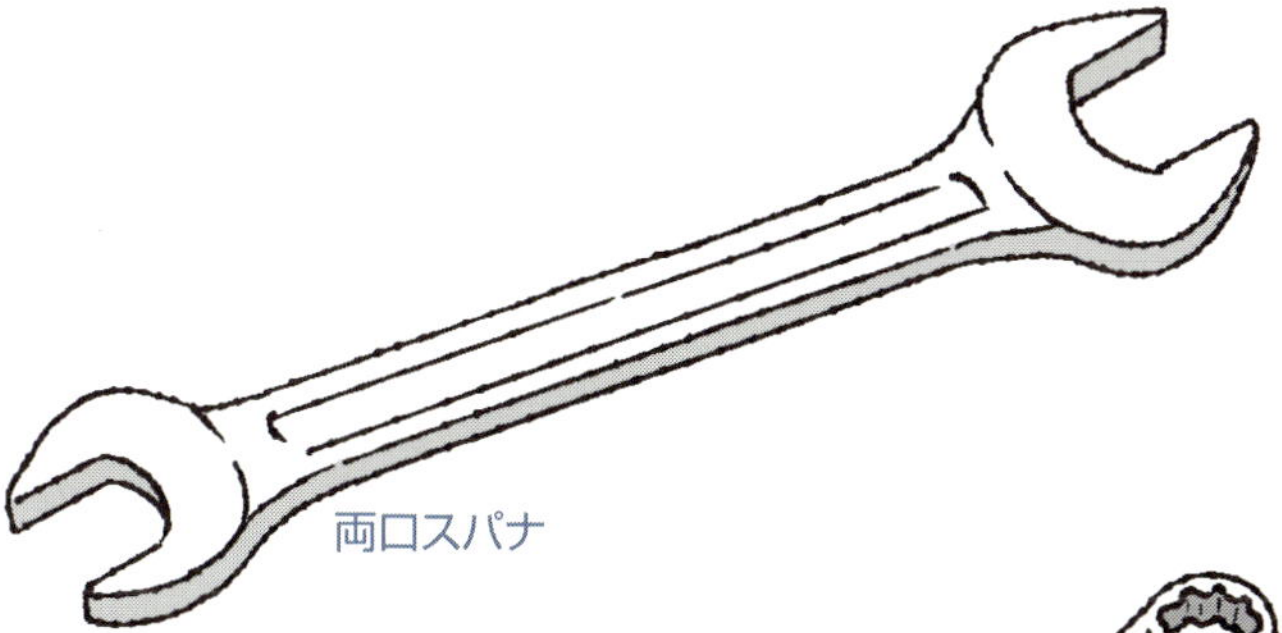

両口スパナ

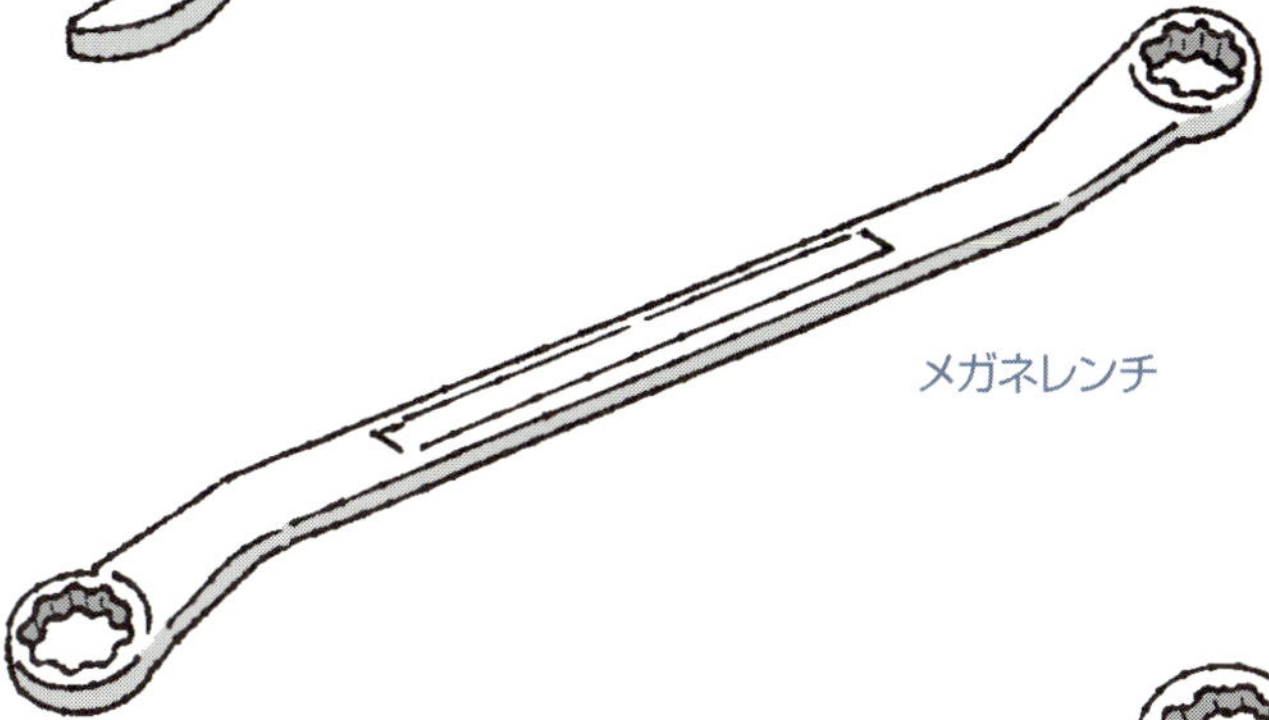

メガネレンチ

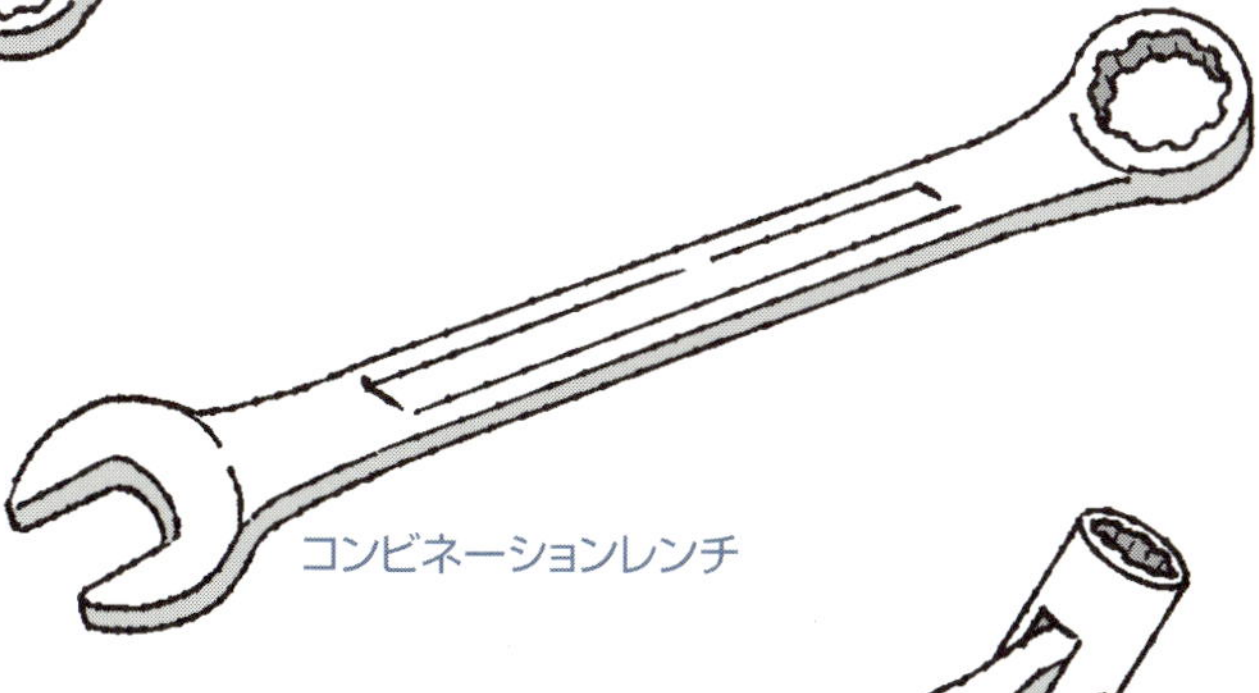

コンビネーションレンチ

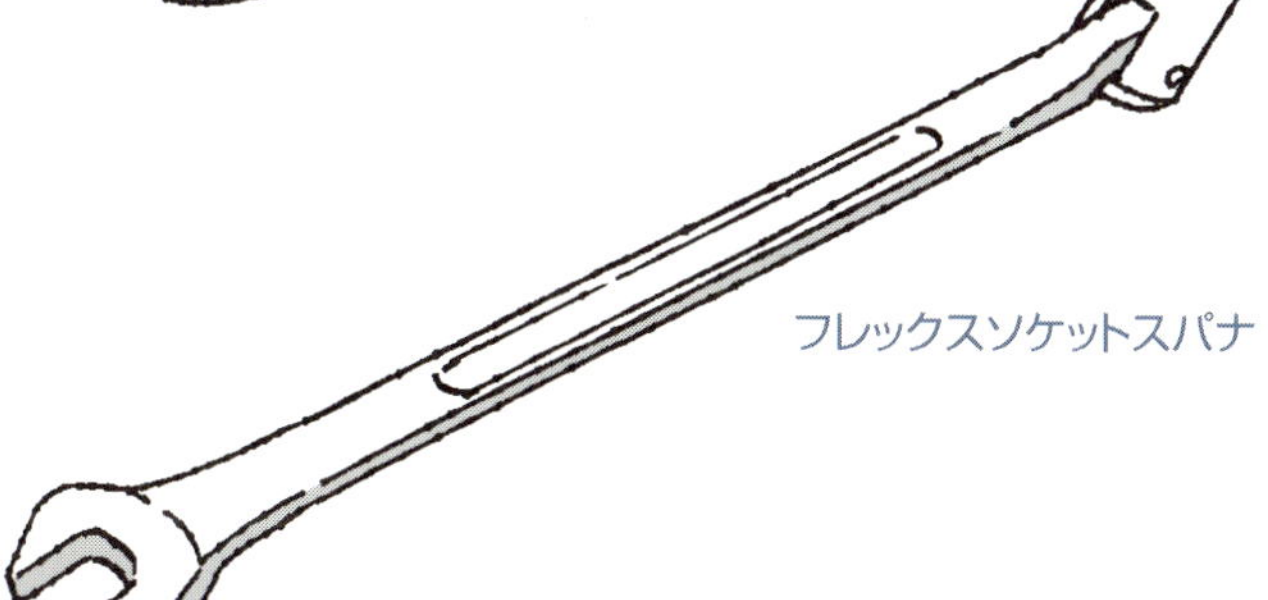

フレックスソケットスパナ

29 モンキーレンチは意外と使い方が難しい

モンキーの由来は猿か人名か

モンキーレンチはボルトをつかむ部分の幅をねじ状の歯車とそれとかみ合う歯車によるウォームギアによって自由に変えることができるレンチです。調整可能なという意味からアジャスタブルレンチと呼ばれることもあります。

モンキーレンチの口径部を調整するには、まず柄の根元近くを握って親指でウォームを回し、ボルトやナットが口径部に入るまで広げます。次に上あごの面をボルトやナットにピッタリと密着させた状態でウォームが回らなくなるまで下あごを寄せ、ガタがないことを確認してから回転させます。このとき、ガタが発生しやすい調整ジョーではなく、固定ジョーに大きな力がかかるように、下あご側に回転させて用います。

モンキーレンチは一本で複数のサイズのボルトを回すことができるため、とても便利な工具ですが、調節部分にねじ状の歯車であるウォームとそれとかみ合う歯車であるウォームホイールの歯車対を用いたウォームギアを利用しているため、バックラッシュと呼ばれる遊びが生じます。そのため、調整ジョーが固定されずにガタが発生し、ボルトを傷めやすいため、強い力で締め付ける場合には不向きです。

また、ボルトを二面でしかつかんでいないことは、通常のスパナと同じであるため、大きなトルクが必要な場合はボルトやナットを6点でとらえるメガネレンチやソケットレンチなどを使用したほうがよいでしょう。

モンキーレンチの開口部の形状にも工夫したものがあります。スマートモンキーは先端部が2ミリ程度の薄型であり、狭いスペースでの締付けが可能です。

モンキーレンチの語源には、全体が猿に見える、猿でも使える、発明者の人名など諸説がありますが、１８５８年にチャールズモンキーが発明したからという説が有力のようです。なお、モンキーレンチの特許は１８９２年にスウェーデン人のＪ・Ｐ・ヨハンソンが取得したという記録が残っています。

要点BOX

- 調整可能なモンキーレンチ
- モンキーレンチを調整する
- 大きなトルクが必要ならメガネレンチが必要

モンキーレンチの使い方

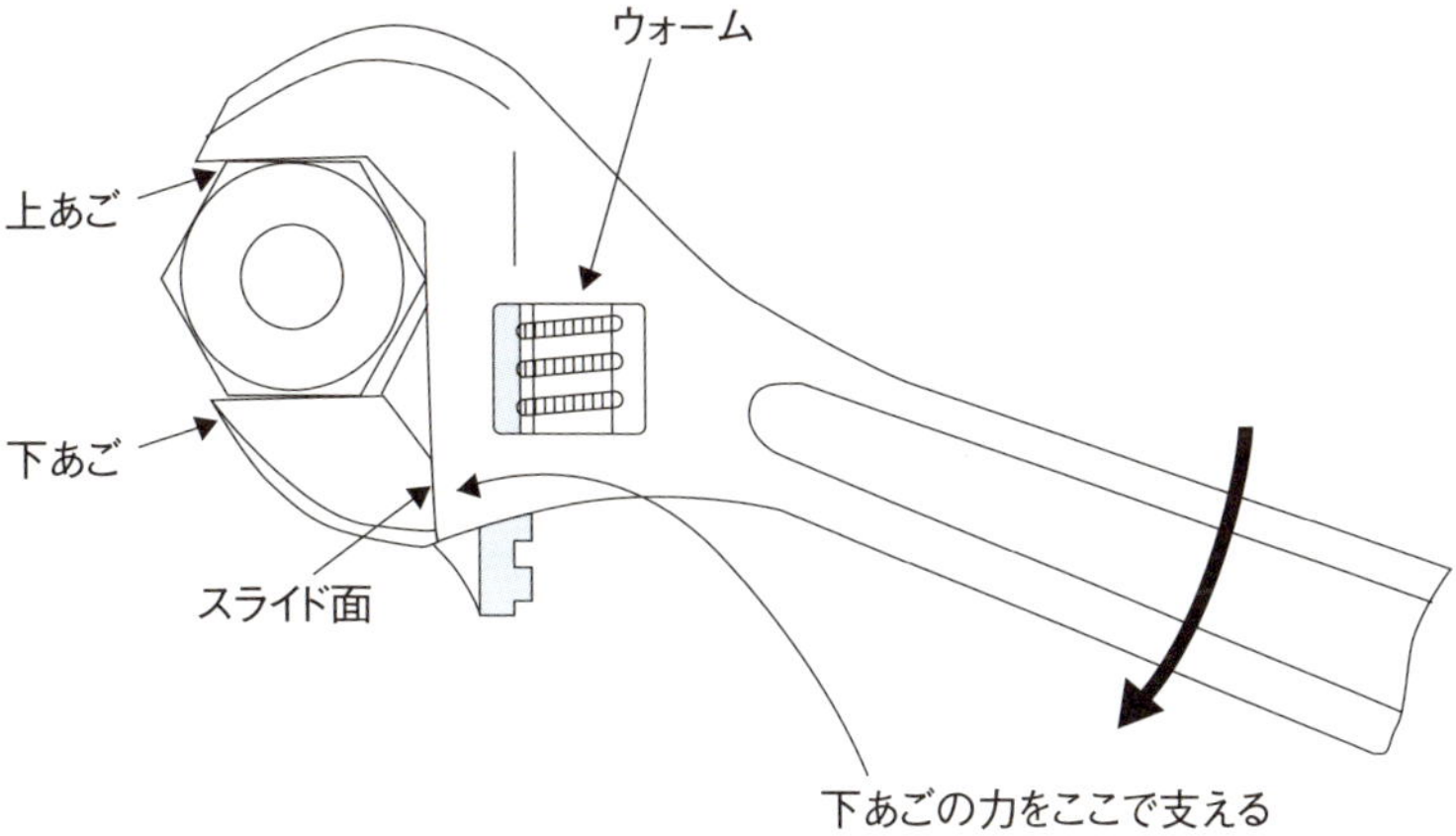

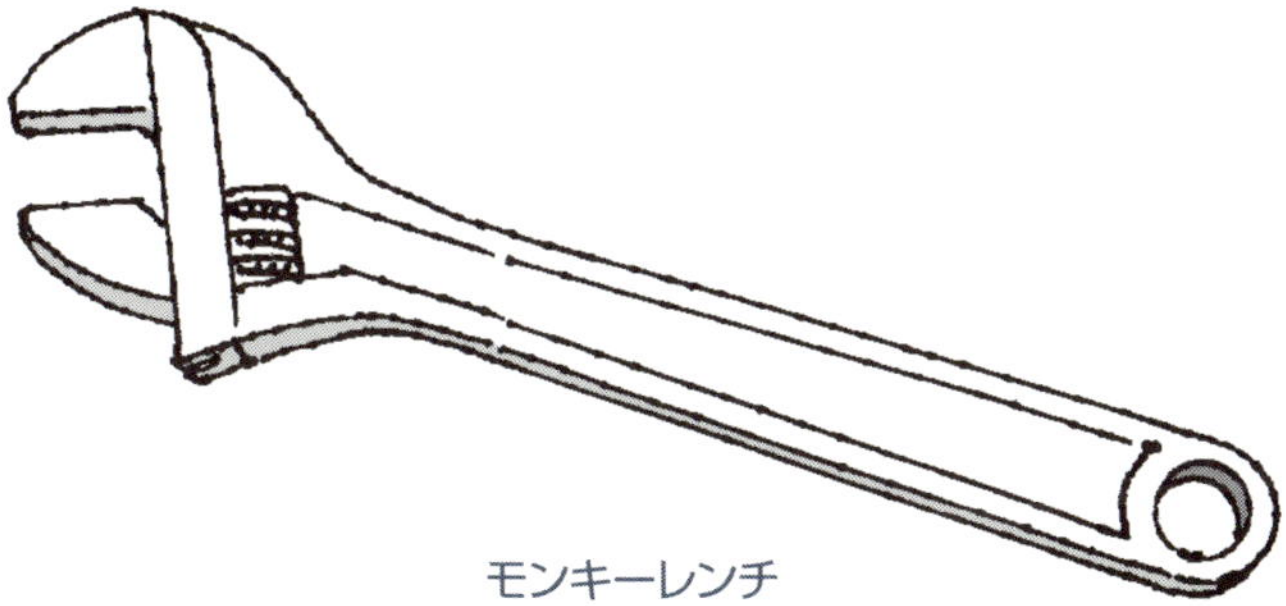

モンキーレンチ

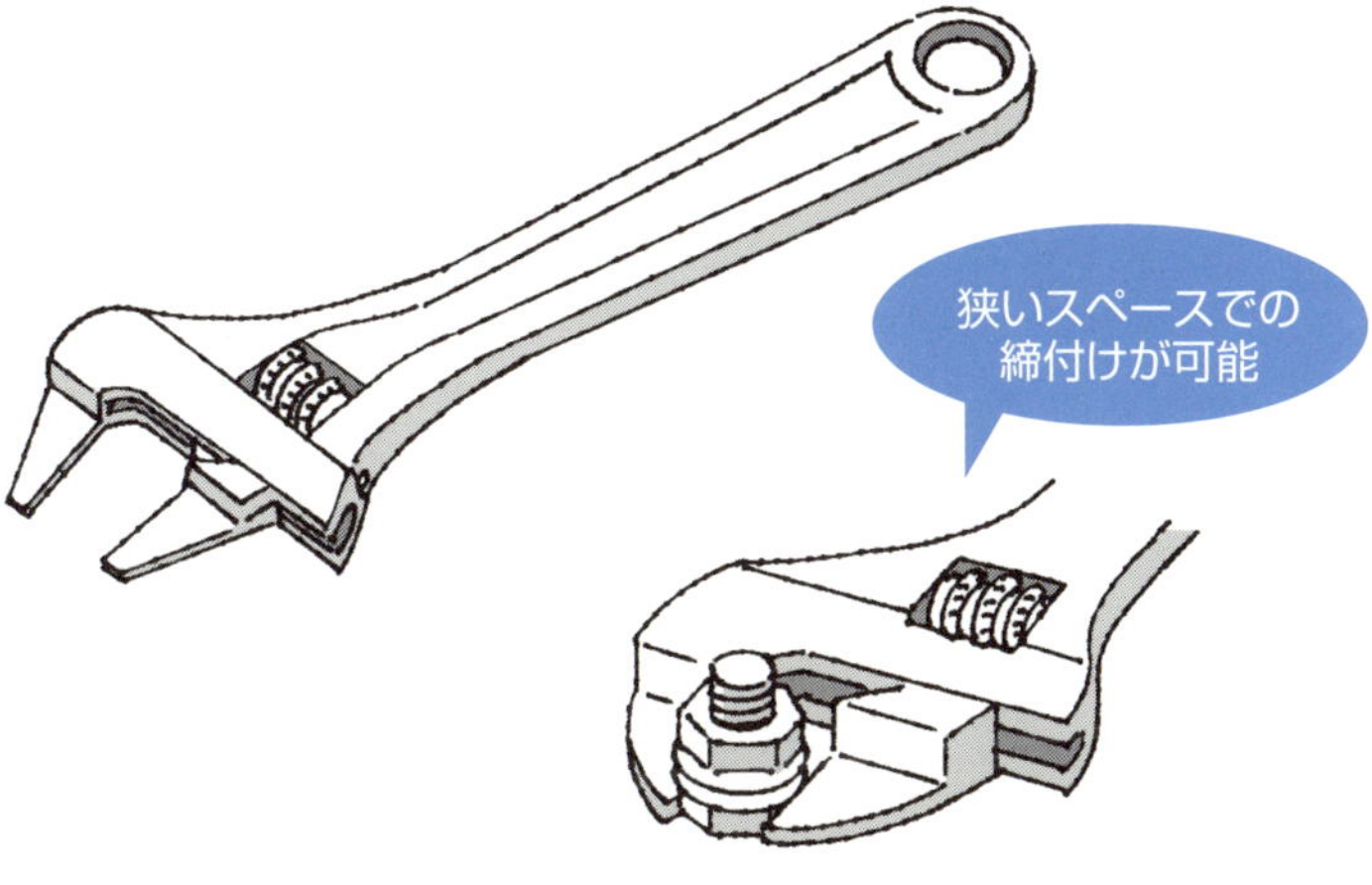

スマートモンキー

30 六角棒スパナでより確実な締結を

六角形は確実に均一に力を伝えることができる

六角棒スパナは断面形状が正六角形である六角穴付きボルトの締付けに用いられる工具です。ＪＩＳでは六角棒スパナという名称ですが、実際には六角棒レンチや六角レンチ、また欧米では六角形を意味するヘキサゴンレンチと呼ばれます。

断面が六角形をしている理由として、３６０度で割り切れて均一な接触面積を得ることができることがあげられます。四角形では接触面積が大きすぎ、八角形では接触面積が小さすぎるようです。また、断面が六角形をしていることは、作業の確実性や安全性にもつながります。もちろん、この六角形状のメリットをいかすためには、六角寸法に合ったレンチを選び、六角穴の奥まで完全に挿入して、押しつけながら回転力を加える必要があります。なお、六角形の寸法は六角穴の対辺の幅で規定されており、メートル寸法だけでなく、インチ寸法のスパナもあります。

六角棒スパナの棒部分はＬ形が基本形であり、どちらの端も使うことができます。小さな力で仮止めをするときや、素早く作業をしたいときには長辺を六角穴に挿入して回転力を加えます。また、本締めやゆるめるときなど、大きな力が必要なときには短辺を六角穴に挿入して回転力を加えます。

六角棒スパナのほかの形状には、プラスドライバのようなドライバ形や、握り部がＴ形をしたものなどもあります。また、六本程度のドライバがコンパクトに折りたたまれており、必要なものを引き出して用いる六角棒スパナセットもあります。

なお、六角棒スパナのＬ字の長い方の先端を約30度斜めにカットしたボールポイントタイプのものは、ねじ頭部のくぼみに対して工具を垂直に差し込むことができないような場合でも、斜め方向から回転力を加えることができるという便利な使い方があります。ただし、ボールポイントタイプを用いたときのトルクは小さくなるので、本締めには適しません。

要点BOX

- ●六角穴付きボルトの締付け用の六角棒スパナ
- ●六角棒スパナはL形が基本
- ●斜めで使えるボールポイントタイプ

六角棒スパナ

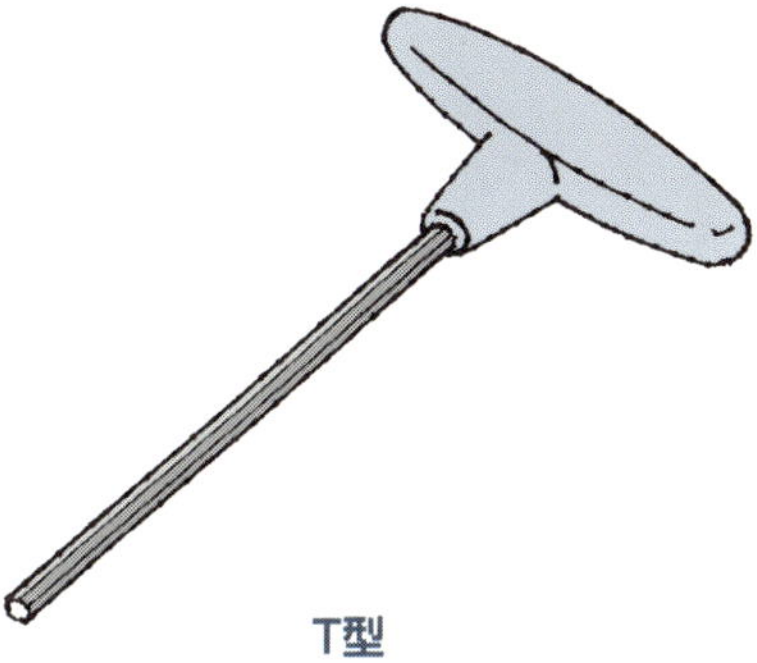

T型

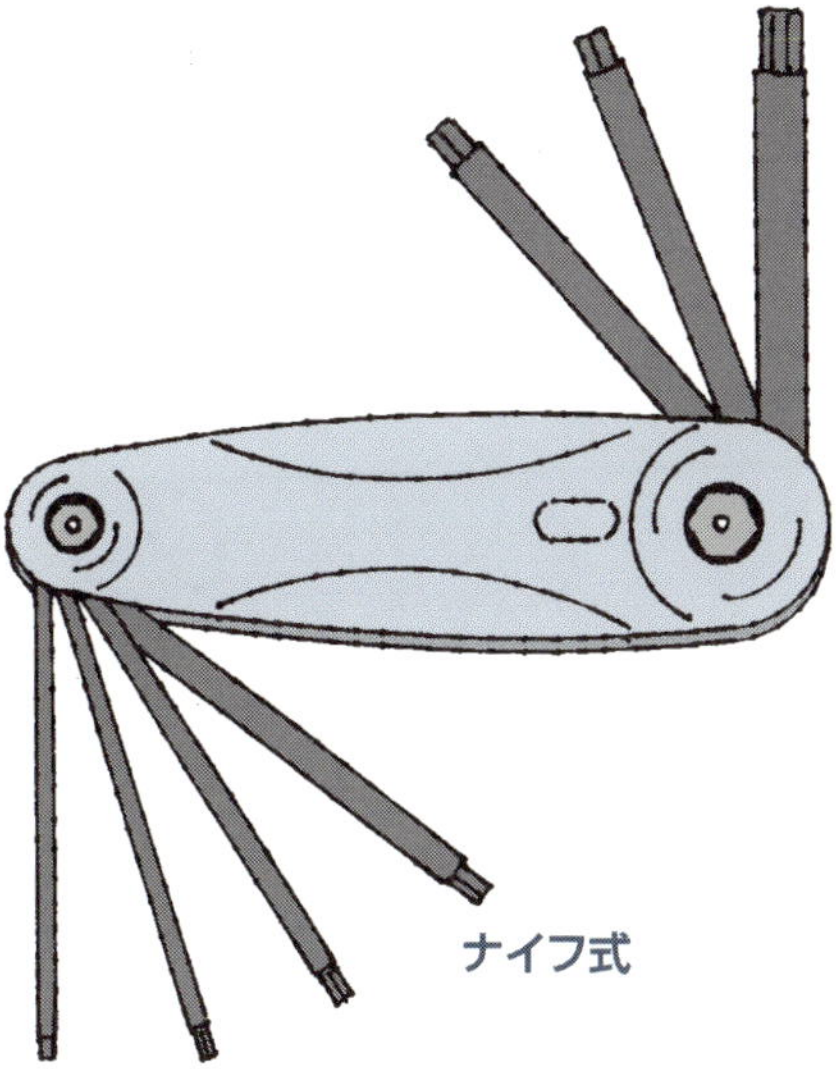

ナイフ式

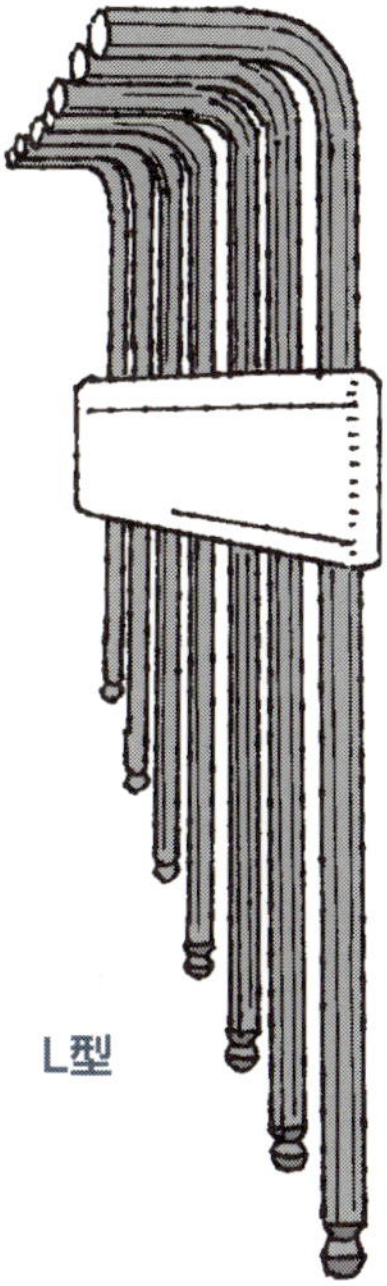

L型

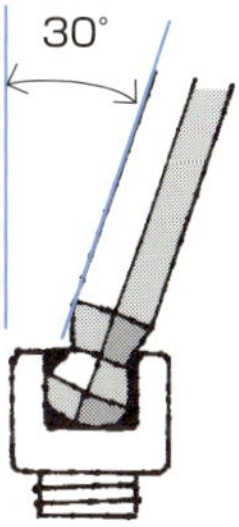

六角棒スパナを垂直に差し込むことができない場合でも使えます

31 ソケットレンチとラチェットレンチの違いは

ソケットレンチには六角と十二角があります

ソケットレンチは、ボルトやナットの締め付けや緩めをソケットとハンドルを組み合わせて使用するレンチの一種です。ソケットとハンドルが分離できるため、一本のハンドルでも複数のサイズのソケットを用意することで多くの作業に対応できるようになりました。また、コンパクトに工具箱などへの収納ができるため、持ち運びにも便利です。

ソケットレンチの使い方は、まずハンドルにある差込角と呼ばれる部分をソケットにカチリとはめ込みます。差込角には小さいボールがばねで固定されており、はめ込んだソケットが簡単に抜け落ちないようになっています。ソケットの形状には六角と十二角の2タイプがあり、六角はナットを差し込む角度が60度刻み、十二角では30度刻みです。十二角の方がソケットを素早くボルトの頭に収めることができるため、作業は楽になります。

また、六角では狭い場所にあるナットにレンチがセットしにくいことなどもあります。一方で、ソケットとボルトの接触面積は六角の方が大きくなるので、確実に締め付けをしたいときには六角が用いられます。また、六角穴付きボルトの締付けには、断面が六角形であるヘキサゴンソケットが用いられます。

ラチェットレンチは、歯車と爪をかみ合わせて回転を一方向に制限するメカニズムであるラチェット機構を用いたレンチの一種です。使用するときには、ラチェットハンドルにソケットを取り付け、レバーを操作して動作方向を決めます。例えば、右回りに回転する方向にレバーをセットしたときには、左回りには空回りをします。

一般のスパナでは90度程度回転させたところで締付け位置を変えなければなりませんが、この空回りをするラチェット機構のおかげで３６０度グルグルと回転させることができるため、作業性が向上します。

要点BOX

- ●ソケットレンチとラチェットレンチ
- ●ソケットレンチの使い方
- ●ラチェットレンチの使い方

ソケットレンチ

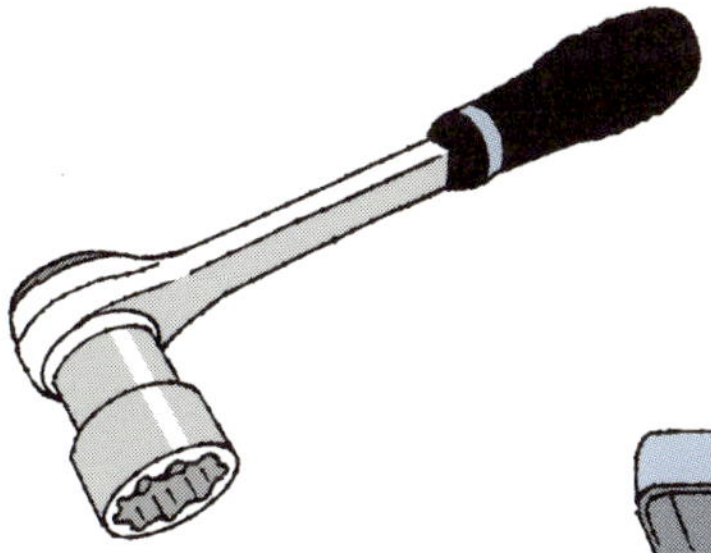

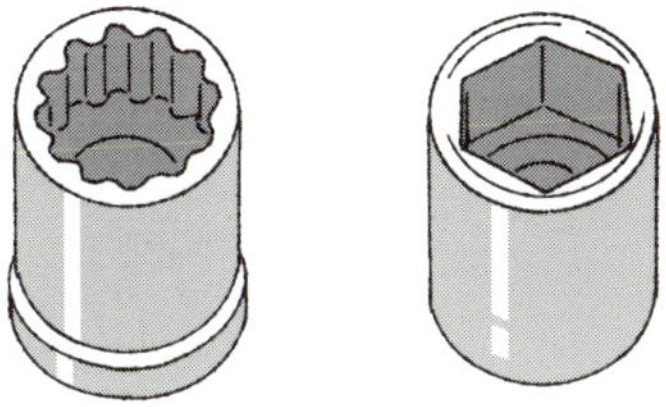

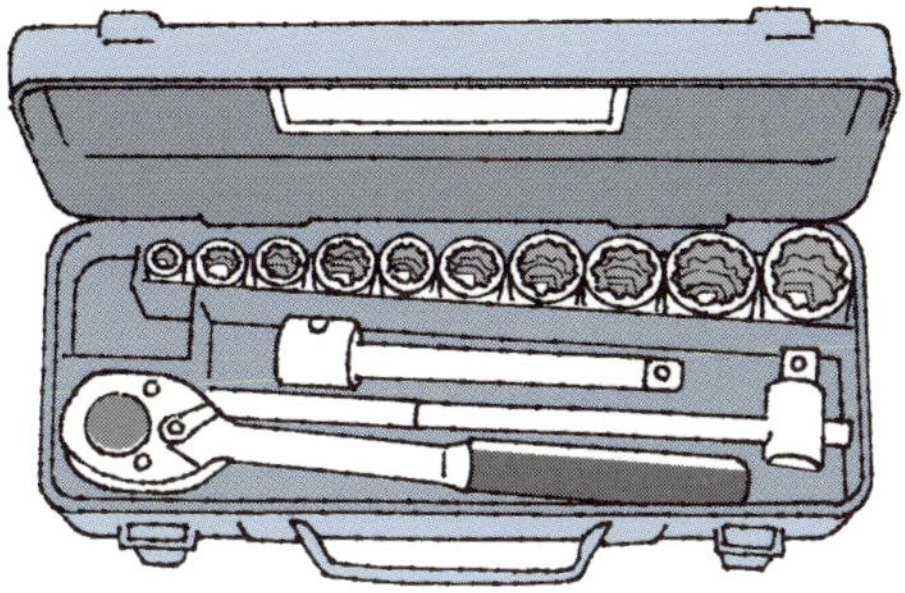

ラチェットハンドル

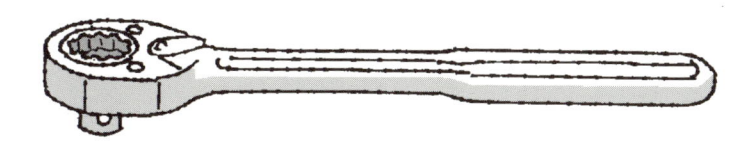

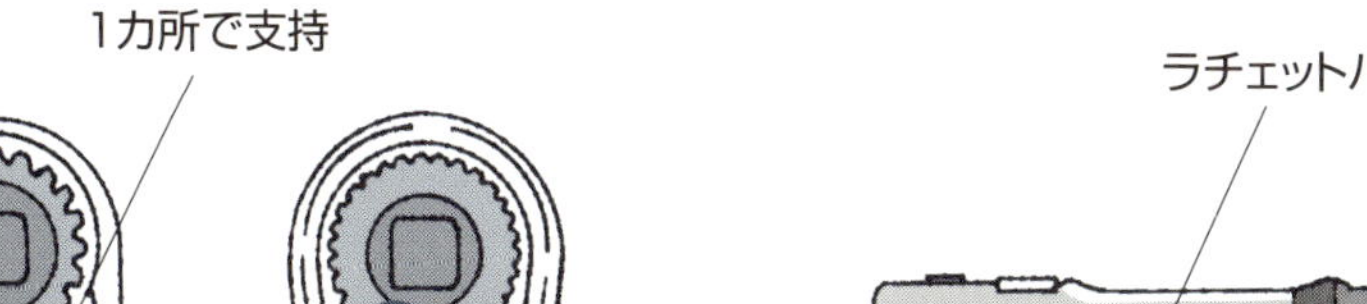

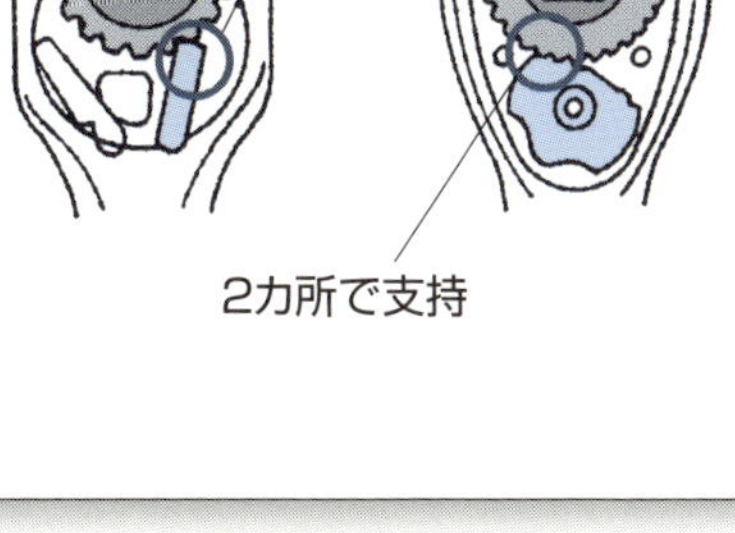

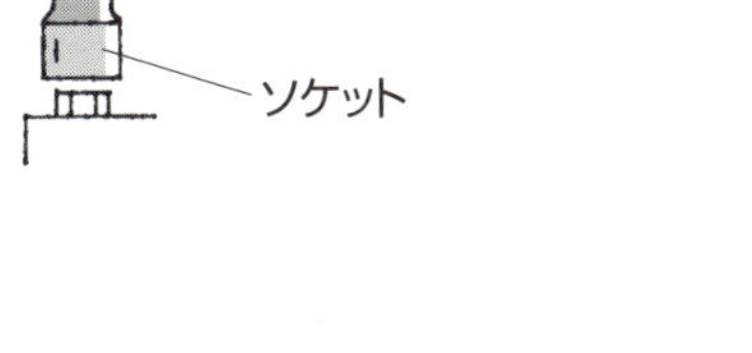

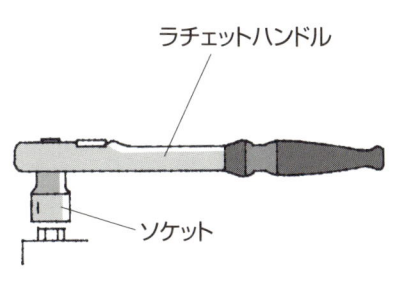

32 トルクレンチで締め付け力を数値化

締め付け力の考え方と実際の測定方法

いくら適材適所でねじを選び、それを締め付ける適切な工具を用意したとしても、ねじに適切な締め付け力を加えなければ、十分な締結はできません。確実な締結を行うためには、経験的や勘で締結するのではなく、締結力の大きさを数値で把握しておく必要があります。

ねじの締結に必要な力を数値化するためには、単に工具で加えた力ではなく、力に工具の柄の長さをかけ算したトルクと呼ばれる物理量が多く用いられます。すなわち、トルクT＝力F×長さLです。ここで、力の単位はニュートン〔N〕、長さの単位はメートル〔m〕であり、トルクの単位は〔N・m〕になります。

例えば、柄の長さが0.3mのスパナに5.0kgの力を加えたときのトルクは、1kgは9.8Nであるため、次式のように求められます。

$$T = FL = 5.0 \times 9.8 \times 0.3 = 14.7 \text{〔N·m〕}$$

なお、ねじの締め付け工具に用いられるトルクの単位に〔cN·m〕があります。これは1m＝100cmの関係を用いて換算し、cを前に出した表記であり、1〔N・m〕＝100〔cN·m〕の関係があります。トルクを測定する工具には、測定範囲：50～500cN・m　最小読取値：0.5cN·mのような表記があります。

所定のトルクでねじを締め付けるための作業工具にトルクレンチがあります。シグナル式トルクレンチは、あらかじめ締め付けたいトルクを設定しておき、その値に達したときにラチェット機構がはたらいてカチンという音で知らせてくれるものです。直読式トルクレンチは、負荷されているトルクを目盛で直接読むものです。

トルク測定の工具も進化を続けており、左右どちらのトルクでも測定できるもの、アナログ表示とデジタル表示ができるもの、アナログ表示の指示が最大値を保持する機能を備えたもの、先端部のビットをさまざま交換できるものなどがあります。

要点BOX

- ●締付け力を数値で示す
- ●トルクを求める式
- ●所定のトルクでねじを締めるトルクレンチ

スパナによる締め付け

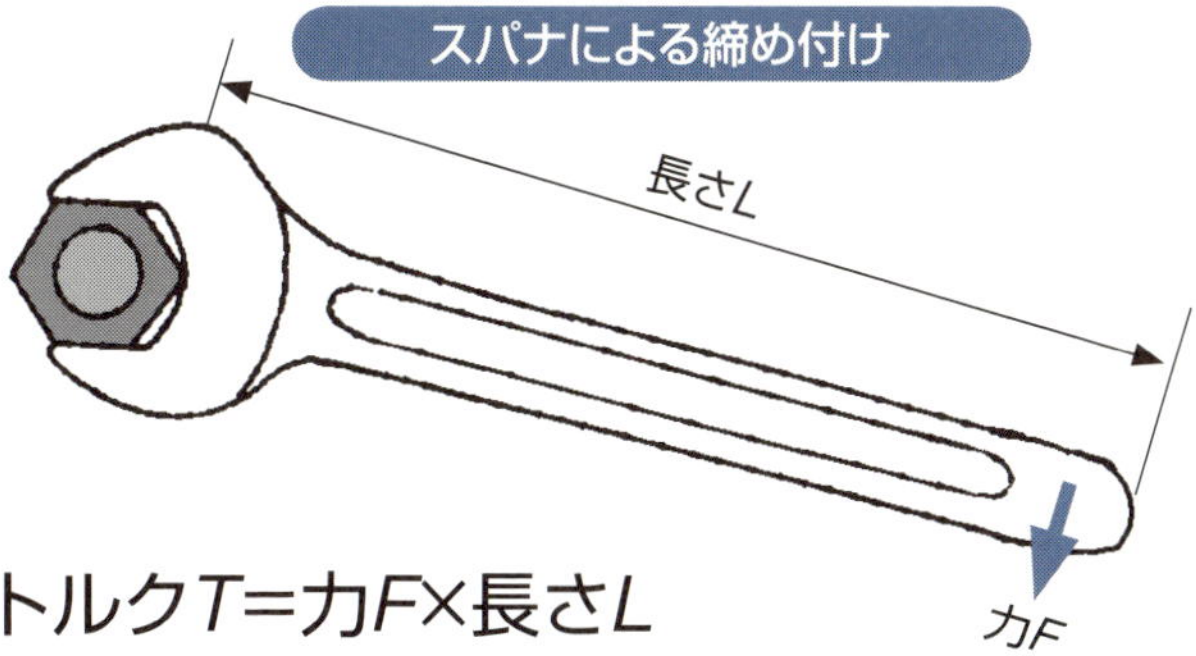

トルクT=力F×長さL

シグナル式トルクレンチ

内蔵された副目盛を専用工具で変更してトルクを設定します

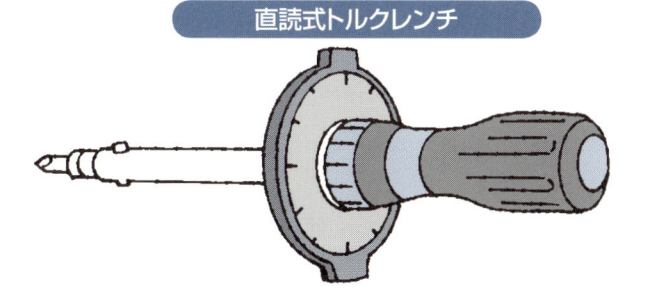

直読式トルクレンチ

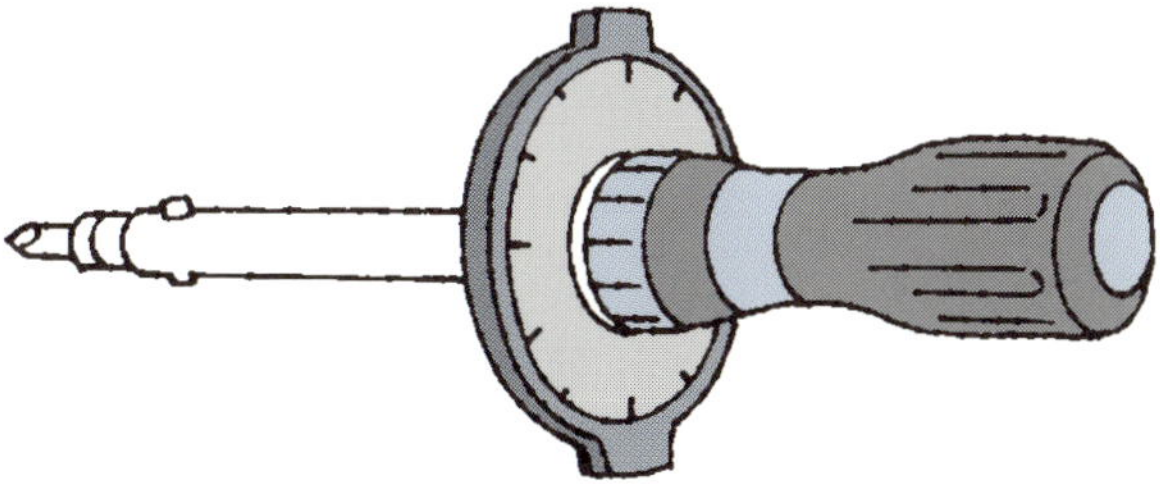

デジタル式トルクレンチ

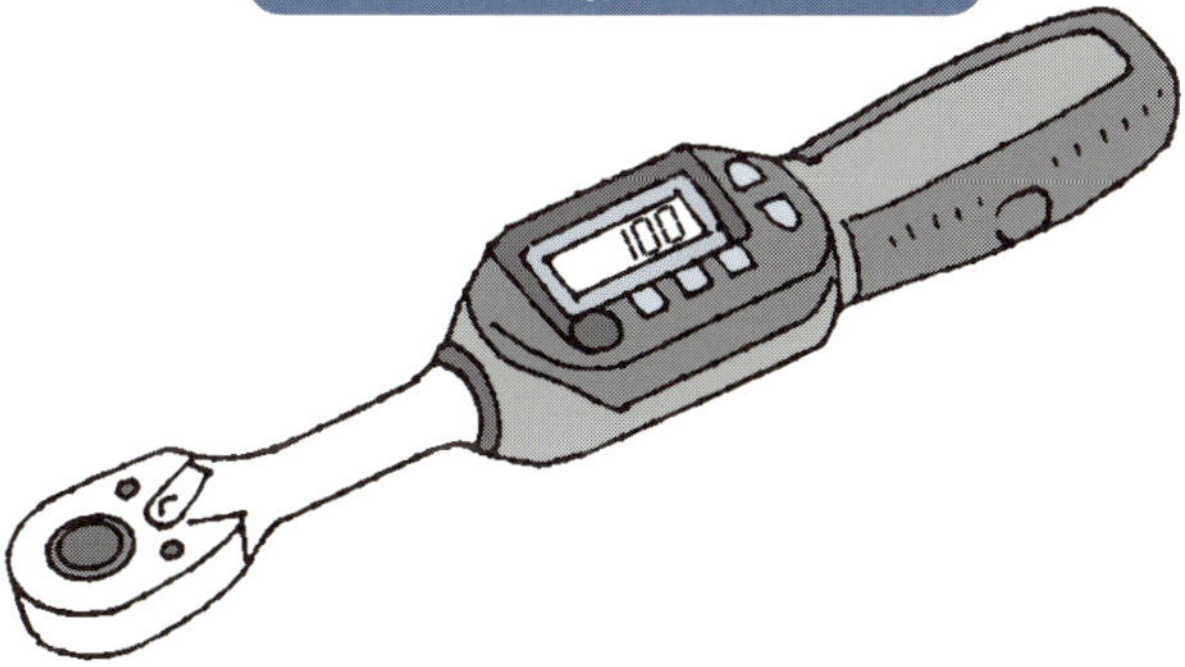

33 長さ測定の基本はノギスとマイクロメータ

ねじの測定にはねじ専用測定工具も

ノギスは主尺と移動する副尺をもつ代表的な長さの測定工具であり、主尺と副尺の間に測定物をはさむことでその外径や内径、深さなどを測定できます。最小0・05ミリまでの測定が容易にできるため、おねじの外径やめねじの内径の測定のみならず、長さの測定のさまざまな場面で幅広く利用されています。

ノギスの目盛の読み方は、まず副尺0の位置における主尺の目盛を読み取りミリの部分を確定した後、主尺と副尺の目盛が一致する場所を読み取り、ミリ以下の部分を確定します。最小単位は0・05ミリであるため、小数第2位の値は0か5になります。例えば、副尺0の位置における主尺の目盛が10、主尺と副尺の目盛が一致した目盛りが50（＝0・50ミリ）であれば、10＋0・50より、長さは10・50ミリとなります。

マイクロメータはねじを利用して直線変位を回転角に変換する原理で動く測定工具であり、測定物をはさんで長さを測定します。測定物の接触圧力を一定にするためにラチェットストップと呼ばれる機構があり、ノギスと同様、容易に測定ができるものの、最小0・01ミリまでの測定が可能です。

マイクロメータの目盛の読み方は、まずスリーブの目盛がシンブルで隠れる手前の目盛を読み取り0・5ミリまでの部分を確定した後、スリーブの軸線上にあるシンブルの目盛を読み取り、それ以下の部分を確定します。例えば、スリーブの軸線上にあるシンブルの目盛が6・5ミリ、スリーブの軸線上にあるシンブルの目盛が0・32であれば、6・5＋0・32より、長さは6・82ミリとなります。

マイクロメータではねじの外径を測定することが可能です。ねじの有効径を測定するためには円錐状のアンビルを用いたねじマイクロメータが用いられます。また、めねじの測定には棒の両端が測定子になっている内側マイクロメータが用いられます。

要点BOX

- ●ノギスの目盛の読み方
- ●マイクロメータの目盛の読み方
- ●測定値がデジタル表示されるものもある

ノギス

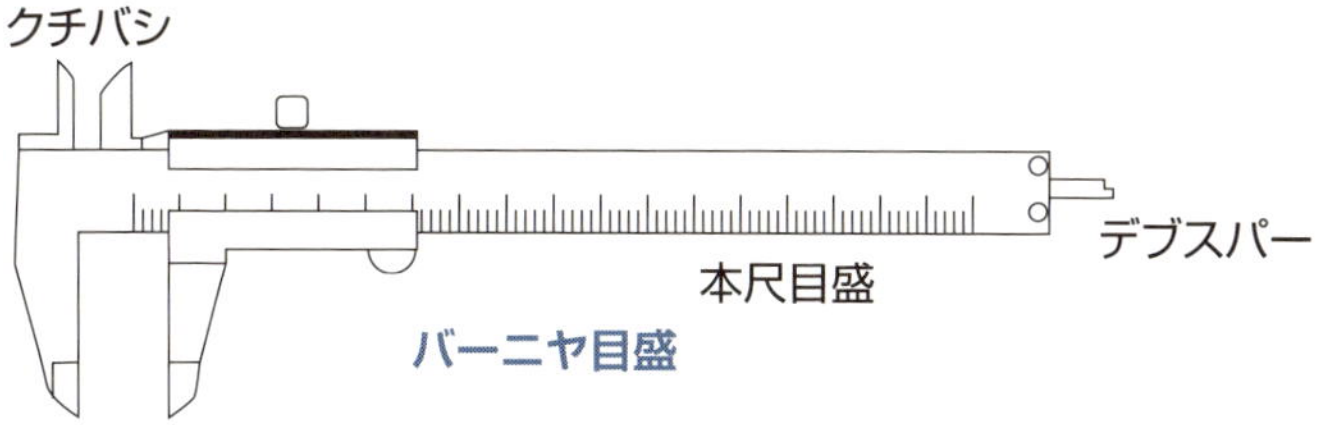

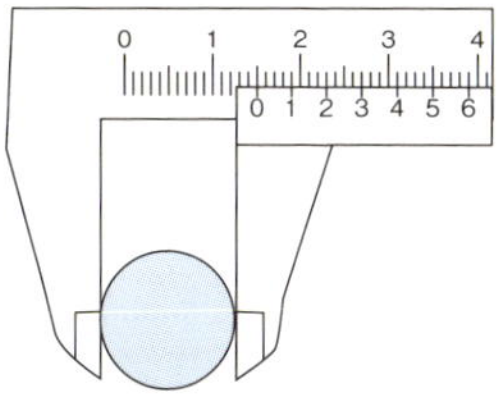

外径測定

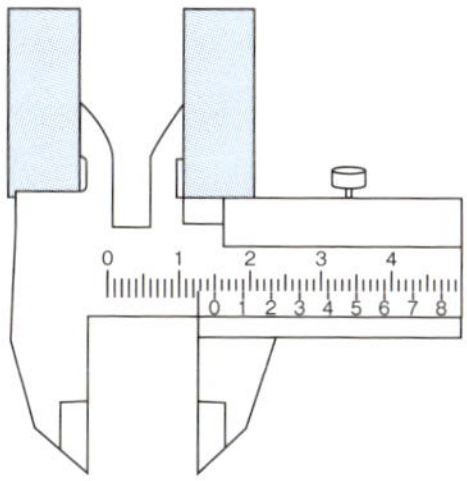

内径測定

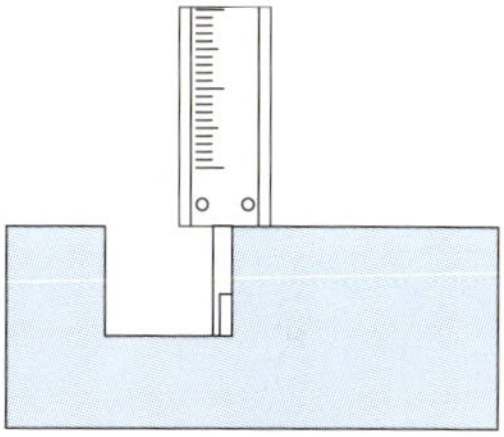

深さ測定

マイクロメータ

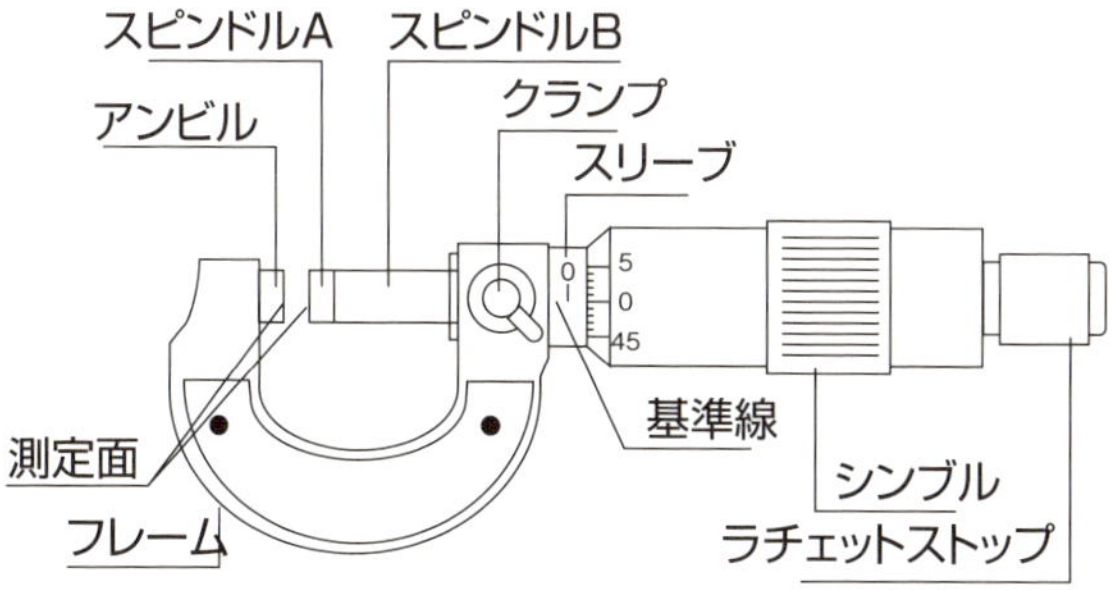

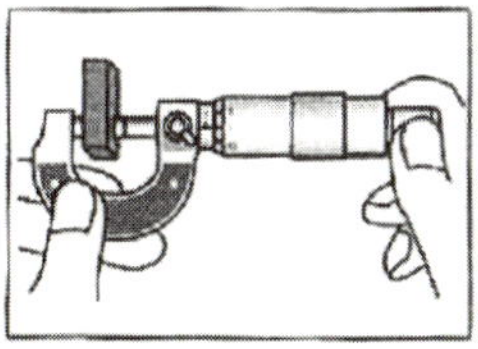

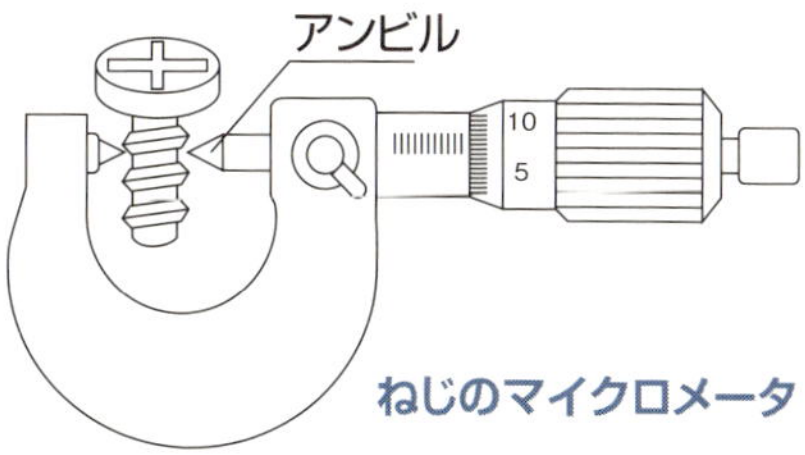

ねじのマイクロメータ

34 ねじの検査に用いられるねじゲージ

ねじの寸法には許容差があります

製品の寸法には、ある一定範囲に収まっていればよいという許容差があります。ねじ山の寸法にも許容差があるため、ねじの検査などの場面では、単にねじ山の寸法を精度良く測定して測定値を求めるのではなく、許容差に収まっていることを素早く知ることが優先されることもあります。このような場合に用いられるものがねじゲージであり、標準ねじゲージと限界ねじゲージとがあります。

標準ねじゲージは精密に加工されたしっくりとはめ合うねじプラグゲージとねじリングゲージとが一対になっており、測定したいねじに直接はめ合わせて使用します。使い方としては、製品ねじの全長にわたって無理なくゲージが通り抜けなければ合格したと判定します。

限界ねじゲージは通り側と止り側の2つの寸法差を持つねじによって、ねじ部品のあらかじめ定められた寸法精度の上限と下限で検査するために用いられます。使い方としては、限界ねじゲージの通り側が無理なく通り抜け、止り側が2回転を超えてねじ込まれなければ、そのゲージによる等級検査に合格したと判定します。

ねじゲージの種類にはこの他にも、管の接続のためにねじを切られたテーパおねじ（管）とテーパめねじ（管継手）が満足なはめ合いをするかどうかを検査する管用平行ねじゲージや管用テーパゲージなどがあります。

薄い鋼板で大小各種の標準ねじ型をもつプレートが束ねられているピッチゲージは、ねじの形状とピッチを測定する測定工具です。使い方としては、ギザギザになっているねじ山部分を測定物に合わせて、そのサイズ表示を読み取ります。

また、ねじゲージの有効径の測定には、マイクロメータなどよりも精度良く測定ができる三針法が用いられます。

要点BOX

- ●標準ねじゲージと限界ねじゲージ
- ●標準ねじゲージ—ねじが通り抜けなければ合格
- ●管用平行ねじゲージ、管用テーパゲージ

標準ねじゲージ

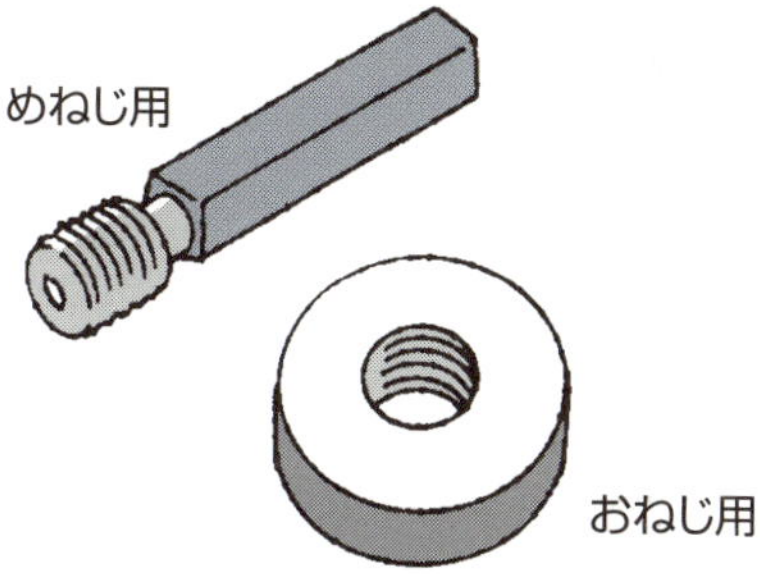

限界ねじゲージ

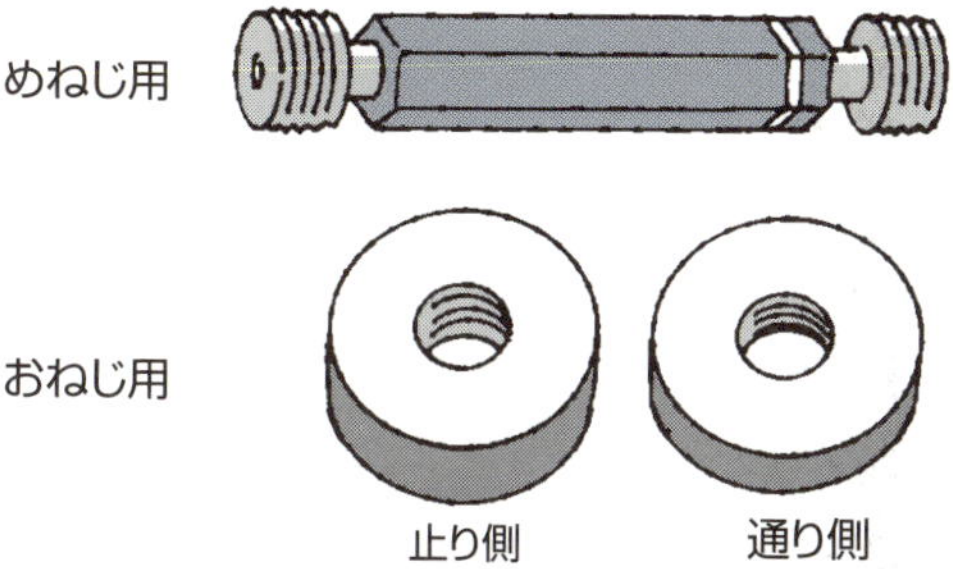

ピッチゲージ

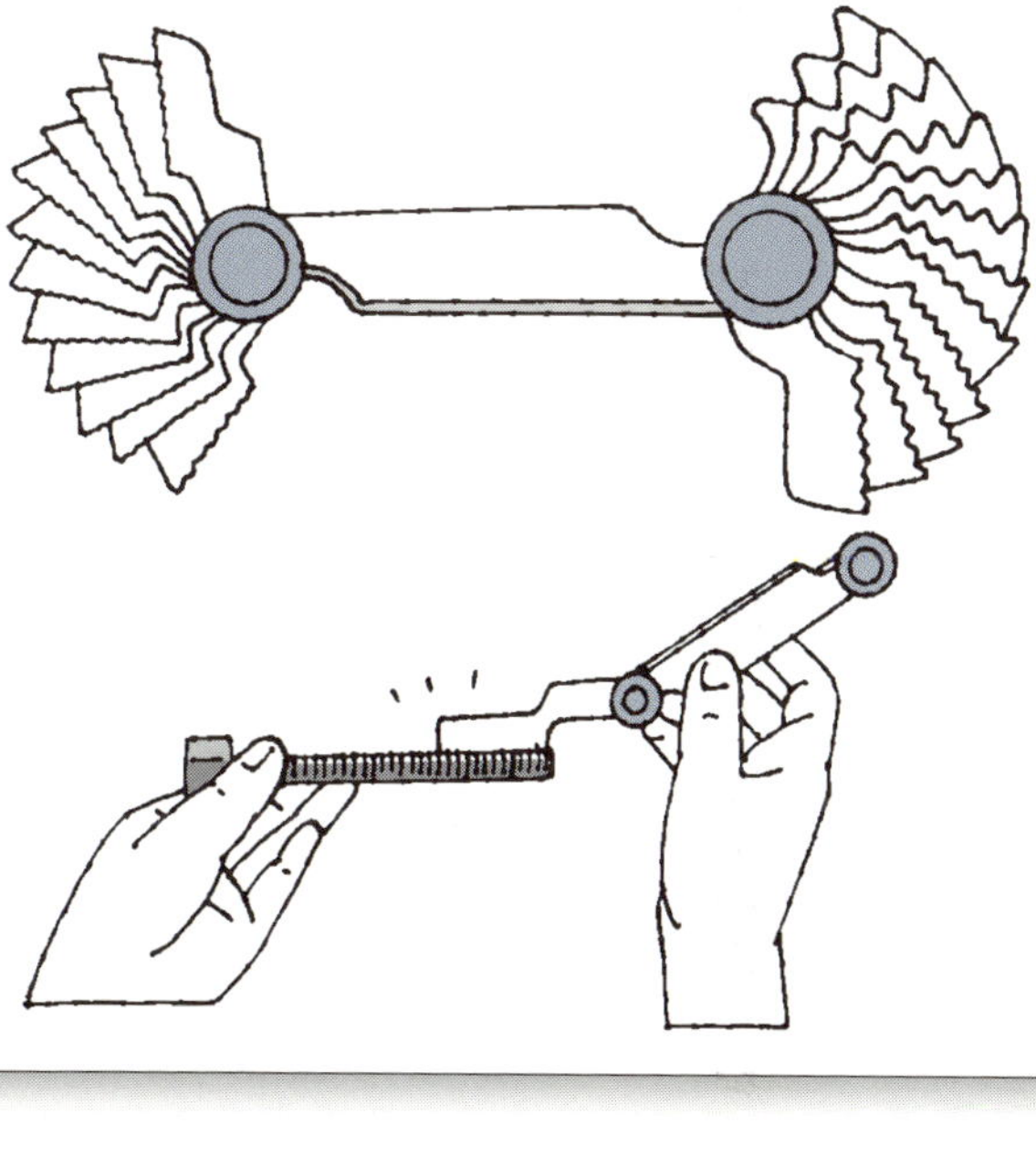

Column

小ねじにあるポッチの謎

ねじについての知識が増えてくると、いろいろなねじを観察してみたくなります。まずは身の回りで締結されているねじの頭部のくぼみを分類してみましょう。ねじの頭部形状やねじ山については、ねじを緩めてみないとわからないので、不要となった家電製品やパソコンなどがあったら、安全面に配慮しながら分解してみるとよいでしょう。数十個のねじはすぐに取り外すことができるはずです。そして、そこに使われているさまざまな種類のねじがどのような根拠で選定されたのかを考えてみるのもおもしろいと思います。

いろいろなねじを眺めるようになると、ふと疑問に思うことに出くわします。その中でも、よく気になることに小ねじの頭部のくぼみの近くにある小さなポッチがあります。これは何かの規格を意味しているのでしょうか、またはたまたま製造工程でできてしまった傷なのでしょうか。

このポッチはJISをISOに一致させようとしてJISが変更されたときに、M3、M4、M5の小ねじのピッチが変更になったときにその区別をするために付けられるようになりました。具体的にはM3のピッチ0.6から0.5、M4のピッチが0・75から0.7、M5のピッチが0.9から0.8に変更になったのです。これはねじ山を目で観察してもわからないような違いですが、ISOに準じた新しいJISで製造されたねじに頭部に小さなくぼみを付けて区別できるようにすることが慣例となっています。

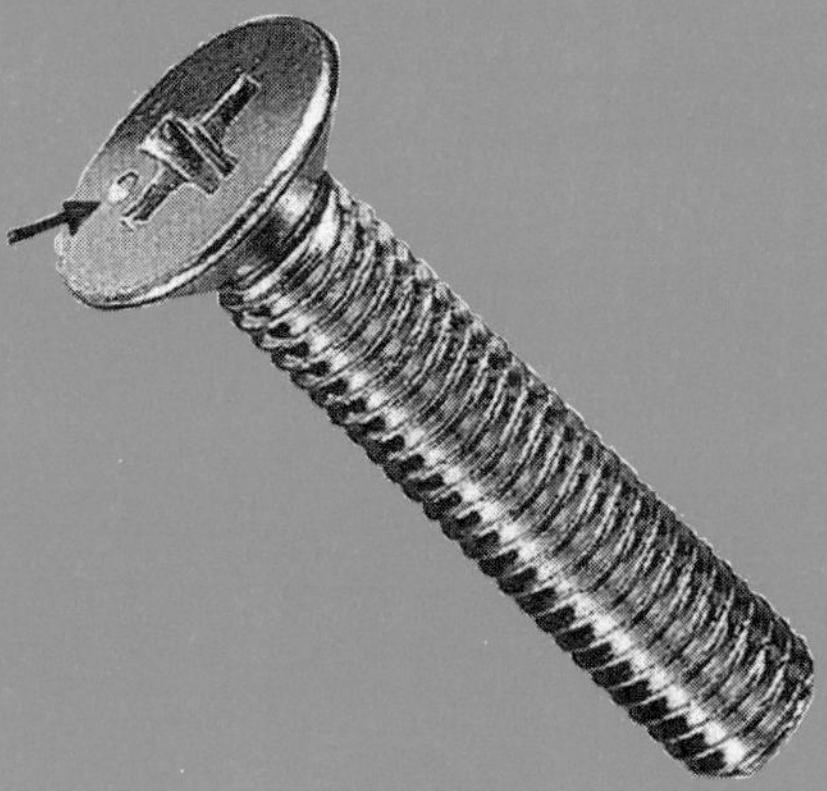

M3、M4、M5の小ねじに小さなくぼみがあったらISOに準じたピッチのねじ山をもつ小ねじです

第4章

ねじの締結と強度

35 ねじは斜面の応用である

ねじにはたらく力は斜面で考える

ねじの締め付けを考えていくための直感的な理解として「ねじは斜面の応用である」ということがよく言われます。直角三角形の紙を丸めて円筒形にするとねじの形状になりますが、このことはねじを締め付けることが斜面を使って物を持ち上げることと似ていることを意味しています。すなわち、物体を垂直に持ち上げようとすれば、その物体にはたらく荷重のすべてを引き受けなければなりませんが、斜面に沿って物体を持ち上げようとするときには、物体にはたらく力を斜面に平行な方向と斜面に垂直な方向とに分解することができるのです。

例えば、斜面の比が3：4：5のとき、5kgの物体を斜面に沿って引き上げるためには、5×3/5＝3kgの力ですむことになります。ただし、斜面に沿って物体を引き上げる場合には、高さ3mまで持ち上げるために5m移動させる必要があります。物理学で力×移動距離のことを仕事と定義しており、この例では物体を垂直に持ち上げる場合には5kg重×3m＝15kg重m、斜面に沿って持ち上げる場合には3kg重×5m＝15kg重mとなり、両者は等しくなります。これを仕事の原理といい、斜面や道具を使っても仕事の大きさは常に一定になります。

なお、実際のねじ締め付けの場面では、おねじとめねじの間に必ず摩擦が存在します。摩擦には物体に力を加えてから動き出すまでの静止摩擦力と、物体が動き始めてからの動摩擦力とがあり、一般には物体が動き出す直前の摩擦力が最大の大きさになり、これを最大静止摩擦力といいます。

このことを固く締め付けられているねじの緩めに適用すると、ねじが動きだすまでは一気に大きな力をかけることが大事であり、少しでも動き出したらやや力を落として一定のスピードで動きを止めないように回転させればよいことになります。このことは、ねじを締め付ける場合でも考え方は同じです。

要点BOX

- 仕事の定義と原理
- 最大静止摩擦力
- ねじ締めのときの考え方

ねじは斜面の応用

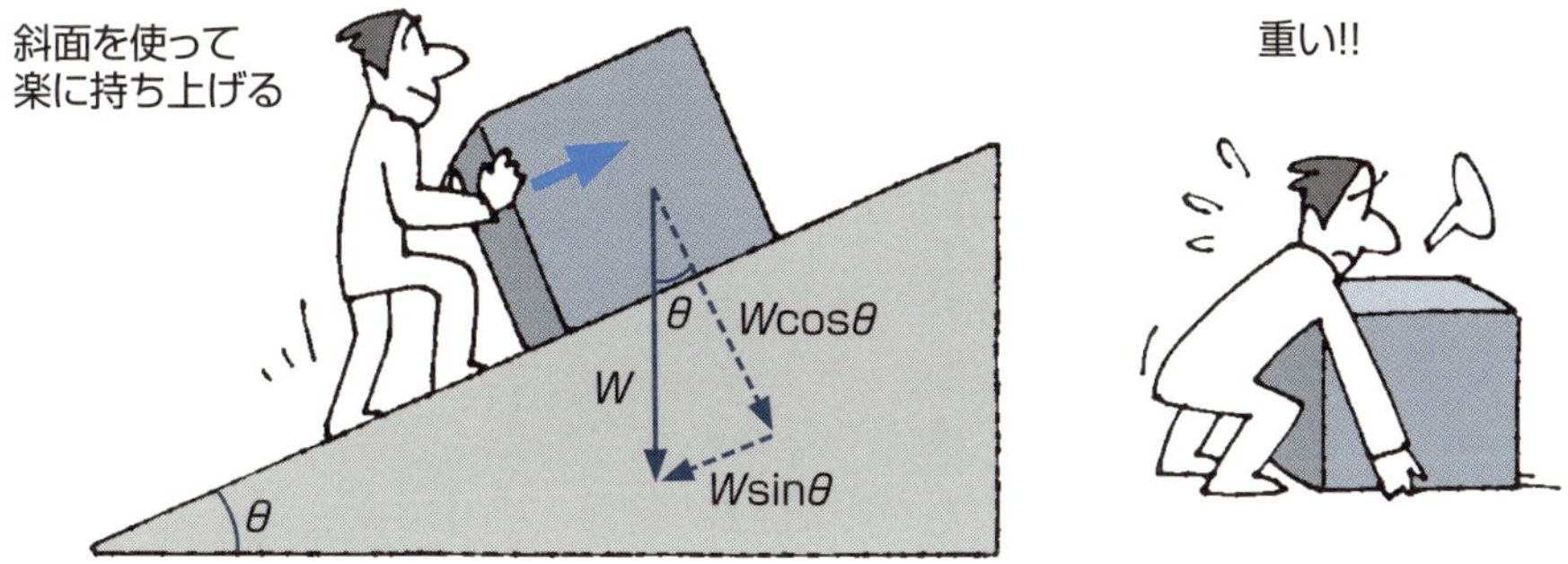

W：荷重
θ：傾斜角

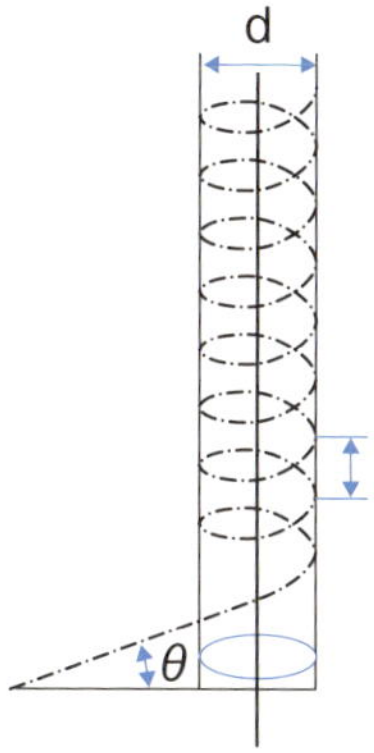

d：ねじの有効径
p：ねじのピッチ

摩擦力

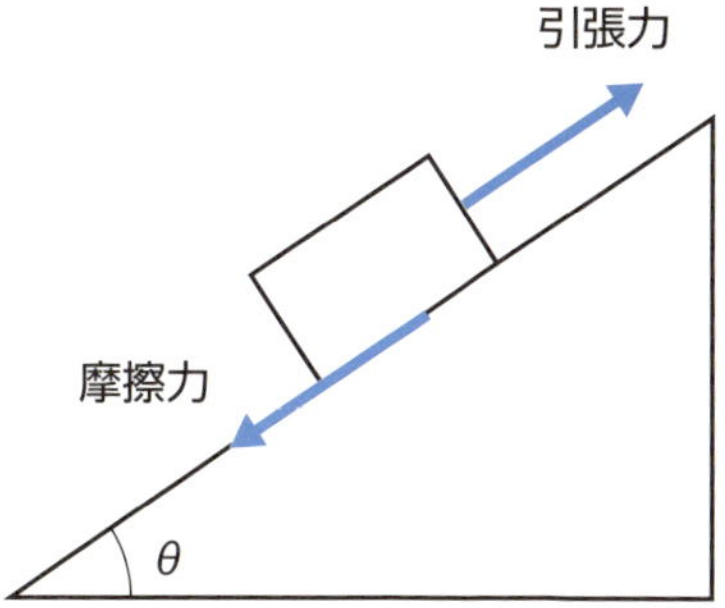

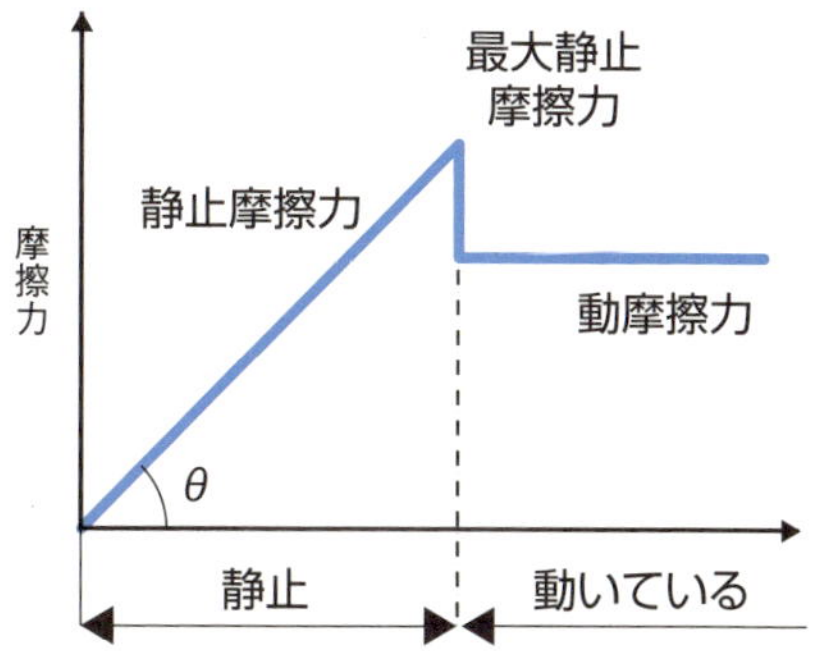

36 ねじのはたらきはくさびに似ている

摩擦のある物体にくさびを打ち込むと

底辺が小さい二等辺三角形のくさびを大きな木の割れ目に差し込み、底辺部分を金槌《かなづち》で叩くと、木は割れます。これは、くさびの上を叩く力が二等辺三角形の両辺に直角な方向で左右に伝わるためであり、くさびの上を叩く力よりも二等辺三角形に対して直角な方向で左右に伝わる力のほうが大きくなることが知られています。すなわち、くさびを打ち込むと、その力を分けて考えたとき、押し開く力が大きくなるのです。なお、打ち込まれたくさびが固定されるのは、そこに摩擦がはたらいているためです。包丁《ほうちょう》やナイフはこの応用ですし、また、斧《おの》で木を伐ったり、薪《まき》を割ったりすることも、くさびのはたらきの一種であると考えることができます。

ところで、このくさびのはたらきはねじに似ていると思いませんか。ねじのはたらきを上から眺めてみると、円筒部分にくさびを巻き付けたような形をしていることがわかります。そして、ねじのリード角がくさびの勾配《こうばい》に相当しているのです。斜面上でものを押し上げていくという仕事が、今度は固定されて動かないものの下へ斜面がもぐりこんでいくという形に変わりました。これはねじを回転させる力が斜面のはたらきで大きくなり、ねじを進める力になっているのです。そのため、ドライバでねじに加える力の大きさ以上の力でねじを締め込むことができるのです。なお、この力は斜面がゆるやかなほど大きくはたらき、ねじが1回転したとき進む距離であるピッチが小さいときほど大きなはたらきをします。

ボルトの山はナットの溝の側面に強い力で押し付けられます。このとき、ねじの斜面方向の長さはとても大きいために摩擦力が大きくなり、斜面としてはとてもゆるやかであるため、押し戻す力がねじをゆるめる回転を作り出すことができません。そこで、ボルトは抜けなくなります。このように、ねじは螺旋《らせん》に沿って連続したくさびと見なすことができるのです。

要点BOX

- ●くさびの作用とねじ
- ●おねじとめねじの位置関係
- ●ねじは螺旋に沿って連続したくさび

くさびの原理

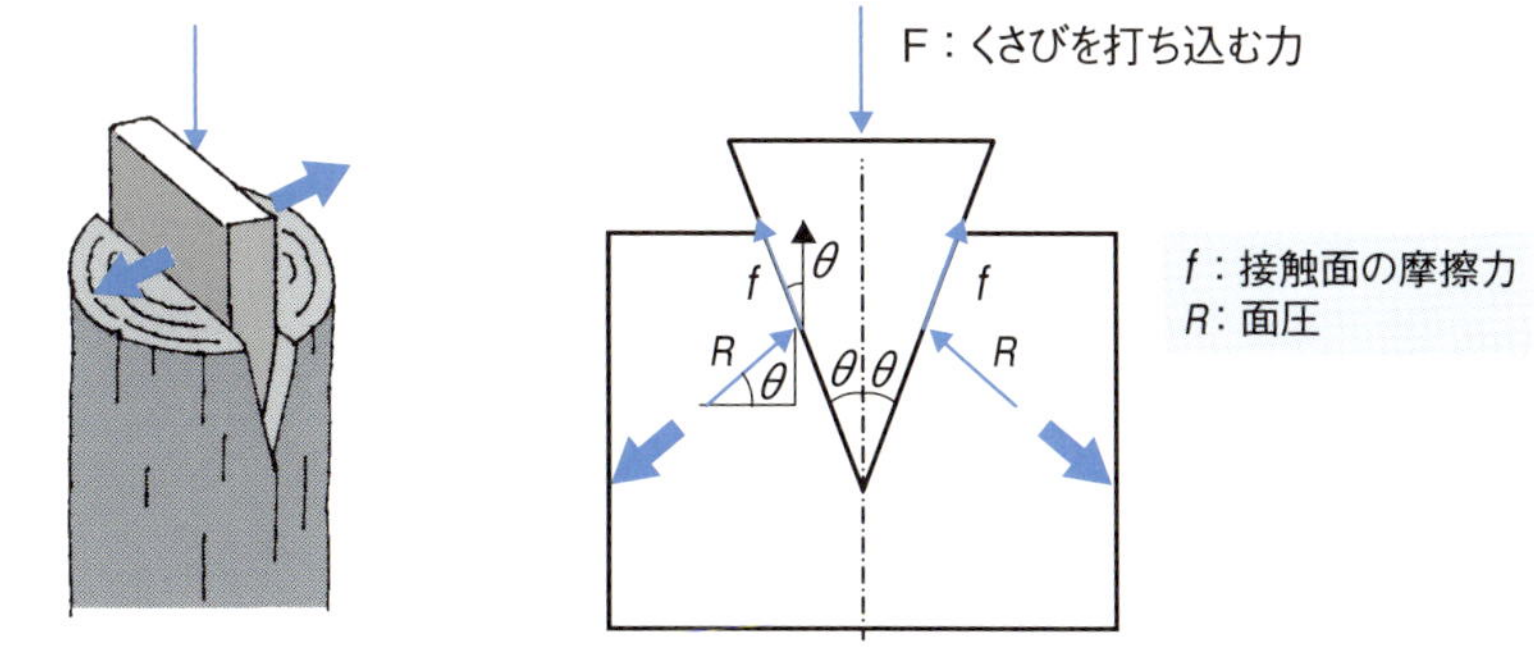

おねじとめねじの位置関係

おねじが固定しているとき

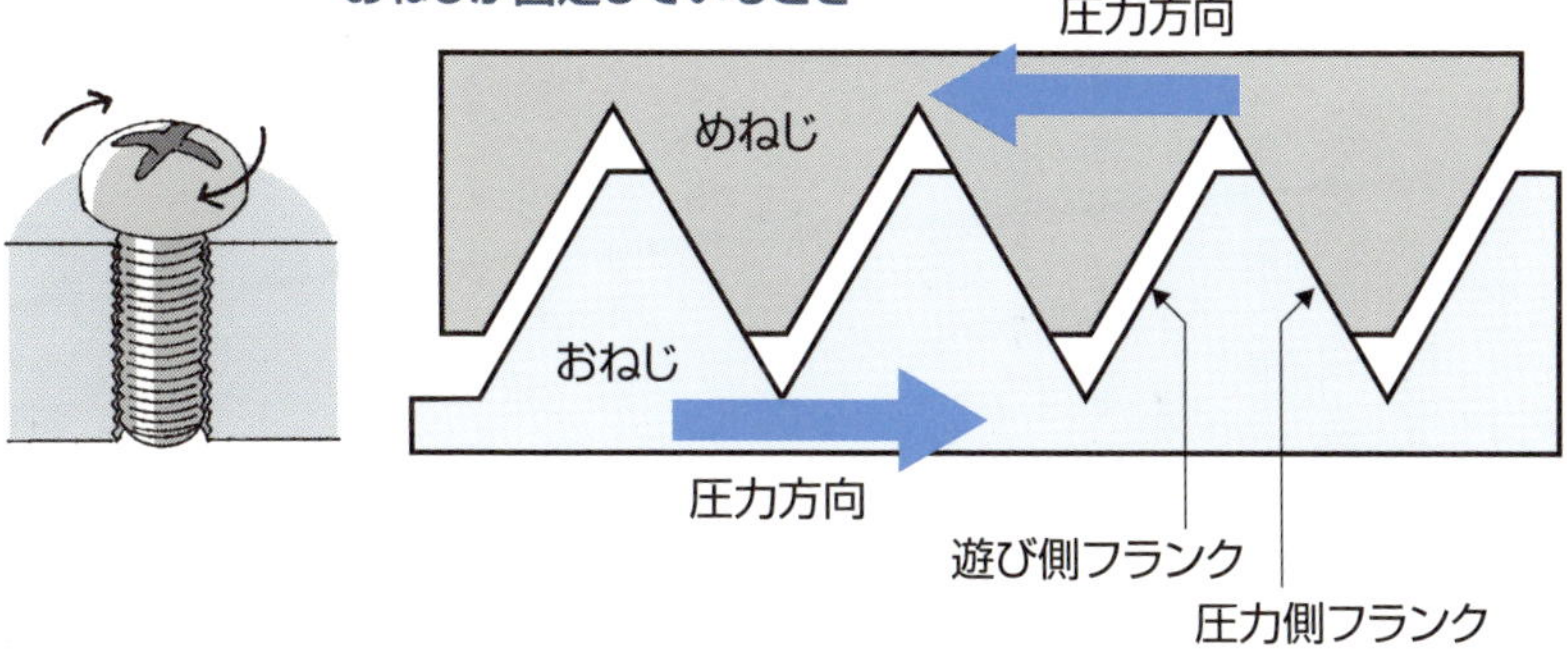

おねじが回転しているとき

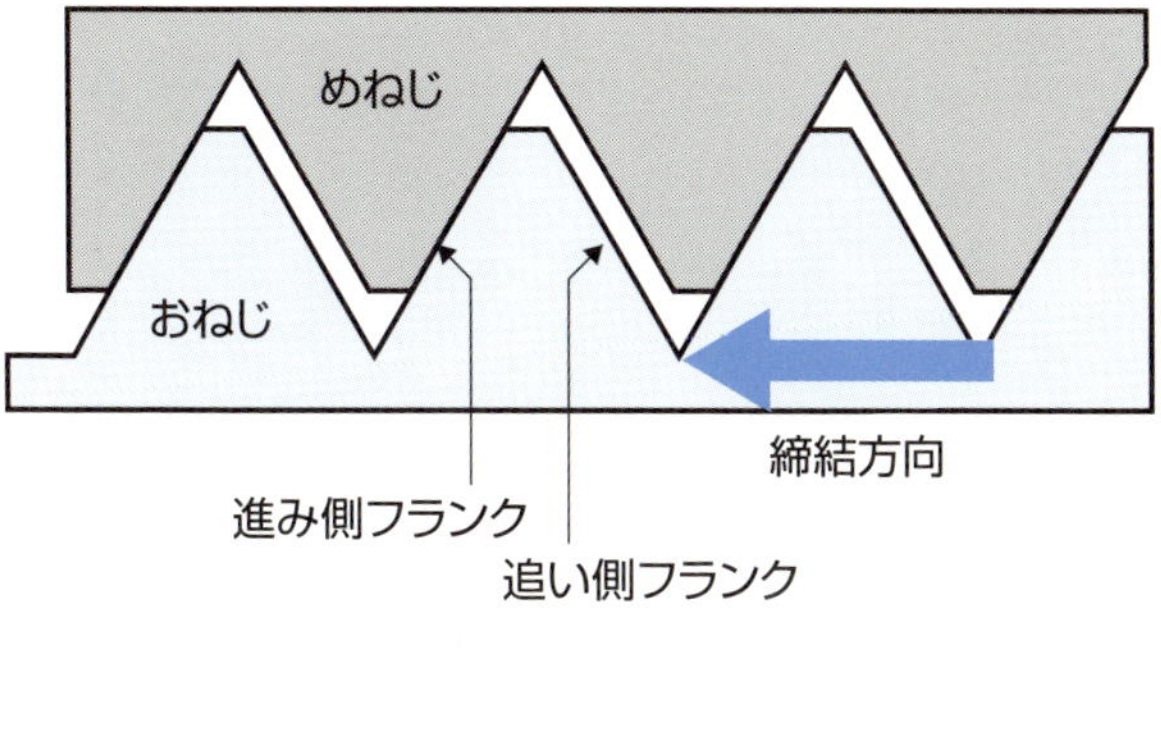

37 ねじにはたらく力は弾性範囲内で

ねじが伸び縮みするイメージが大事

金属材料に引張荷重がはたらくとき、ある範囲内では荷重の大きさと伸びの大きさとは比例し、荷重を取り除けば元の長さに戻ります。この性質を弾性といい、弾性が成り立つ範囲を弾性範囲といいます。すなわち、金属の棒でも引っ張られることで、ある程度伸び縮みするのです。そして、弾性範囲内でその材料が使用されるようにすることが、機械設計の基本的な考え方になります。そのためには、その材料にはたらく最大荷重を見積もっておく必要があります。このように、金属の棒でもばねのような伸び縮みをしているというイメージをもつことが、その強度を考えるときには大事なことです。

弾性範囲内において、ばねの伸び x〔mm〕と荷重 F〔N〕の大きさは比例するという法則をフックの法則といい、比例定数を k〔N／mm〕とすると、この関係は $F=kx$〔N〕という式で表されます。

また、弾性範囲を超える荷重がはたらくとその材料は完全には元の形には戻らず変形が残ります。このことを塑性といい、塑性が成り立つ範囲を塑性範囲といいます。塑性範囲ではフックの法則は成り立たず、伸びと荷重の関係は曲線状になり、荷重がある程度まで増加すると材料は破断することになります。

なお、ここまで述べてきた荷重と変形の関係を応力とひずみという関係で表すこともあります。すなわち、応力 σ〔N／mm^2〕とは単位面積 A〔mm^2〕当たりにはたらく力 W〔N〕のことであり、次式で表されます。

σ〔N/mm^2〕$=W$〔N〕$/A$〔mm^2〕

また、ひずみ ε とは元の長さ L に対する長さの変化量 ΔL のことであり、$\varepsilon=\Delta L/L$ で表されます。

縦軸に応力、横軸にひずみの関係を表した図を応力―ひずみ線図といいます。軟鋼の応力―ひずみ線図では応力とひずみの比例関係が成り立たなくなり、応力が増加せずにひずみだけが増加するような降伏点を観察することができます。

要点BOX

- ●弾性範囲と塑性範囲
- ●フックの法則
- ●荷重と変形の関係

フックの法則

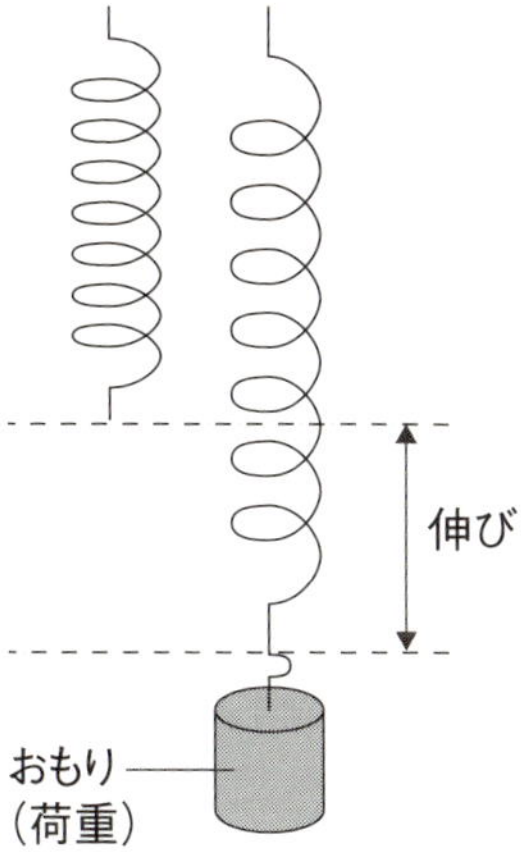

弾性範囲内でばねの伸びと荷重は比例します

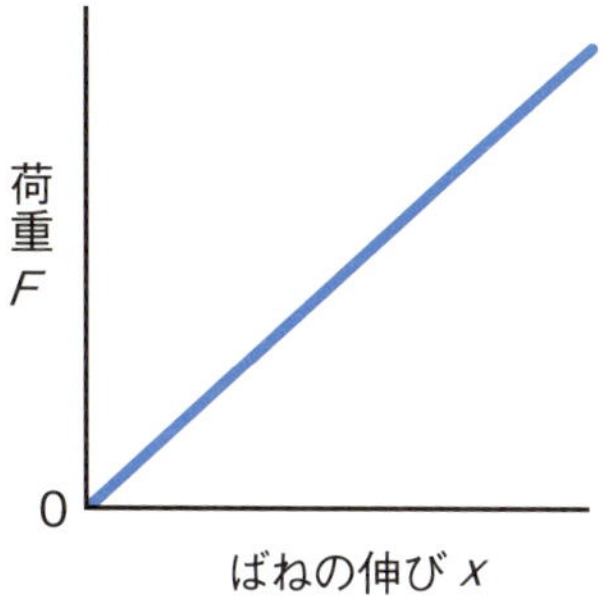

$$\frac{\text{荷重}}{\text{ばねの伸び}} = \text{一定}(k)$$

$F = kx$

k ：比例定数

x ：ばねの伸び

ただし、弾性範囲を越えて塑性範囲まで含めると軟鋼の場合、次のような応力-ひずみ線図を描きます

引張試験

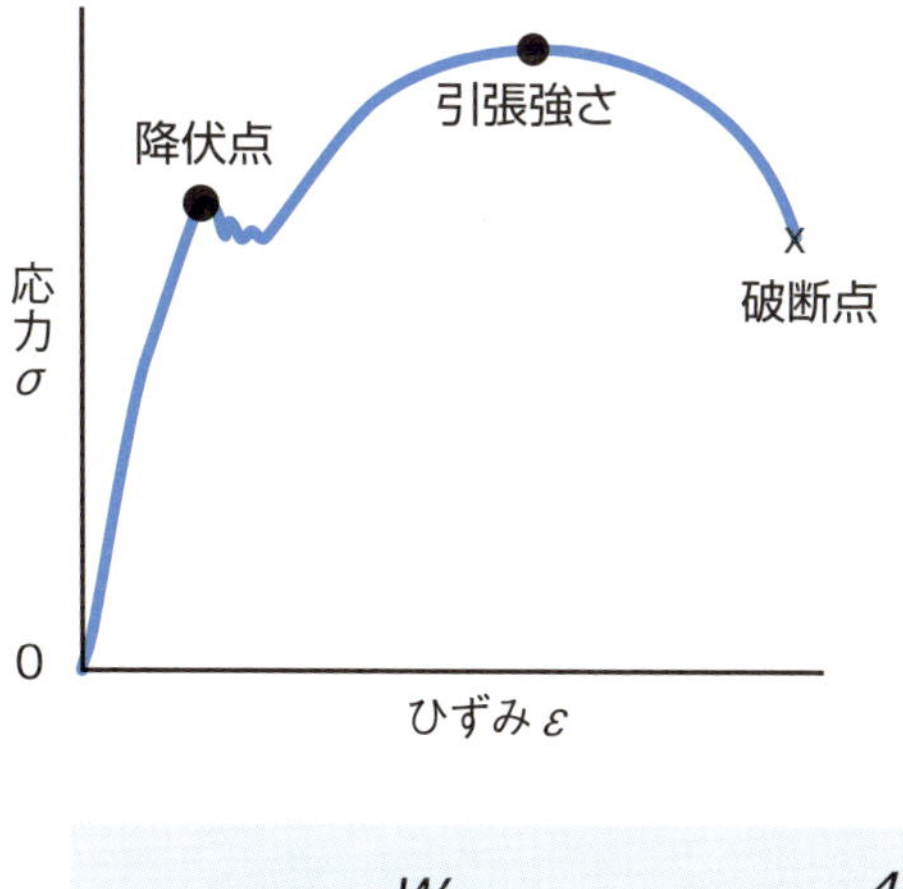

$$\text{応力}\ \sigma = \frac{W}{A} \qquad \text{ひずみ}\ \varepsilon = \frac{\Delta L}{L}$$

A：単位面積

W：面位面積にはたらく力

L ：元の長さ

ΔL ：長さの変化量

38 引張荷重を受けるねじの強度計算

ねじにはたらく応力とひずみ

ねじの強度を考えるときに基本となるのは、棒材に引張荷重を加えたときの応力やひずみを求める引張試験です。一本の丸棒の強度測定を理解しておくことは、ねじ山の強度やねじ締結体の強度を考えるときの基礎にもなります。

応力σ〔N／mm^2〕の定義に従って、おねじの強度を求めてみましょう。おねじが軸方向に引張荷重W〔N〕を受けたとき、その有効断面積をA〔mm^2〕とすると、そこにはたらく応力σ〔N／mm^2〕はW〔N〕÷A〔mm^2〕で表されます。なお、ねじの外形をd〔mm〕とすれば、断面積A〔mm^2〕は$(\pi/4)d^2$で表されるため、この式を変形してねじの外形dは③式のように求めることができます。なお、応力の単位〔N／mm^2〕は1Pa＝1〔N／m^2〕ですから、1〔MPa〕＝1〔N／mm^2〕であるため〔MPa〕で表されることも多いです。

例えば、10kNが加わる鋼製フックをつくりたいときのねじの太さの求め方は、鋼材の許容引張応力を60MPaとして一般用メートル並目ねじを用いた場合、断面積Aは左頁の④式となります。ここから、ねじの外形dは⑤式のようになり、14.57mmと求められます。ただし、外形が14・57〔mm〕のねじは存在しないので、JISの一般メートルねじの表を読み取り、この値より大きめの外形（呼び径）を選ぶ必要があります。この場合には、14・57より少し大きいM16を選びます。

次にひずみを計算してみましょう。引張荷重を受けるときの長さ変化であるひずみは、伸びたということで縦ひずみや伸びと呼ばれます。また、破断時の伸びを破断伸びといいます。

例えば、長さ60mmの六角ボルトに引張荷重を加えていったとき、長さが69mmまで伸びたときに破断しました。このときの破断伸びを求めると、長さの変化量$\Delta L=69-60=9$ですから、ひずみ（＝破断伸び）の定義より、$\varepsilon=\Delta L/L=(9/60)\times100=15$〔%〕になります。

要点BOX

- ●おねじの強度を求める
- ●ねじの太さの求め方
- ●破断伸びを求める

ねじの引張試験

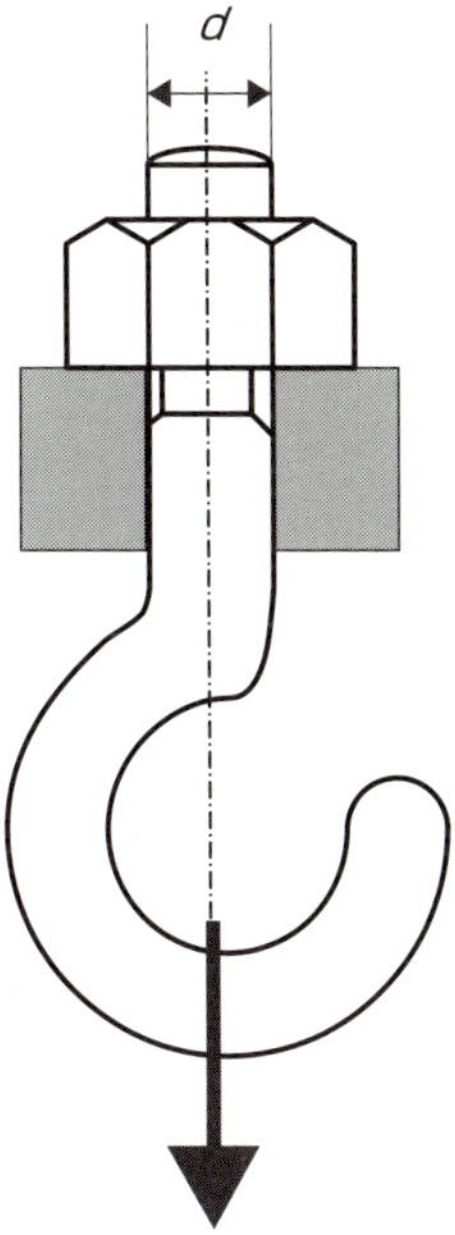

$$応力\sigma = \frac{W}{A} \quad \cdots①式$$

$$A = \frac{\pi}{4}d^2 \cdots②式$$

$$d = \sqrt{\frac{4A}{\pi}} \quad \cdots③式$$

W：引張荷重
A：有効断面積
d：ねじの外径

10kNが加わる鋼製フックのねじの太さを求める。
鋼材の許容引張応力を60MPaとする。

①式より

$$A = \frac{W}{\sigma} = \frac{10\times10^3}{60} = 166.7\text{mm}^2 \cdots④式$$

この値を③式に代入すると

$$d = \sqrt{\frac{4A}{\pi}} = \sqrt{\frac{4\times166.7}{3.14}} = 14.57\text{mm} \cdots⑤式$$

直径が14.57mmのねじは存在しないので、
JISの一般メートルねじの表を読みとり、この値
より大きめの外径16mm(M16)を選びます。

60mmの六角ボルトに引張荷重を加えて69mm
まで伸びたときのひずみを求める。

$$\varepsilon = \frac{\varDelta L}{L} \quad \cdots⑥式$$

⑥式より

$$\varepsilon = \frac{69-60}{60} = \frac{9}{60} \times100 = 15\%$$

応用の単位〔N／m²〕
1Pa=1N／m²
1MPa=1N／mm²

39 ボルトの強度区分は10段階で

ステンレスだけは別規格です

ＪＩＳではボルトの強度区分が10段階で規定されています。最大の強度を示すものが12・9と表記されたものです。

ここで12・9とは12は引張強さがその１００倍の１２００〔N／㎟〕あること、9は1200×0.9＝1080〔N／㎟〕までは塑性変形で永久ひずみが発生することがなく、この付近が降伏点であることを意味します。また、ＪＩＳの表ではそれぞれの強度区分において、最小引張強さ、ビッカース硬さをはじめとする各種硬さ、保証荷重応力、破断伸び、絞り、衝撃強さなどが規定されています。

ねじの最小引張荷重とは、そのねじの最小引張強さに有効断面積を掛けたものであり、ＪＩＳでは10段階の強度区分においてＭ３～Ｍ39までの値が示されています。また、保証荷重応力とは引張試験においてその荷重を15秒間保持した後の塑性変形による永久ひずみが12・５㎛であることを保証する応力を意味しています。

なお、２０００年には附属書からも削除されたボルトの強度の旧表記に４Ｔや７Ｔというような表記があります。例えばこの表記で最大の７Ｔの場合、７は引張強さが70〔kgf／㎟〕であることだけを示しており、降伏点等は規定されていません。なお、７Ｔは現行の規格にあてはめると８・８程度に対応するため、新しい規格では12・９までさらに大きな強度を規定できるようになりました。

ボルトの強度区分は頭部に刻印されることもあり、10・９や12・９などの表記を見たら、強度が大きいボルトであるとみなすことができます。

耐食ステンレス鋼製の締結用部品の機械的性質は、他のボルトとは別の規格で規定されています。例えばＡ２－80はオーステナイト系ステンレス鋼で、冷間加工による引張強さの最小値が８００Ｎ／㎟であるものを意味しています。

要点BOX
- ●ボルト12.9の意味
- ●ねじの最小引張荷重とは
- ●ボルトの強度区分の表記

ボルトの強度区分

強度区分	3.6	4.6	4.8	5.6	5.8	6.8	8.8		9.8	10.9	12.9
							d≦16	d≧16			
呼び引張強さ〔N/mm^2〕	300	400		500		600	800		900	1000	1200
最小引張強さ〔N/mm^2〕	330	400	420	500	520	600	800	830	900	1040	1220

〔例〕強度区分12.9のボルト
12は呼び引張強さがその100倍の1200 N/mm^{2}あることを示します。
また、表より、最小引張強さが1220 N/mm^{2}であることがわかります。
9は1200×0.9=1080 N/mm^{2}付近が降伏点であることを意味しています。

附属書に残る旧規格

強度区分	4T	5T	6T	8T	10T	12T
呼び保証荷重応力〔N/mm^2〕	400	500	600	800	1000	1200
実保証荷重応力〔N/mm^2〕	392	490	588	785	981	1177

炭素鋼および合金鋼

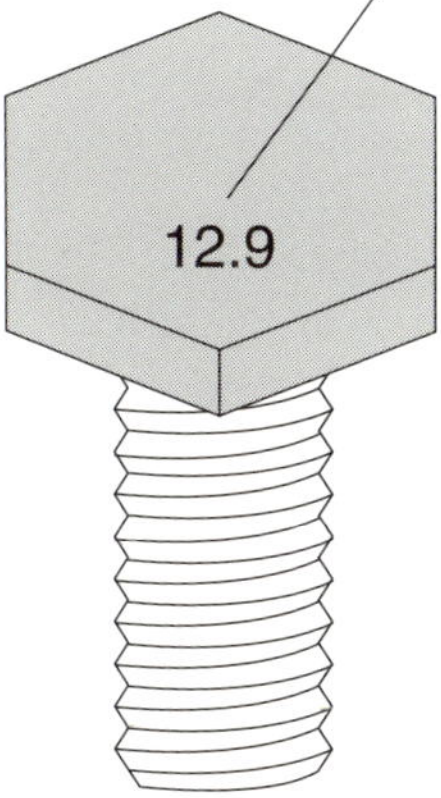

強度区分8.8以上のものに対して、強度区分の表示記号を施されなければいけません

ステンレス鋼

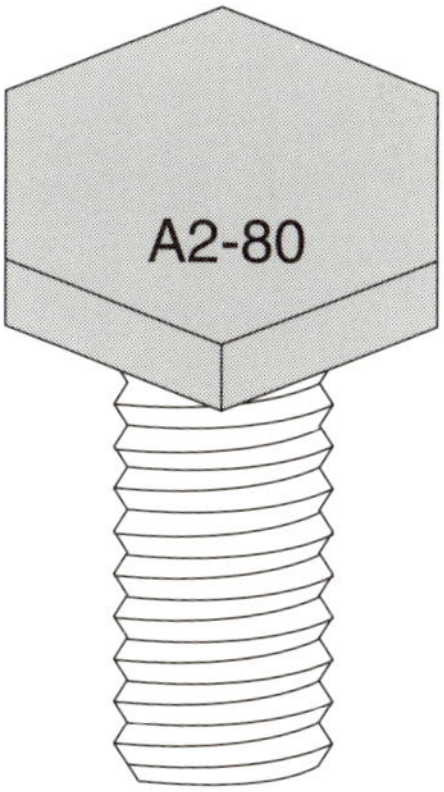

40 ナットの強度はボルトとの相性で

ナットの強度区分は7段階

ボルトの強度を十分に発揮させるためには、適切なナットとの組み合わせが重要となります。鋼製ナットの機械的性質は現行のJISでは附属書扱いとして、並目ねじと細目ねじ、さらに並目ねじと細目ねじを合わせた旧規格が記載されています。

鋼製ナット（並目ねじ）の強度区分はその呼び径に応じた保証荷重応力値で表現されます。ナットの呼び高さが0・8*d*以上のナットの場合（*d*は呼び径）、ナットの強度区分は4、5、6、8、9、10、12の7段階で規定されており、それに組み合わせるボルトの強度区分とねじの呼び範囲が一覧で規定されています。

例えば、ナットの強度区分10と組み合わせることができるボルトの強度区分は10・9であり、ねじの呼び範囲は、M39以下です。また、ナットの呼び高さが0・5*d*以上0・8未満の低ナットの場合（*d*は呼び径）低ナットの強度区分は04、05の2段階で規定されており、低ナットの強度区分のボルトと組み合わせた場合のねじ山がせん断破壊を起こすと思われる最小の予想応力が規定されています。

このように鋼製ナット（並目ねじ）の強度区分には04、05および4～12に対する機械的性質が規定されています。鋼製ナット（細目ねじ）の強度区分も同様に04、05および5～12に対する機械的性質が規定されています。なお、ナットの機械的性質に関する旧強度区分は4T～12Tの6段階で規定されていました。

例えば、12Tとは呼び保証荷重応力が1200N／mm^2であることを表します。

なお、現行のJISでナットに関する強度区分が附属書扱いになっているのは、ナットの高さを一律に0・8*d*のように固定することが不適当であり、それぞれのサイズごとに、適切なねじ山のせん断抵抗力をもつような高さにしなければならないことが明らかになったためです。

要点BOX

- ●ナットとボルトの組合せ
- ●低ナットの強度区分とボルトの組合せ
- ●ナットの強度区分と保証荷重応力

ナットの強度区分とそれと組み合わせるボルト

ナットの強度区分	組み合わせるボルト		ナット	
	強度区分	ねじの呼び範囲	スタイル1	スタイル2
			ねじの呼び範囲	
4	3.6、4.6、4.8	>M16	>M16	–
5	3.6、4.6、4.8	≦M16	≦M39	–
	5.6、5.8	≦M39		
6	6.8	≦M39	≦M39	–
8	8.8	≦M39	≦M39	>M16
				≦M39
9	9.8	≦M39	–	≦M16
10	10.9	≦M39	≦M39	–
12	12.9	≦M39	≦M16	≦M39

〔例〕 ナットの強度区分10で組み合わせることができるボルトの強度区分は10.9であり、ねじの呼び範囲はM39以下です

〔備考〕一般に、高い強度区分に属するナットは、それより低い強度区分のナットの代わりに使用することができます。ボルトの降伏応力または保証荷重応力を超えるようなボルト・ナットの締結には、この表の組合せより高い強度区分のナットの使用を推奨します。

低ナットの強度区分とその保証荷重応力

ナットの強度区分	呼び保証荷重応力〔N/mm^2〕	実保証荷重応力〔N/mm^2〕
04	400	380
05	500	500

ナットの強度区分とその保証荷重応力

ナットの強度区分	保証荷重応力〔N/mm^2〕
4	510
5	520～630
6	600～720
8	800～920
9	900～920
10	1040～1060
12	1140～1200

（保証荷重応力の範囲はねじの呼びに対応します。）

41 ねじ締結体のはたらき

ねじ締結でボルトは伸ばされナットは縮む

おねじとめねじとをはめ合わせて、おねじ部品の軸部に引張力、ねじに締結によって結合する被締結部材に圧縮力を与えることをねじの締付けといいます。

また、2個以上の品物をボルトのおねじ部とナットまたは品物に形成されためねじ部とをはめ合わせ、ねじ締付けによって結合する方法または結合した状態をねじ締結といいます。ねじ締結は分解可能な結合方式であり、小さな力で回すことで強力な締結力を得ることができます。

ねじの締付けの際には、締付けによってボルトのおねじは弾性的に伸び、締付けられる部材のめねじが弾性的に縮みます。そして、締付け力を取り除いた後には、それぞれが弾性的に回復しようとする動きによってねじは締結することになります。このように、ねじの締付けとは、おねじとめねじをはめ合わせて、おねじ部品の軸部に引張力、締結される部材に圧縮力を与えることと言えます。ここで軸部にはたらく引張力のことを軸力といいます。そして、斜面上で物体を移動させたときの垂直方向の分力が、ねじ締結における軸力の正体なのです。

ねじを締付け過ぎた場合には、ボルトの軸部が破断を起こすか、ボルトのねじ山のせん断破壊および／またはナットのねじ山がせん断破壊を起こします。ボルトの軸部の破断はき裂が入ると瞬時に破断に至ります。一方、ねじ山のせん断破壊は徐々に進行し、破損したねじ部品がねじ結合体の中に残ってしまうという障害を引き起こします。

よって、締結によるねじ部品の破壊は、常にボルトの軸で起きるように設計することが望ましいことになります。しかし、どのような場合でもねじ山にせん断破壊を起こさないようにするには、ねじ山のせん断破壊に対する強さに影響を与えるいくつかの因子のために、ナットの高さを必要なだけ高くすることが有効であるとされています。

要点BOX

- ●ボルトの伸びとナットの縮み
- ●軸部にはたらく引張力ー軸力
- ●ボルトの破壊

ねじ締結体のはたらき

ねじに軸力がはたらくと、ボルトは引張られて伸び、
被締結体は締め付けられて圧縮されます

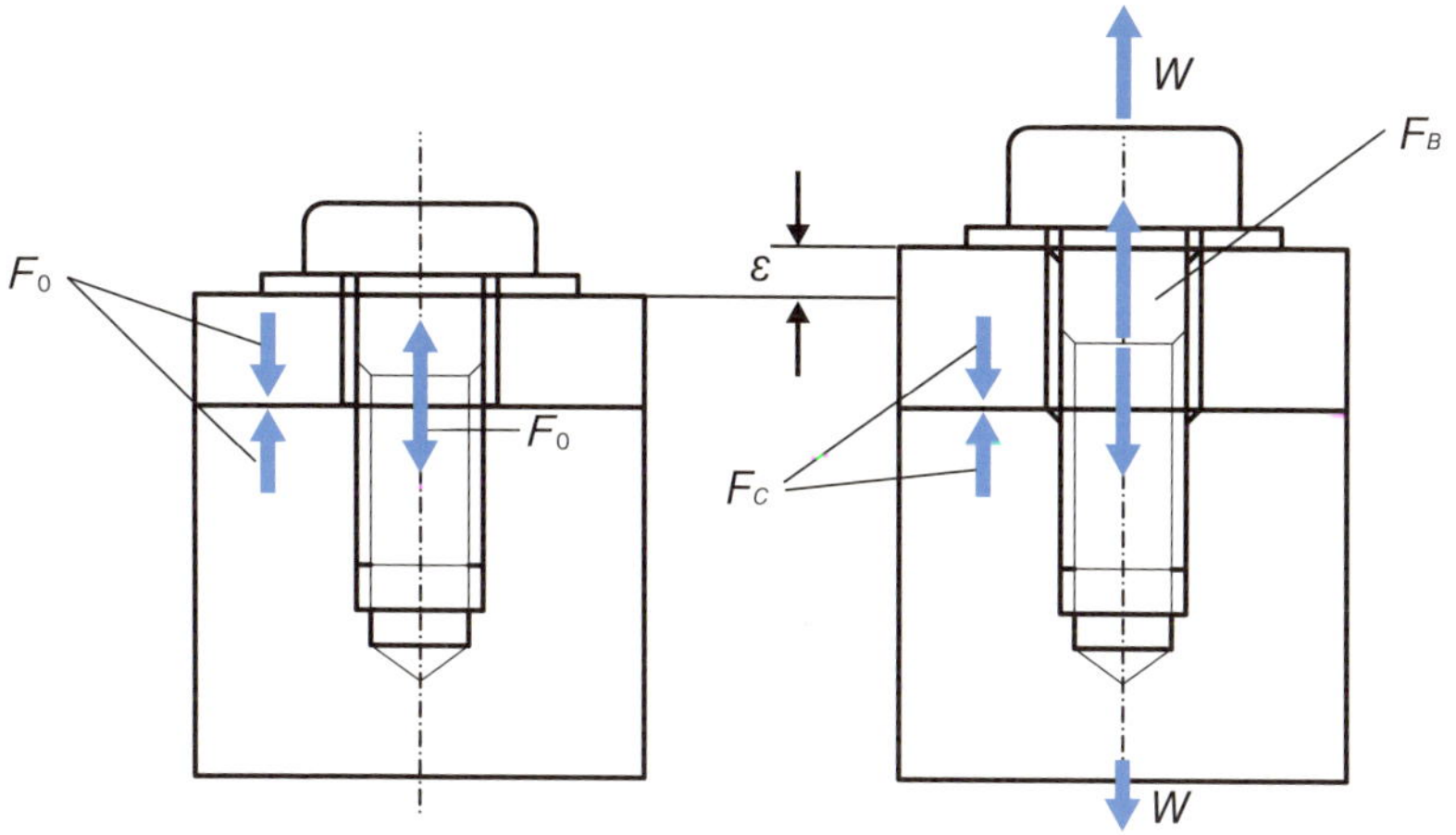

締付けた状態　　　外力Wが作用した状態

F_0　：初期軸力
F_B　：ボルト軸力
F_C　：被締結体の圧縮力
ε　：伸びの変化量
K_B　：ばね定数
K_C　：ばね定数

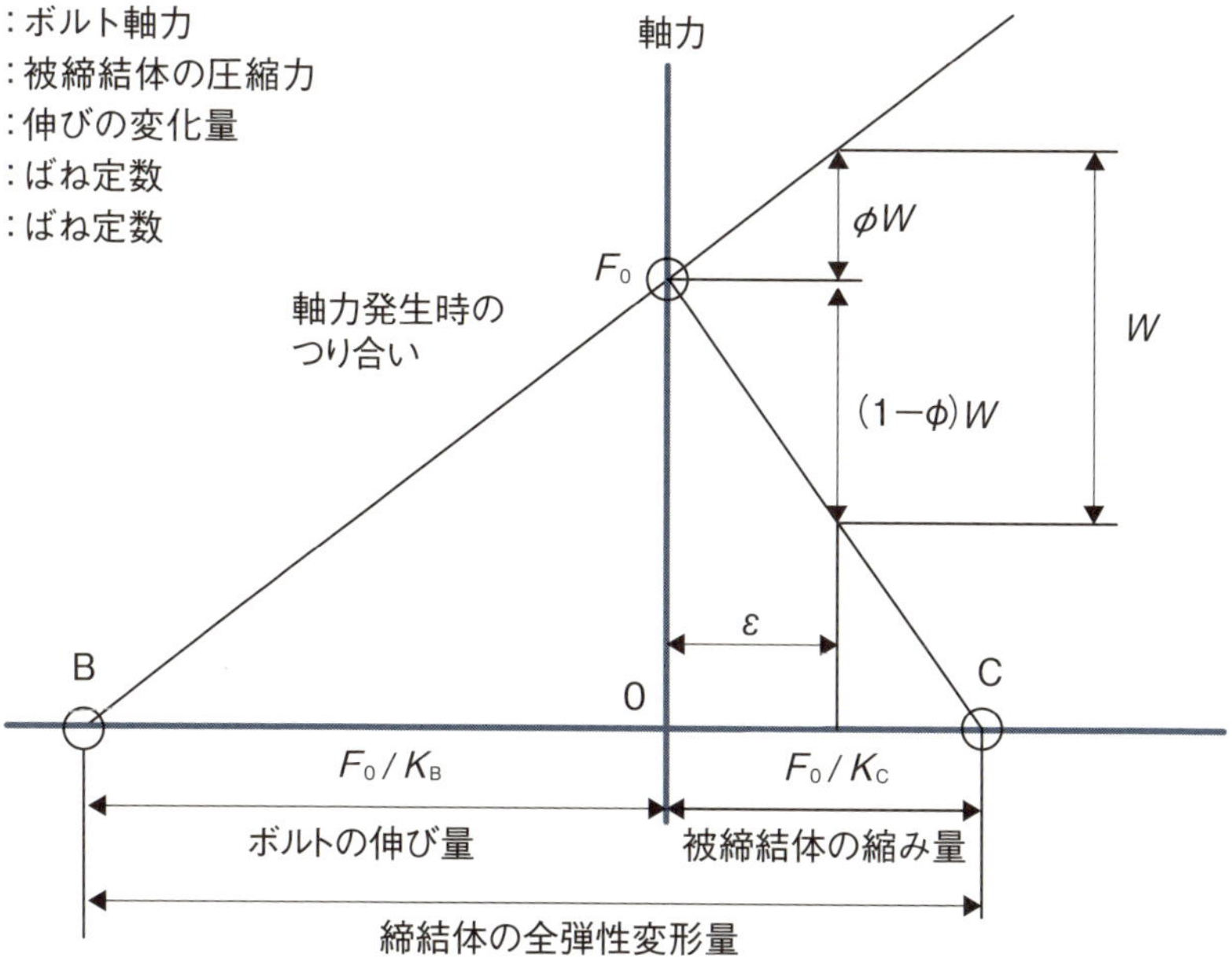

42 ねじのゆるみの分類

回転ゆるみと非回転ゆるみがある

十分に強度をもつボルトやナットがあったとしても、それらを適切にねじ締結できなければ、十分な締結力を得ることはできません。ましてや、ねじのゆるみはしばしば大事故につながるため、締結力の管理はとても重要なことです。実際に発生するねじのゆるみは複合的な要因が重なり合って発生しますが、ここではその要因を分類して考えていきます。

ねじのゆるみは「ねじの軸部にはたらく締付け力である軸力が締付け時よりも減少すること」と定義されます。そして、ねじのゆるみにはおねじとめねじがゆるみ方向に対して相対的に回転する回転ゆるみと、回転しない非回転ゆるみとがあります。

回転ゆるみの原因として、ねじ締結部に外力や振動がはたらくことがあげられます。外力や振動がはたらく方向には、軸回り方向や軸直角方向、軸方向などがあります。これらの方向から外力や振動がはたらいて被締結材が少しでもすべるとボルトの軸が傾くため、部分的に圧力の変化が生じることでゆるみが発生するのです。ねじのゆるみには、ボルトとナットがゆるみ方向に回転しなくても軸力が低下する非回転ゆるみもあります。

ねじ締結部が回転しないのにどうしてねじがゆるむのでしょうか。これはねじ締結体がばねのように弾性変形をするためです。弾性変形は必ず復元力をもち、これは弾性変形量に比例するため、ボルトの弾性伸び量が何らかの原因で減少したり、被締結体の弾性縮み量が減少すれば、復元力である軸力も減少することになります。ねじの締結時の軸力により、締結体は微小な弾性変形をしますが、これが締結後の時間経過や外力などによってゆるむのが初期ゆるみです。また、締付け時の面圧が大きすぎると、締結部の表面が塑性変形をする陥没ゆるみが発生します。

このほかに、締め付け後の時間経過によっても進むクリープによるゆるみなどもあります。

要点BOX

- ●ねじのゆるみはいろいろある
- ●振動によって起こる回転ゆるみ
- ●弾性変形によって起こる非回転ゆるみ

ねじのゆるみ

ゆるみの定義

ねじの軸部にはたらく締め付け力である軸力が締付け時よりも減少すること。

回転ゆるみ……ねじが回転しながらゆるむ

外力として振動や衝撃がはたらいたときにゆるみが発生する

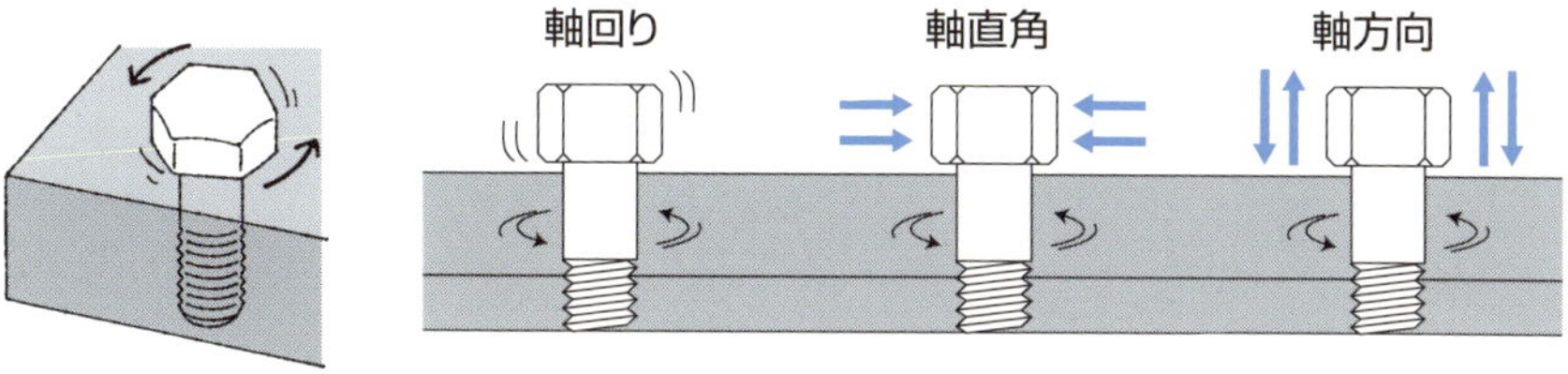

軸回り
軸直角
軸方向

非回転ゆるみ……ねじが回転しないでゆるむ

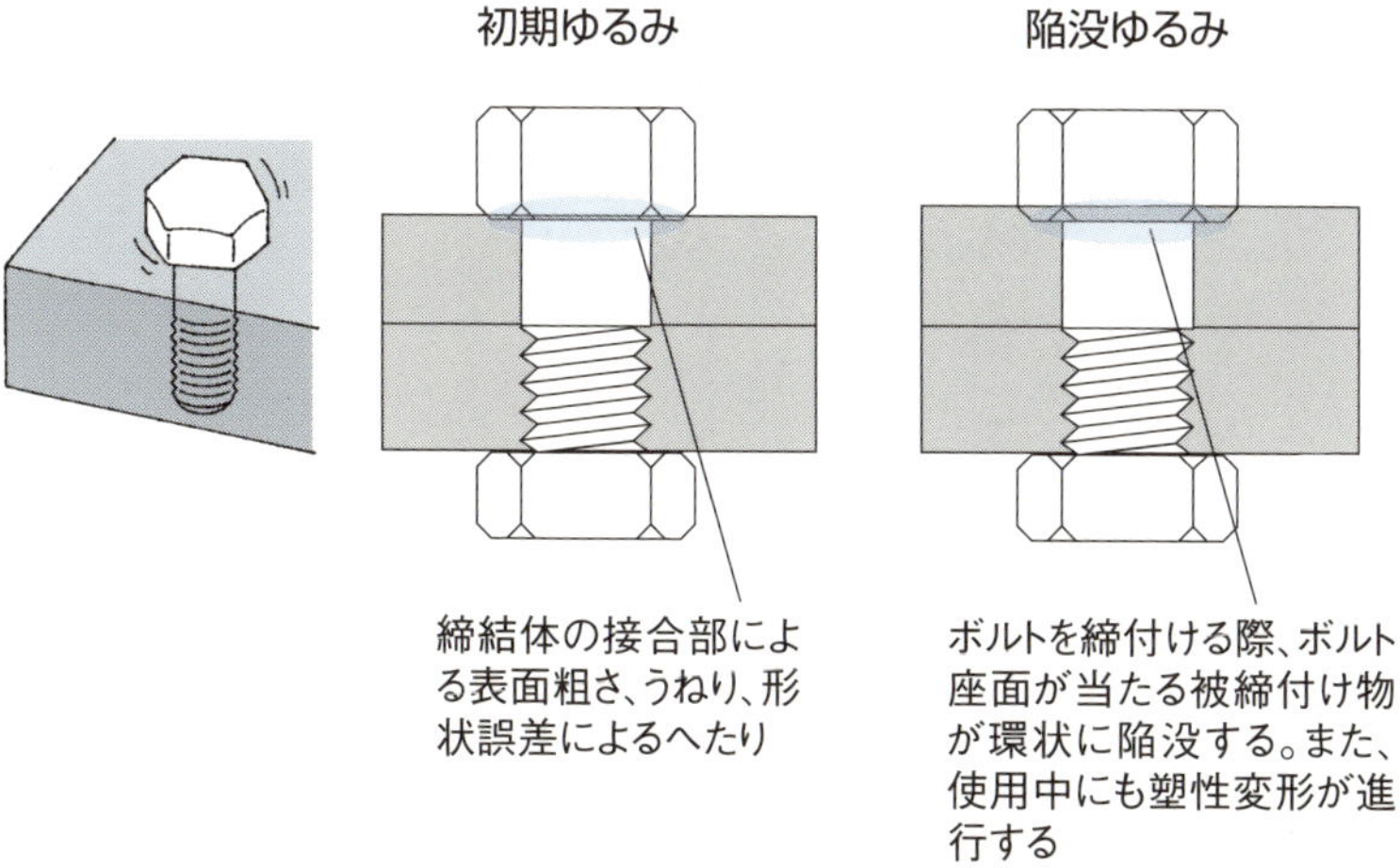

初期ゆるみ
陥没ゆるみ
締結体の接合部による表面粗さ、うねり、形状誤差によるへたり
ボルトを締付ける際、ボルト座面が当たる被締付け物が環状に陥没する。また、使用中にも塑性変形が進行する

43 ねじのゆるみ止めのいろいろ

ねじの選定から回転止め部品の活用まで

回転ゆるみを防止するためには、ボルトとナットの間のすべりを減らすことを考えます。ねじの選定方法で解決できる方法として、ボルトの直径を太くして強度をあげること、ボルトの本数を増やすことなどがあげられます。また、接合面の摩擦を大きくするために、歯付き座金などの座金を用いること、締結部にナイロンや金属片を挿入すること、などがあげられます。また、すべりを少しでも減らす方法として、キーやピン、割りピン付きボルトを用いる方法などがあります。なお、ねじにワイヤを巻き付けるロックワイヤなども単純な方法ですが、脱落防止のはたらきもあるため、航空機関系などで用いられています。

ダブルナットはナットを上下に2個重ねて用いる方法です。ナット同士を締め付けてボルトの遊びをなくすことで回転止めのはたらきをします。ダブルナットの正しい締付け方法は、下ナットを締付けてから次に上ナットを締付け、さらに上ナットを固定して下ナットをゆるめ方向に回転させて上ナットと下ナットとがねじ面で圧着される状態まで締めるというものです。

この他に、各種の接着剤を用いる方法もありますが、取り外しが難しく、取り外し後の再使用時には交換が必要になります。

非回転ゆるみを防止するには、締結体のばね定数を小さくしてボルトの弾性伸び量や被締結体の弾性縮み量を大きくすることなどが効果的であり、そのためにはできるだけ細長いボルトを用いると効果的です。また、摩耗量を減らすためには接触面積を大きくして面圧を下げることや耐摩耗性のある硬い材料を用います。座面での陥没を防ぐためには、接合面をなめらかにしたり、面粗さを小さくすることなどが考えられます。さらには、クリープ強さのある材料を用いるとともに、締結部周辺の温度を下げることや、ボルトと被締結体との熱膨張係数の差を小さくして熱応力の発生を防ぐことなどがあげられます。

要点BOX

- ●回転ゆるみの防止法
- ●座金、割りピンによるゆるみ止め
- ●ダブルナットの締付け手順

ねじのゆるみ止め

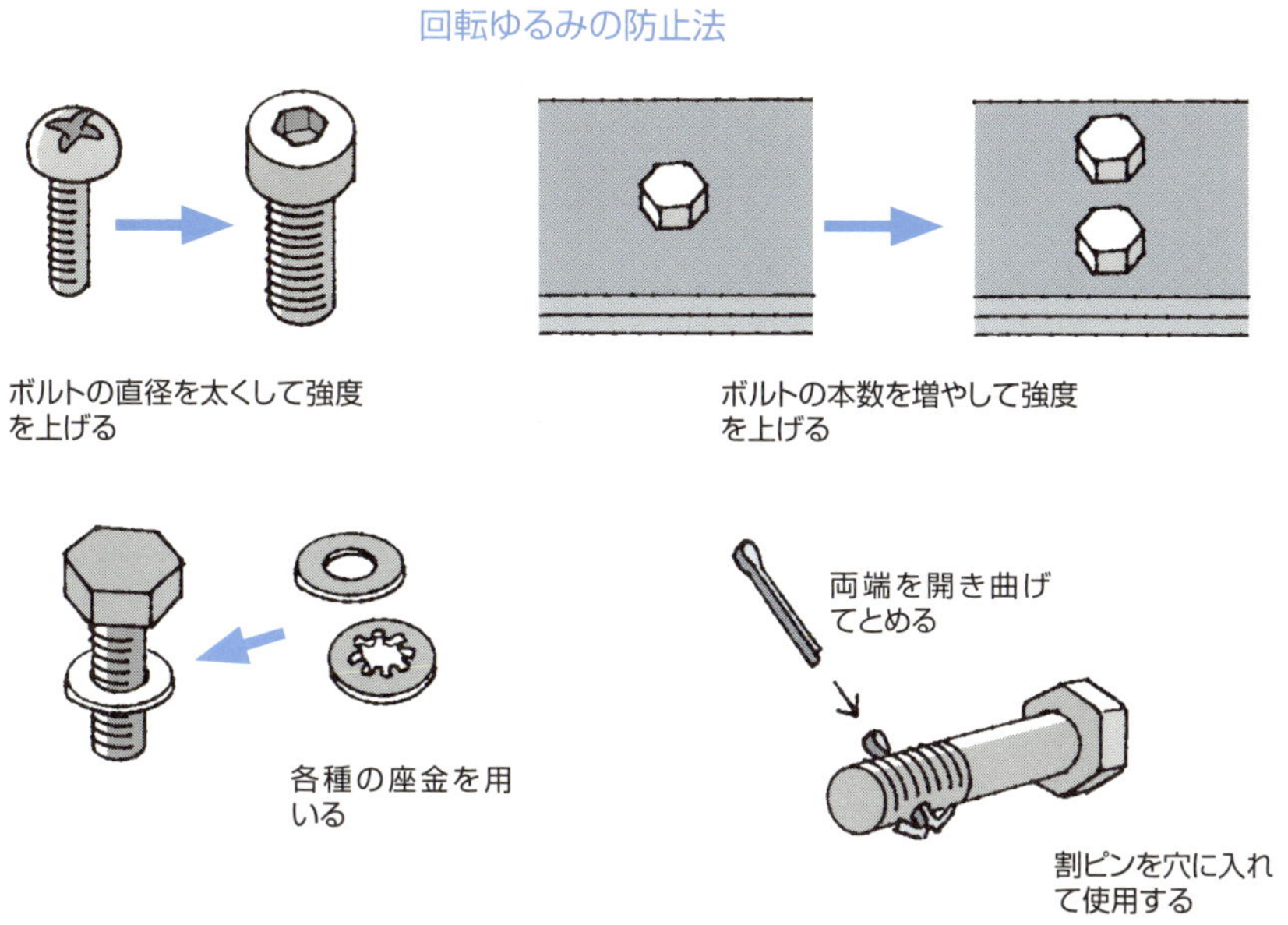
回転ゆるみの防止法
ボルトの直径を太くして強度
を上げる
ボルトの本数を増やして強度
を上げる
各種の座金を用
いる
両端を開き曲げ
てとめる
割ピンを穴に入れ
て使用する

ダブルナットの締付け手順

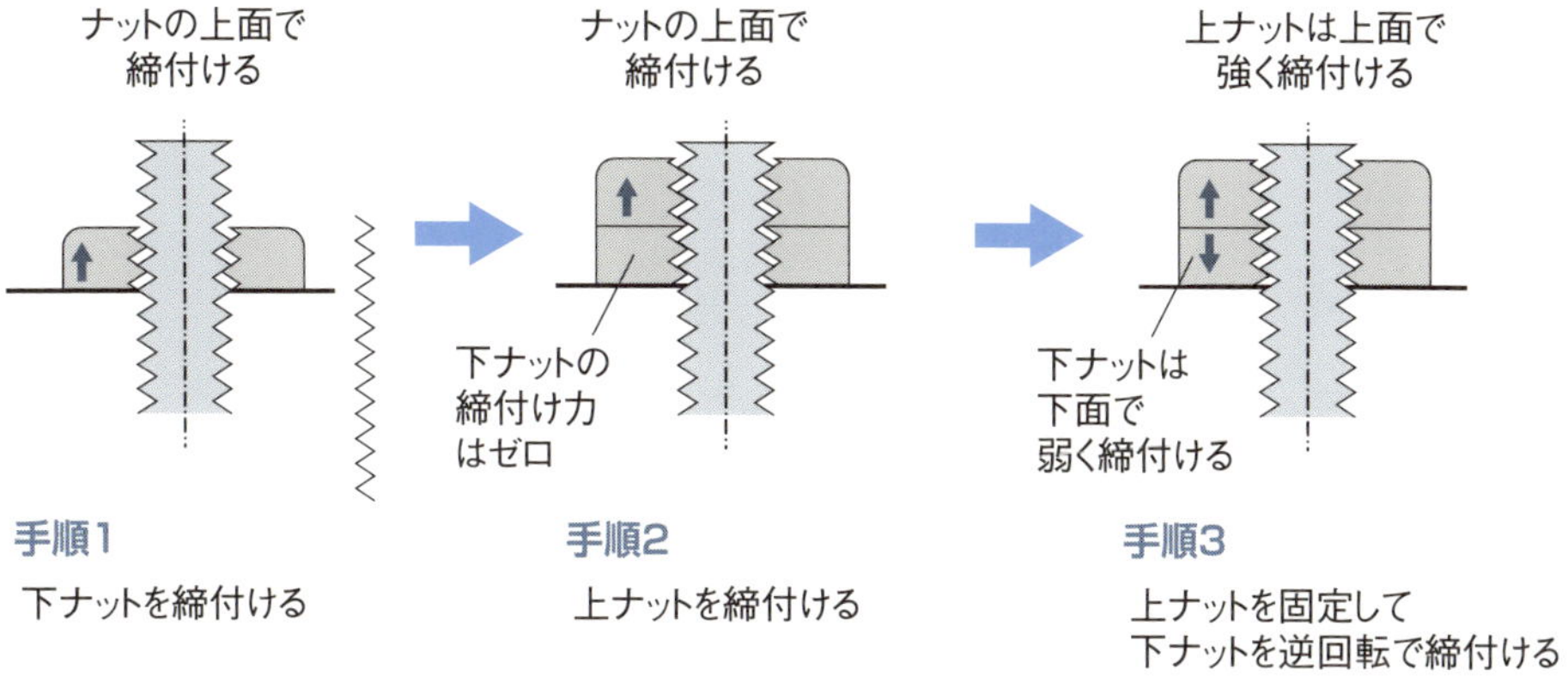
ナットの上面で
締付ける
ナットの上面で
締付ける
上ナットは上面で
強く締付ける
下ナットの
締付け力
はゼロ
下ナットは
下面で
弱く締付ける
手順1
下ナットを締付ける
手順2
上ナットを締付ける
手順3
上ナットを固定して
下ナットを逆回転で締付ける

44 ねじの締付け法のいろいろ

適切なねじを選んで適切な工具で適切な締結を行うことは、ある程度なら誰にでも簡単にできそうなことに思えます。しかし、適切にということを科学的に考えると、ねじ締結時の軸力を正確に測定することは困難であるため、締付けトルクで管理するのが一般的です。ねじの締付け管理法には、いくつかの方法があります。

トルク法は締付けトルクと締付け力との線形関係を利用した締付け管理法です。これはトルクレンチなどの工具を用いて締付け作業時に締付けトルクだけを管理するため、作業性に優れた簡便な方法です。しかし、実際には締付けトルクの約90%はねじ面および座面での摩擦によることが知られています。すなわち、初期締付け力のばらつきは締付け作業時の摩擦特性の管理の程度によって大きく変化するのです。そのため、締付けトルクと締付け力の直線には傾きとなるトルク係数のばらつきが見られ、正確な値を求めることは困難になります。

回転角法は、ボルトの頭部とナットの相対締付け回転角を締付け指標として初期締付け力を管理する方法です。この方法は、締付けによってボルトが降伏しない範囲の締付けである弾性域締付けだけでなく、締付けによってボルトが降伏し、極限締付け軸力に達するまでの範囲の締付けである塑性域締付けでも用いることができます。一般的なボルトの伸びと締付け軸力との関係は、弾性域では線形関係が成り立ち、降伏点をすぎて塑性域に入ると非線形になるとともに傾きが小さくなり、締付け軸力が最大となる極限締付け軸力を超えて少し経った場所で破断します。

なお、塑性域締付け法はボルトの締付け力のばらつきが小さくなるという特長があります。そのため部品の軽量化や低コスト化にもつながるため、一度外すと再使用ができないという欠点をもつものの、自動車のエンジン部品の締付けの場面などで用いられています。

ねじ締結体では伸びと縮みが一体で

要点BOX

- トルク法による締付け管理
- 回転角法による締付け管理
- 塑性域締付け法による締付け管理

ねじの締付け法のいろいろ

トルク法……軸力のばらつきが大きい

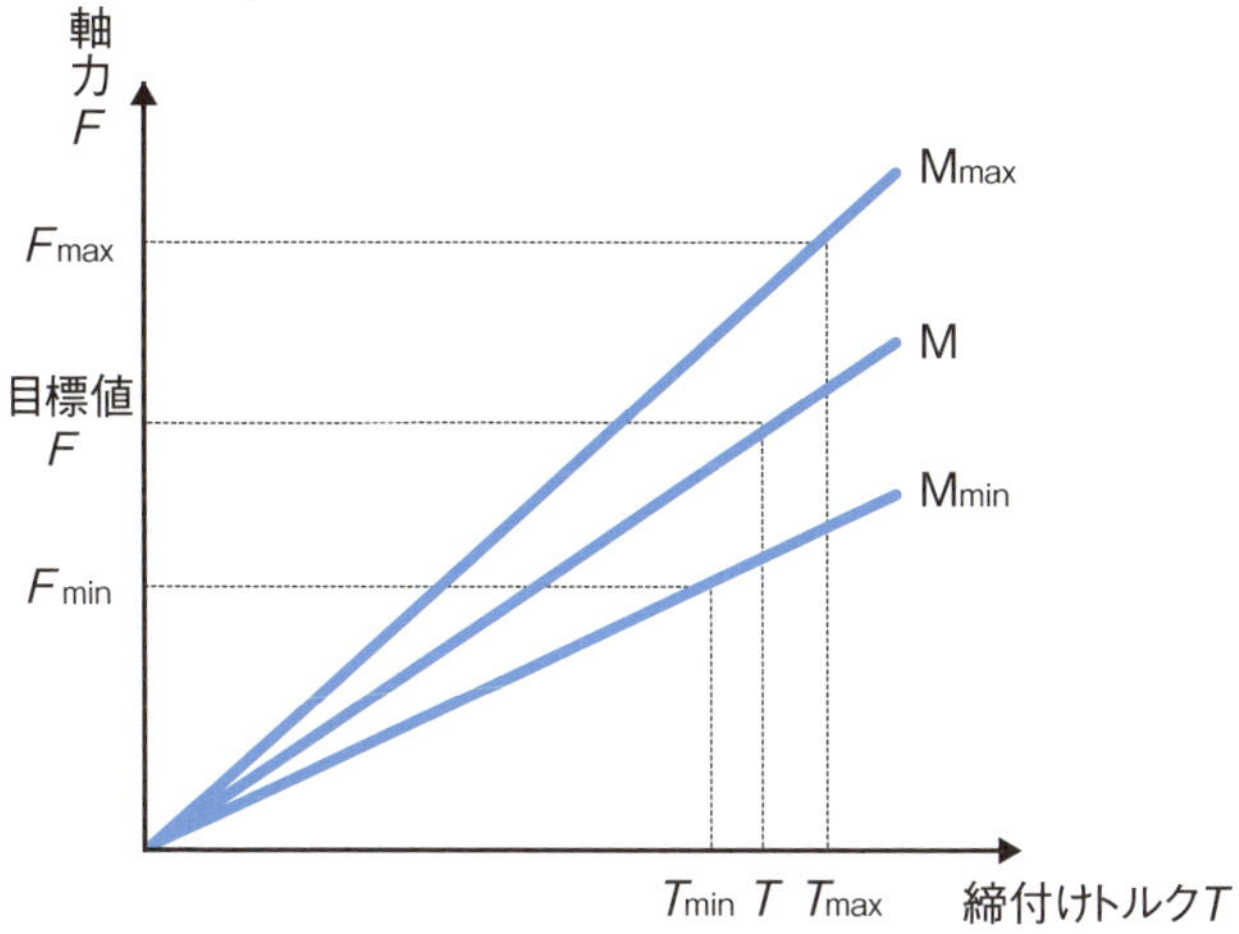

回転角法｛弾性域締付け、塑性域締付け

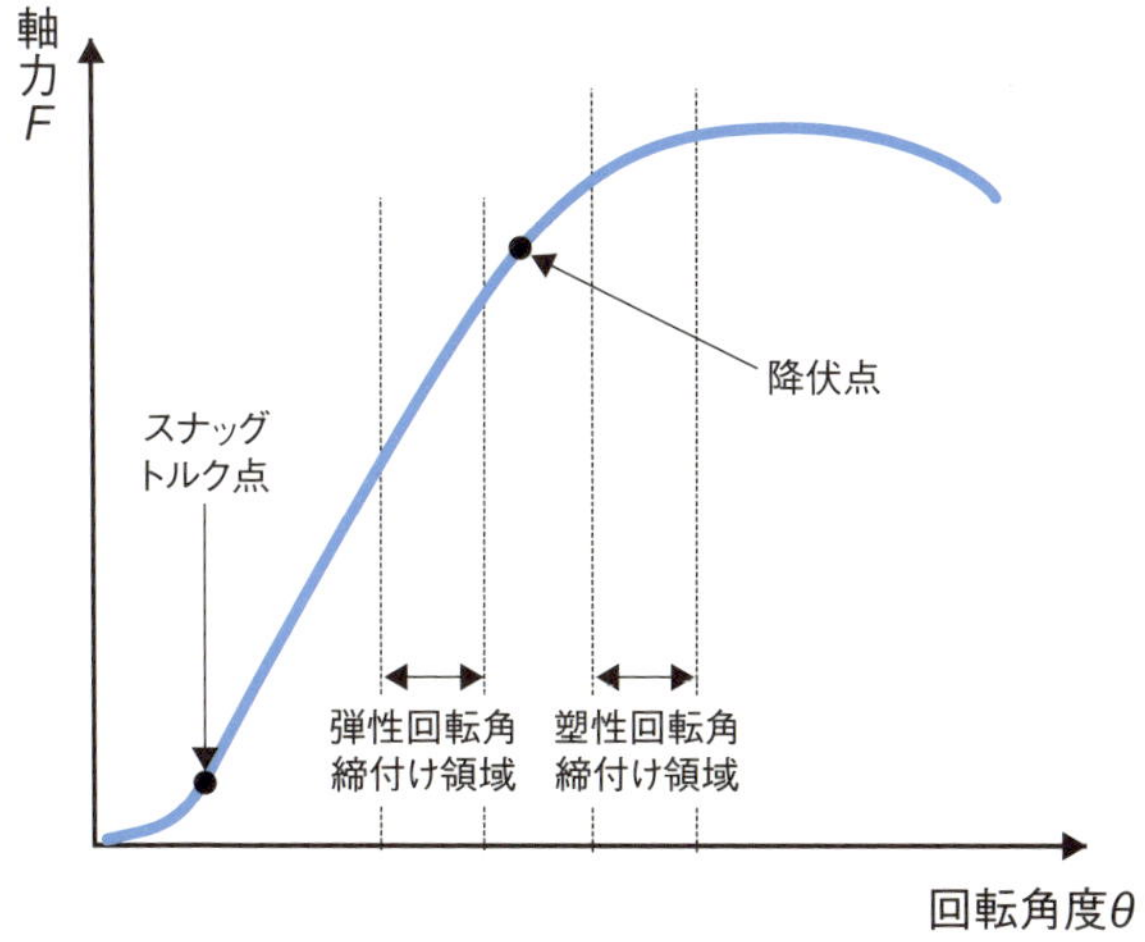

スナッグトルク点
ねじと座面を密着させるのに必要なトルク

Column

自動車と航空機のねじ

小型乗用車は一台あたり約3万点の部品で構成されており、そのうち約3千点がねじ部品です。そのねじの種類は実にさまざまであり、約60％をボルト類、約20％を小ねじ類、約20％をナット類が占めています。

約60％を占めるボルトには、六角ボルトや座付きの六角ボルト、座金組み込みボルトなどがあります。また、六角頭の頭部は軽量化のためのくぼみがついているものもあります。

小型乗用車に用いられるボルトのサイズはM6～M16程度であり、ボルトの強度区分は4・8～12・9までのものが用いられています。

一方、航空機に用いられるねじは、日本の防衛省が保有する戦闘機F15には32万本、さらに大型のジャンボジェット機B747になると300万本近いねじが用いられているそうです。航空機用のボルトはすべてインチサイズであり、その形状は12角の頭部をもつ12ポイントボルトが主流になっています。

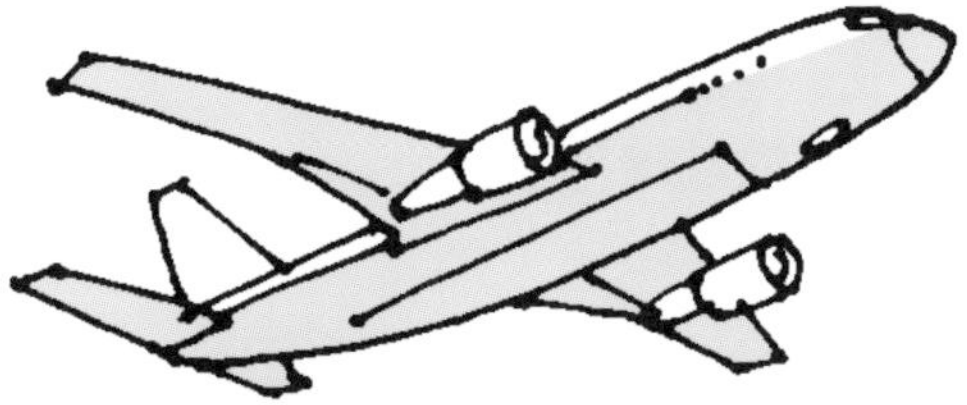

使われているねじは約300万本

使われているねじは約3000本

第5章
ねじの製造

45 ねじの製造は切削加工か塑性加工

基本は切削加工と塑性加工

ねじの加工法にはさまざまな種類がありますが、金属材料を用いた加工方法は、金属を切削してねじ山を作り出す切削加工と、金属を押しつぶしてねじの頭部やねじ山を作り出す塑性加工とに大別されます。両者の加工法の大きな違いは、切削加工が削りくずを出しながら元の材料より小さな寸法のねじを作り出すのに対して、塑性加工は元の材料をつぶして変形させることでねじを作り出すことです。

切削加工には手動で操作できる工具であるタップやダイスを用いる方法、汎用的な工作機械である旋盤による方法、数値制御で動くＮＣ旋盤による方法、またねじ切り専用のねじ切り旋盤による方法などがあります。

塑性加工においてねじの製造に関係するものには、パンチとダイスの間で工作物を押しつぶしてねじの頭部を成形する圧造、ねじ山が刻んであるダイスを押しつけてねじ山を成形する転造があります。なお、塑性加工には常温での冷間加工、高温下での熱間加工があり、前者は小ねじ、後者は太ねじの製造に用いられます。

どちらの加工法で成形しても決められた寸法のねじはできるため、完成したねじを見ただけでは、どちらの加工法で製造されたのかを見分けることが難しいこともあります。ただし、金属材料内部の繊維状金属組織であるファイバーフローに注目すると、切削加工がこれを切断して加工するのに対して、塑性加工では切断することがないため、耐摩耗性に優れるという特長があります。また、塑性変形が進むにつれて金属材料が硬くなり、変形しにくくなる加工硬化と呼ばれる現象も起こります。

切削加工と塑性加工のどちらがよいかということは一概には言えませんが、一般的には小ねじの大量生産には加工時間が短く生産性に優れた塑性加工である圧造や転造による加工法が用いられます。

要点BOX

- ●切削加工…タップ、ダイス、旋盤で加工
- ●塑性加工…圧造、転造で加工
- ●どちらがよいかは一概に言えない

ねじの製造法のいろいろ

切削加工…金属を切削してねじ山を作り出す加工法

- ダイス…おねじ加工
- タップ…めねじ加工
- 旋盤（汎用、NC、ねじ切り専用）

塑性加工…金属を押しつぶしてねじ山を作り出す加工法

- 圧造…パンチとダイス
- 転造…転造ダイス

- 冷間加工…常温で加工
- 熱間加工…高温で加工

ファイバーフローの違い

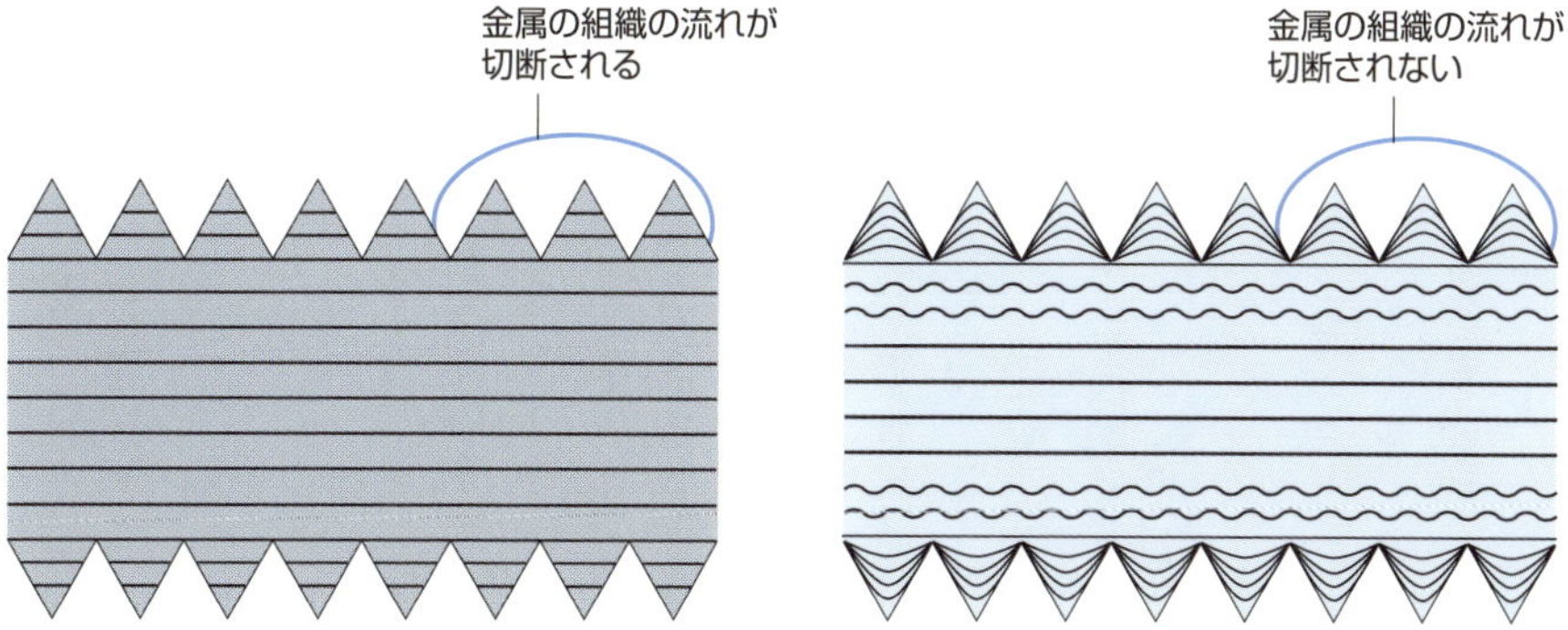
金属の組織の流れが
切断される
金属の組織の流れが
切断されない

切削加工

塑性加工
機械的性質に優れる

46 まずはダイスでおねじ加工

簡単な工具でできるおねじ加工

ダイスは円筒形の棒や管におねじ切りができる切りくず穴をもった外径が円形の工具であり、ダイスを回転させるダイスハンドルを用いて操作します。

ダイスによるおねじ切りを始めるためには、まず作りたいおねじ切りができる寸法のダイスを用意することからはじめます。例えば、呼び径が6ミリのおねじを切りたければＭ６と刻印されたダイスを選びます。工作物はぐらぐらしないように万力に挟み込むなどして確実に固定します。このとき、鉄工やすりなどを用いて工作物の端面を軽く斜めに削る面取りをしておくと、ダイスの食いつきがよくなります。ダイスには内径を微調整する止めねじがあり、このねじを利用してダイスハンドルを固定します。なお、ダイスには寸法調整のために切りくず穴まで割った溝であるすりわりがあり、調整ねじに寸法調整を行います。一方、すりわりがないダイスは寸法調整ができません。

次にいよいよおねじ切りに入ります。ダイスには表面と裏面があり、表面にはダイスが工作物に食いつきやすいように案内があります。表面にはＭ６などと寸法が刻印されており、こちらの面を工作物に当たる向きで、工作物に対して垂直になるように接触させます。このとき、ダイスと工作物とをきちんと垂直に食い込ませることが大事なことです。この作業を円滑に進めていくためには、両手でダイスハンドルを工作物に押し当てながら時計回りに少しずつ回転させることで、スムーズにねじ切りを始めることができます。食い込みが確認できたら、下向きに押しつける力は不要です。ダイスハンドルを半回転させたら4分の1回転ほど戻しながら、おねじ切りを進めていきます。

なお、切削中に排出される切りくずが切りくず穴に詰まることがないように、切りくずは適宜ブラシなどを用いて取り除きながら加工を進めます。また、時々切削油を与えながら、なめらかにねじ切りします。

要点BOX

- ●作りたいおねじが切れるダイスを用意
- ●ダイスによるおねじ切り
- ●切りくずは適宜ブラシで取り除く

ダイスによるおねじ加工

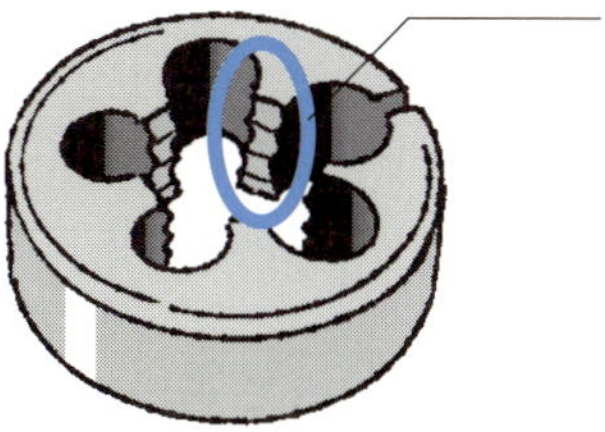
この部分にねじを切
る刃物があります

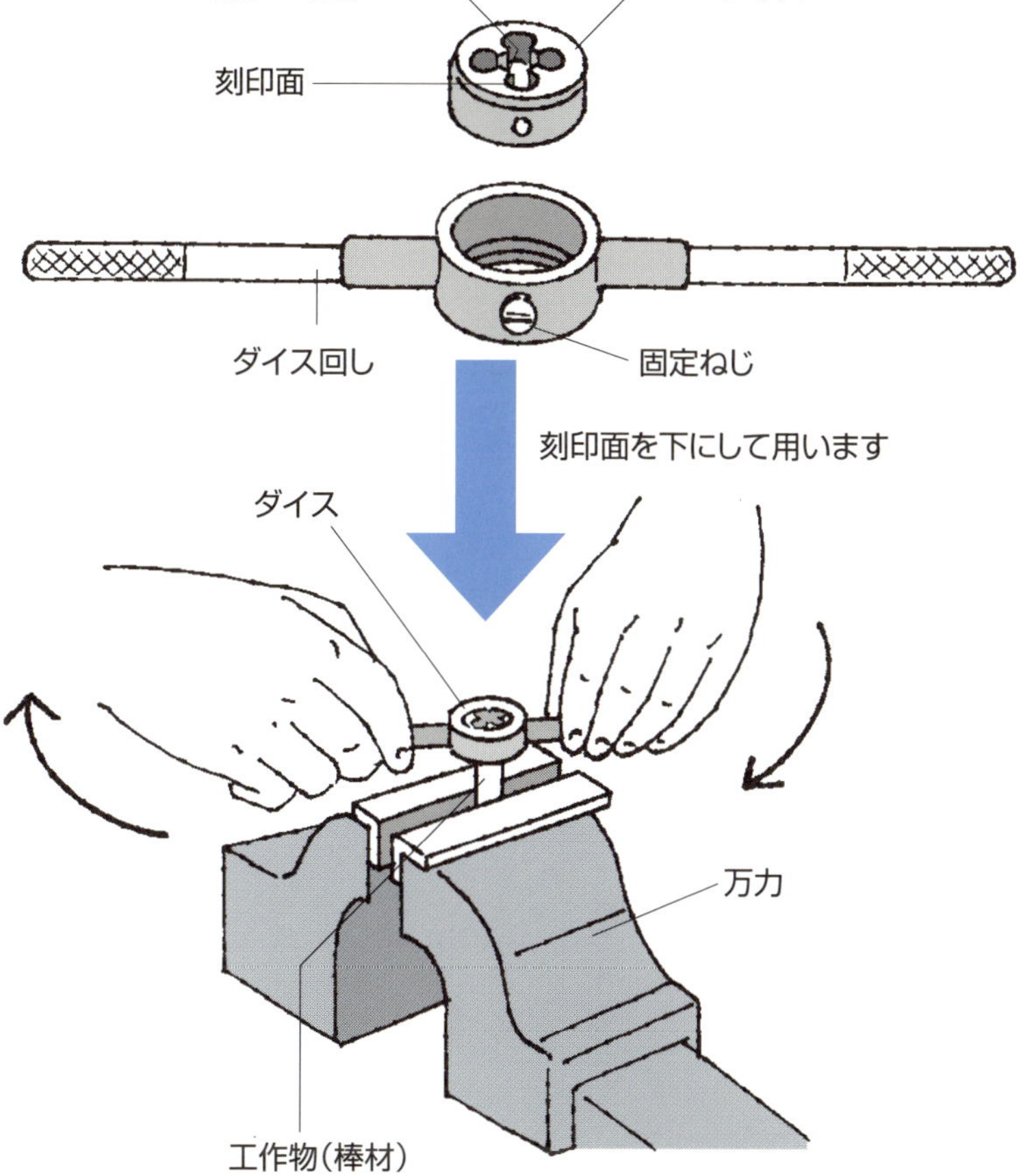
食いつき部
ダイス

47 次はタップでめねじ加工

簡単な工具でできるめねじ加工

タップは円筒形の内側にめねじ切りができる刃物をもったドリルに似た形状の工具であり、タップを回転させるタップハンドルを用いて操作します。タップによるめねじ切りを行うためには、まず作りたいめねじ切りができる寸法のタップを用意することからはじめます。タップは通常、先端の食いつき部の山数が7～10山の先タップ、3～5山の中タップ、1～3山の上げタップの3本が1セットになっています。

タップによるめねじ切りをはじめる前に、ドリルなどで工作物に円筒形の下穴をあけておく必要があります。このときに注意する必要があるのは、この下穴の直径を何ミリにするかということです。例えば、M10のめねじを切りたいときに、下穴の径を10ミリにしてしまうと、タップがすっぽりとはまってしまい、めねじを切ることができません。ねじ下穴径はひっかかり率で定義され、いくつかの系列がありますが、目安としては切りたいめねじの80％程度の穴をあけます。例えば、M10のめねじを切りたいときの下穴の形は8ミリを選びます。

適切な下穴をあけることができたら、いよいよめねじ切りに入ります。まずは先タップをタップハンドルに垂直になるように固定したら、タップを工作物に対して真っ直ぐに差し込みます。先端の食いつき部が接触したら、タップハンドルを時計回りに回転させながらねじ切りを進めていきます。この作業を円滑に進めていくためには、両手でタップハンドルを工作物に押し当てながら目安として2回転回転させたら半回転戻すことで、スムーズにねじ切りができます。食い込みが確認できたら、下向きに押しつける力は不要です。先タップで切りくずが出なくなったら、中タップ、上げタップと順番に用います。

タップに過大な力を加えるとポキッと折れることがあるので注意して作業をしましょう。また、切りくずの除去や切削油を与えることも忘れないでください。

要点BOX

- ●作りたいめねじが切れるタップを用意
- ●ドリルによる下穴あけ
- ●タップによるめねじ切りの要領

タップによるめねじ加工

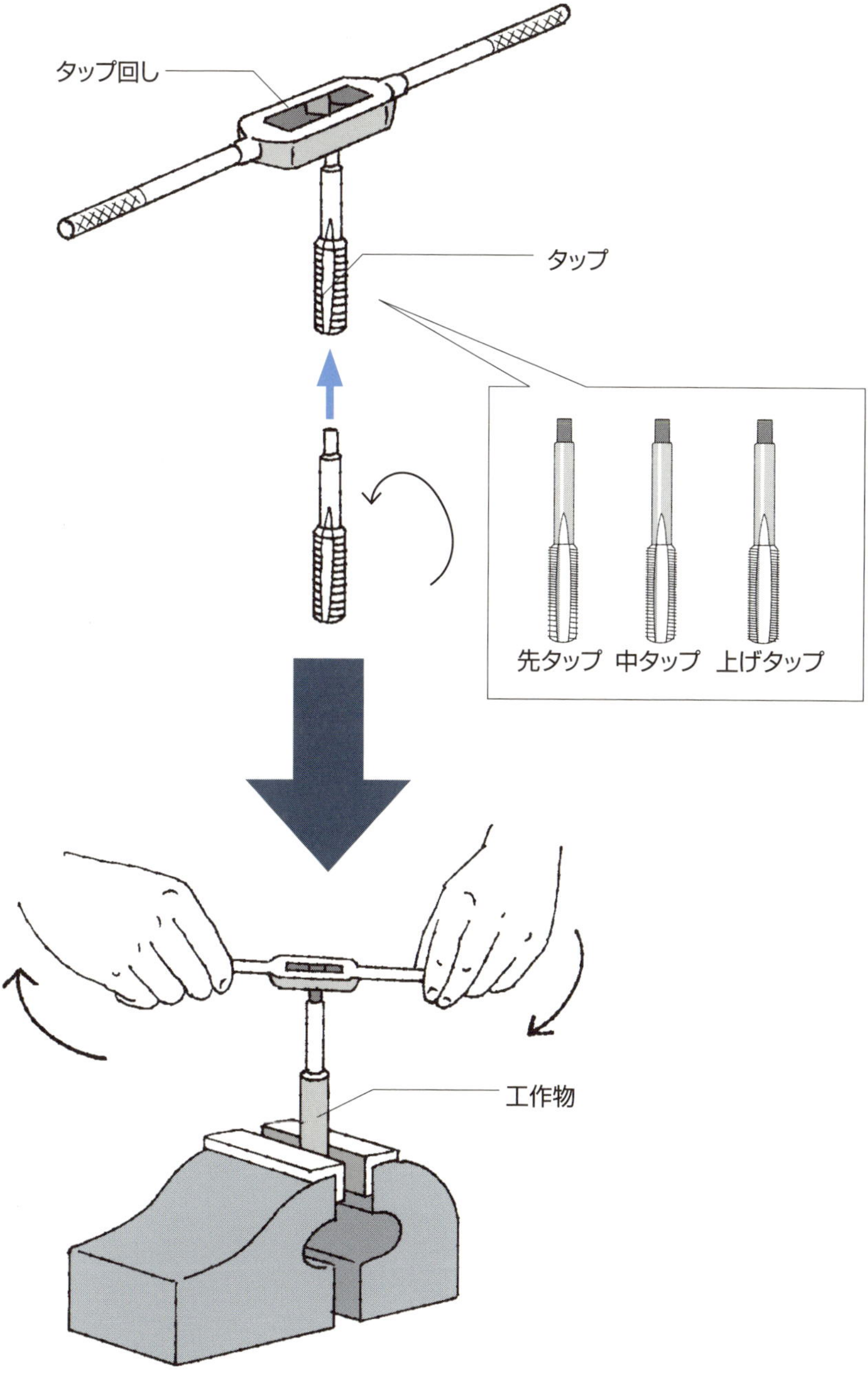

48 旋盤は切削加工をする工作機械

旋盤は機械をつくる機械の代表

旋盤は主として円筒形の工作物を主軸に取り付けて回転させ、これに工具であるバイトを当てて切削加工を行う代表的な工作機械です。旋盤の構造は、工作物を保持する主軸台と心押し台、バイトを取り付け前後左右に移動させて適当な切り込みを与える刃物台と往復台、送り棒や親ねじなどの送り装置、これらの諸機構をのせるベッドなどから構成されます。回転速度や切り込み量、送りなどを調節するさまざまなレバーがあるので、まずはこれらのレバー操作をきちんと覚えてから操作します。

旋盤で行うことができる加工内容には、使用するバイトの形状に応じて、外周削り、外丸削り、端面削り、溝削り、曲面削り、ローレット切りなどがあります。また、ねじ切りバイトを用いることで、ねじの加工も可能です。

ねじ切りバイトには、おねじの加工ができるおねじ切りバイトとめねじの加工ができるめねじ切りバイトとがあります。ねじ切りバイトの先端は一般の三角ねじならば60°というように、製作したいねじ山の刃先角度をもち、センターゲージと呼ばれる測定器具を用いて、刃物台に対して垂直になるように取り付けます。また、旋盤主軸台の送りレバーなどを調整して、加工したいピッチの設定を行います。なお、ねじ切りを行う前の工作物の形状として、先端部に面取りをすることやねじ加工部の終端に切り上げ溝を設けることなどがあります。

ここまでの準備ができたら、いよいよねじ切り作業に入ります。汎用旋盤には自動送りのレバーがあるので、これを適切な速度に設定して加工を進めていきます。ただし、ねじ加工は大きな切り込み量で一気に進めることはできないので、一回の切り込み量を０・１㎜程度にして、これを数回～十数回程度繰り返して荒削りをした後、最後は切り込み量を０・02㎜程度にして仕上げます。

要点BOX

- ●旋盤による加工のいろいろ
- ●旋盤によるねじ切りの準備
- ●旋盤によるねじ切り加工の進め方

旋盤

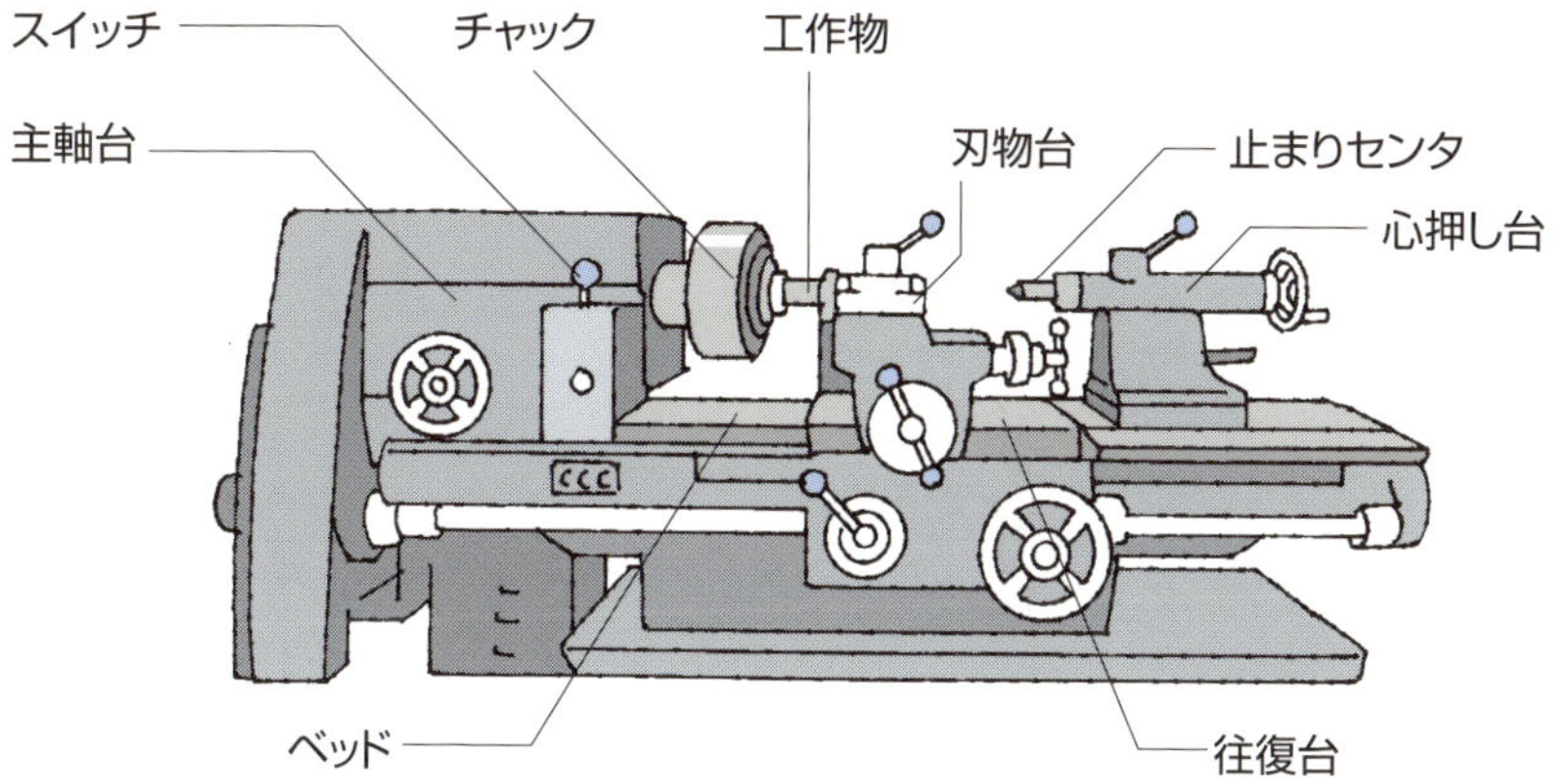

旋盤の構造

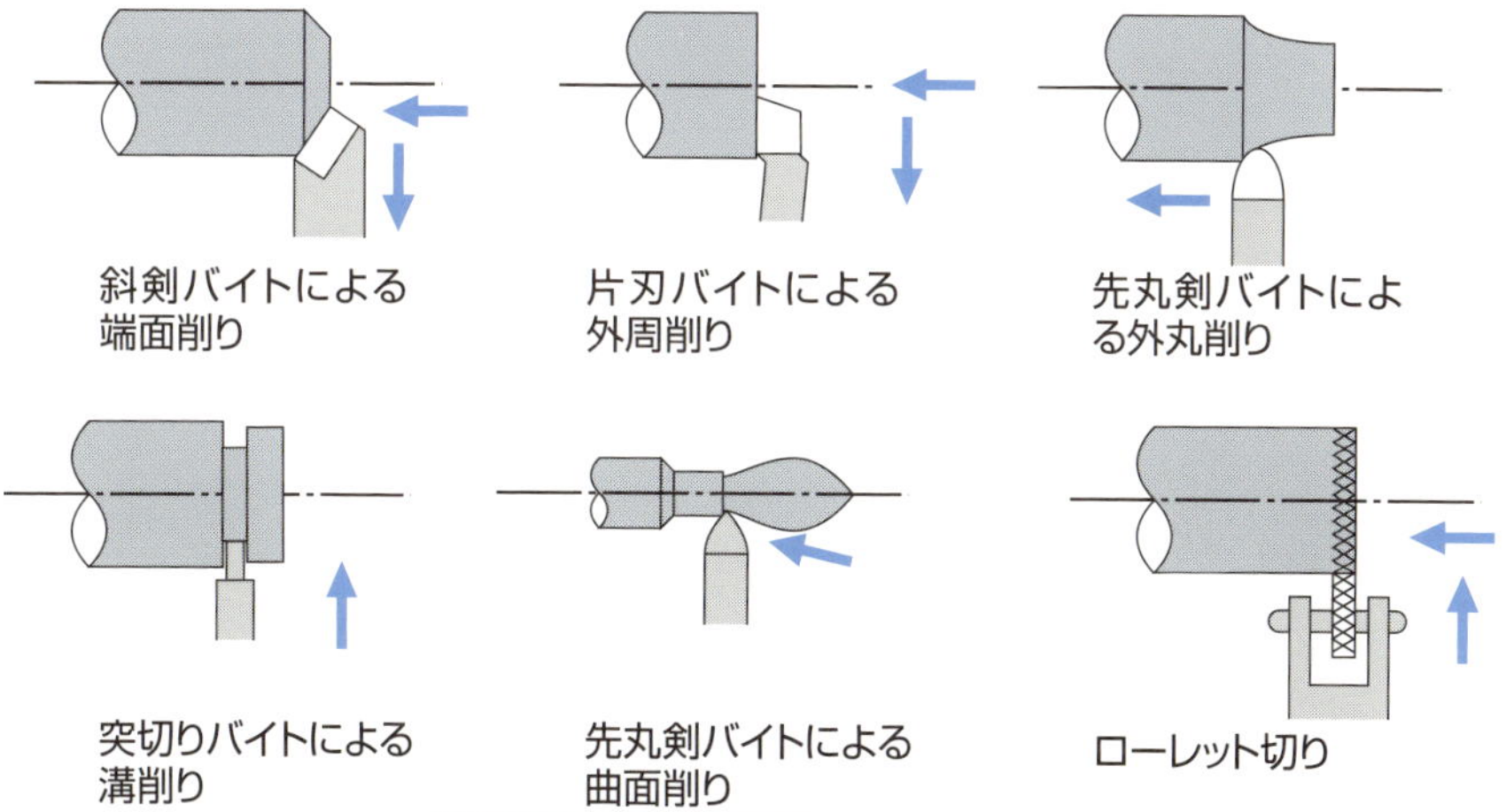

旋盤による加工のいろいろ

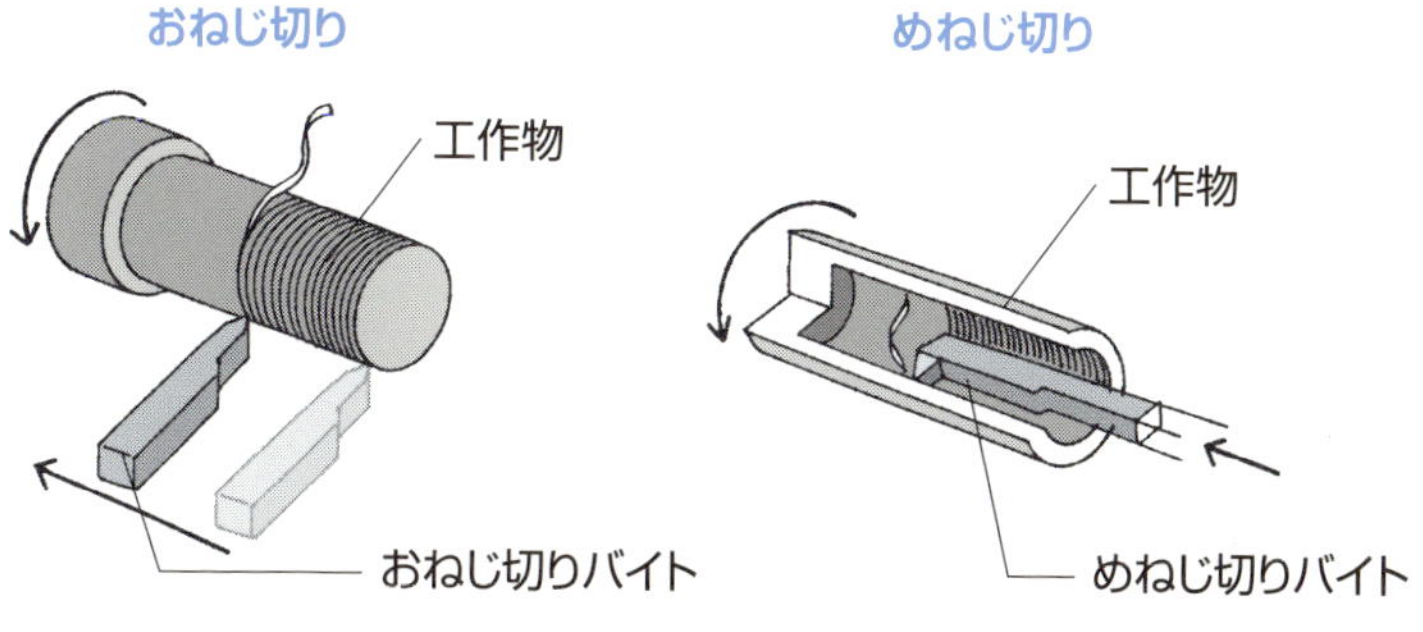

49 ねじの大量生産はNC旋盤で

数値制御で自動につくられるねじ

NC旋盤は数値制御（Numerical Control）の機能を持たせた旋盤です。工作物の位置や切削工具の動きなどを数値化することで、プログラム通りに加工を行います。一度プログラムを作成すれば、同じ形状の製品を高精度で大量生産できるのが大きなメリットです。NC旋盤では、一般的に円筒形の材料をさまざまな形状に加工します。

汎用旋盤と同じように外周削りや端面削りなどはもちろん、おねじやめねじの加工も可能です。また、刃物を手動で移動させる方法ではできないような曲面や球面の加工でも威力を発揮します。

NC旋盤による加工作業の進め方を簡単に説明します。まず、製作したい製品の図面を読んで加工手順を確認し、使用する切削工具を用意します。NC旋盤などの数値制御による工作機械では、あらかじめ複数の切削工具を取り付けておき、プログラムに従って工具の交換を行うことができます。プログラムでは加工手順に従って、円筒形の工作物の回転速度や切削工具の送り速度や切り込み量などを入力し、プログラムを完成させます。プログラムが完成して動作の確認ができれば、加工は自動で進められるため、ここまでの段取りがとても重要です。

なお、作業時間の短縮のために重要な工程として、切削工具の自動交換のほか、材料の自動供給があります。NC旋盤で加工する金属製の棒材は定尺は1本が5mなどと決められており、この材料をすべて加工し終えると、次の材料を供給しなければなりません。この作業を手動で行うと時間も手間もかかってしまうため、バーフィーダと呼ばれる自動送り装置が用いられます。この装置に複数本の材料を備え付けることで、1本の材料の加工を終えたときに、次の材料を連続的に供給することができ、長時間の連続加工が可能になります。

要点BOX

- NC旋盤による加工のいろいろ
- 加工作業の進め方
- 材料は自動送り装置により連続的に供給

NC旋盤の構造

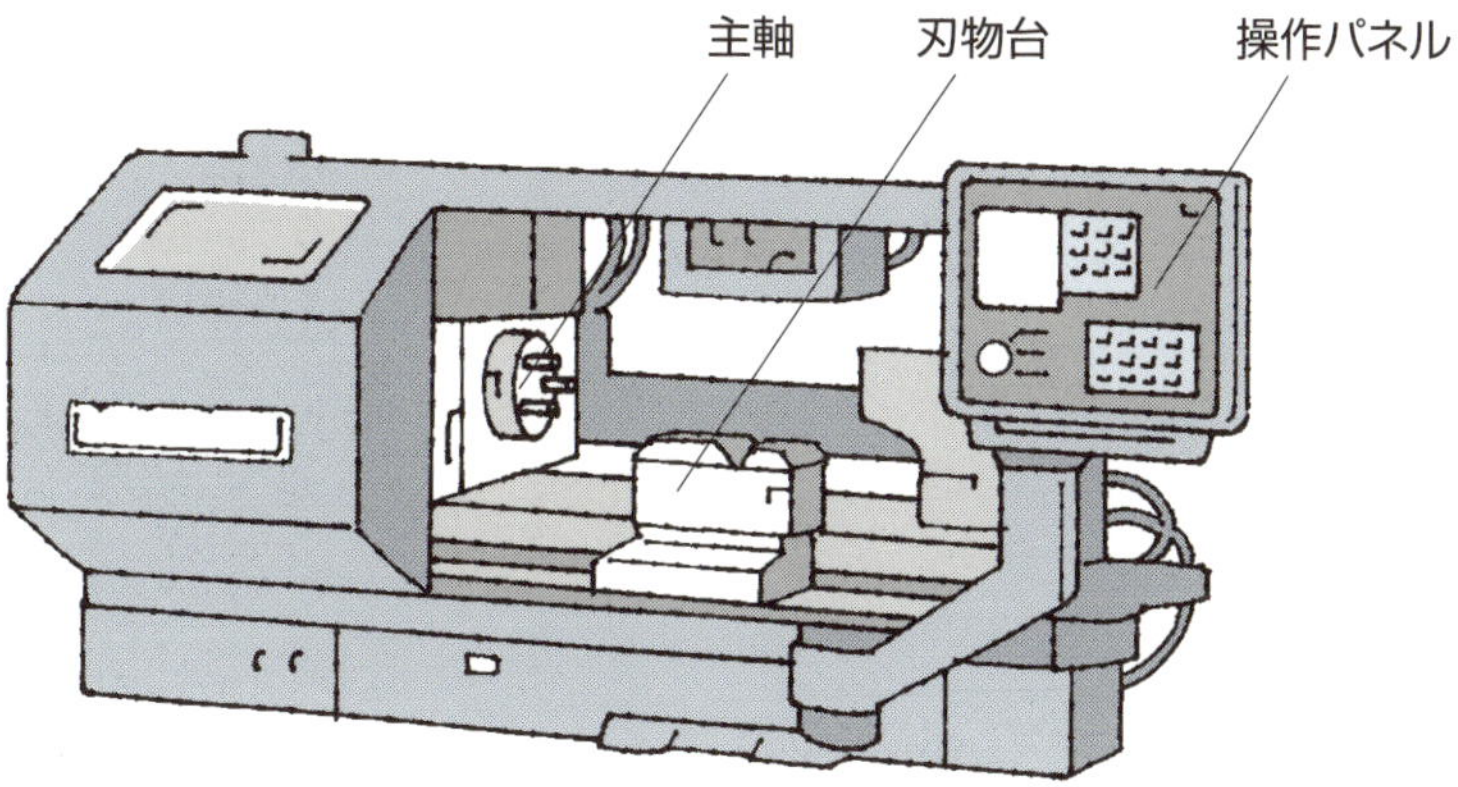

NC旋盤

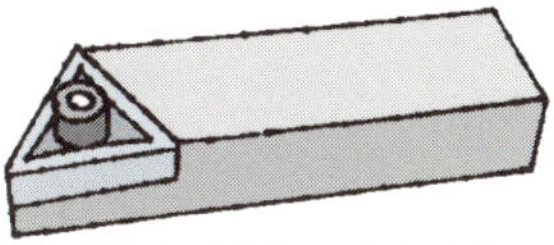

スローアウェイチップ

NC旋盤による加工のいろいろ

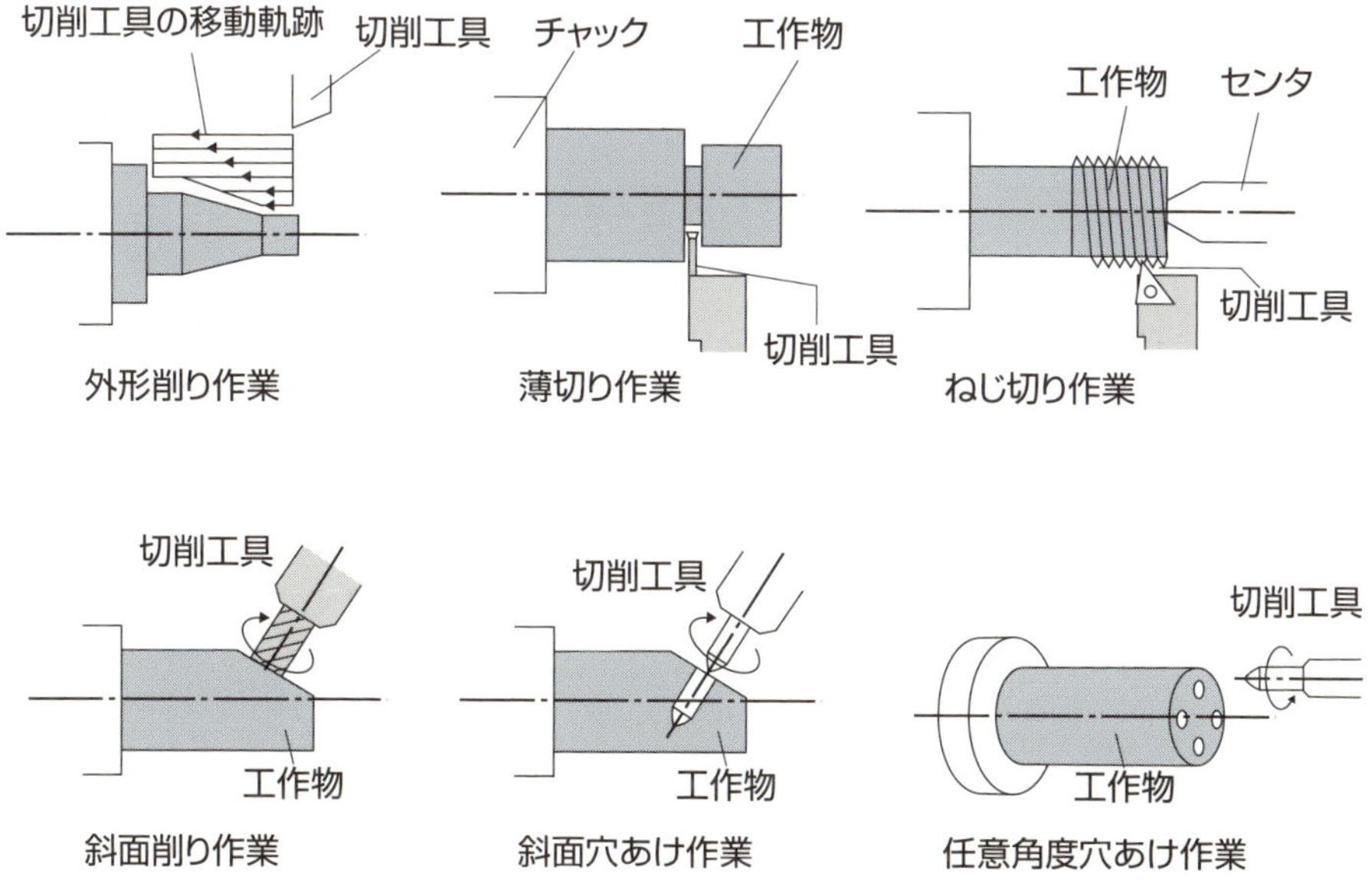

50 ねじ切り専用の工作機械とは

チェーザはねじ切りのための刃物

ねじ切り専用の工作機械には、円盤状をしたダイヘッドにねじを切る多山の刃物であるチェーザを取り付けて、円筒形の部材におねじを切るねじ切り盤があります。ダイヘッドは工作物の直径に応じた大きさのものを選んで使用します。また、チェーザは食いつき部を含んだ複数のねじ山からなる平板状の刃物であり、通常は4枚1組で使用します。なお、刃部の材料は合金工具鋼や超硬合金などの材料でつくられています。

ねじ切り旋盤はねじ切り専用の目的で使用される旋盤のことであり、チェーザを取り付けたダイヘッドを回転させながら工作物にねじを切ります。ねじ切り旋盤では4枚のチェーザが同時にねじ切りを行うため、1本のバイトでねじ切りを行うよりも効率よく、荒削りからねじ立て、ねじ仕上げまでの工程を連続的に進めることができます。

直径が数十ミリ以上あるような太径のねじを切る工作機械を大型ねじ切り盤といい、6枚1組のチェーザを取り付けたダイヘッドを用いることもあります。加工時にはそれぞれのチェーザから連続して金属の切りくずが出てくることになるため、特に太径の加工は迫力があります。大型ねじ切り盤では建物の土台が基礎からずれたり、浮き上がることがないように固定するための金属棒である建築用アンカーボルトなどの加工が行われます。

一方、パイプにねじ切りを行うような持ち運びが可能なねじ切り機にもチェーザが用いられています。このねじ切り機は、チェーザを本体にセットした後、切ろうとするねじの呼び寸法に目盛板を合わせて工作物を固定し、ダイスと同じような操作をすることで、ねじ切りができます。なお、一度にねじを切るには切削量が多いため、荒削りと仕上げ削りに分け、一度に深く切り込むことは避けるようにします。このねじ切り機では、ガス管や水道管、電線管などにおける高精度の規格ねじの切削が可能です。

要点BOX

●ねじ切り専用の工作機械とチェーザ
●ねじ切り旋盤にチェーザをセット
●チェーザは大型ねじ切り盤、携帯機にも使う

ねじ切り旋盤

ねじ切り旋盤による切削

チェーザ

ダイヘッドの形状と配置

51 金属の変形を利用した塑性加工

切りくずが出ないのが塑性加工の特徴

代表的な金属加工の方法には、切削工具を用いて工作物を削り取る切削加工と工作物に弾性限度以上の力を加えて塑性変形を生じさせて所望の形状に成形する塑性加工とがあります。

塑性加工の種類には、金属をハンマーなどでたたいて成形する鍛造、回転するロールの間に工作物を通して加工する圧延加工、せん断力を加えて板状の工作物を切断したり、打ち抜いたりするせん断加工、板状の工作物を必要な角度に曲げる曲げ加工、容器内に工作物を挿入してから押し出す押出加工、ダイスを通して工作物を引き抜く引抜き加工、板状の工作物を絞って継ぎ目のない筒などを成形する絞り加工などがあります。そして、ねじの圧造や転造もこの塑性加工に分類されます。

切削加工と塑性加工の特徴を比較すると、加工精度は一般的には切削工具を精密に位置決めしながら加工する切削加工の方が優れていますが、加工時間は大きな力で一度に変形させる塑性加工の方が短く優れていると言えます。また、切削加工では切りくずが発生しますが塑性加工では発生しないため、材料のむだが少なくなります。

また、塑性加工には常温に近い状態で加工する冷間加工と、金属の結晶構造が変化する再結晶温度以上に加熱してから加工する熱間加工とがあります。鉄鋼材料における熱間加工の加熱温度は数百℃程度です。

冷間加工と熱間加工では、材料を加熱する必要がない分だけエネルギーを節約できるという面で、冷間加工が優れています。なお、冷間加工により変形が進むと、抵抗が大きくなり硬さを増す加工硬化が起こりますが、熱間加工では加工硬化は起こりません。

一般的には小ねじの頭部形状の成形は冷間加工、太いボルトの頭部形状の成形は熱間加工で行われます。

要点BOX

- ●ねじの鍛造、転造は塑性加工
- ●加工精度は切削加工が優れる
- ●加工時間では塑性加工、切りくずの発生なし

塑性加工のいろいろ

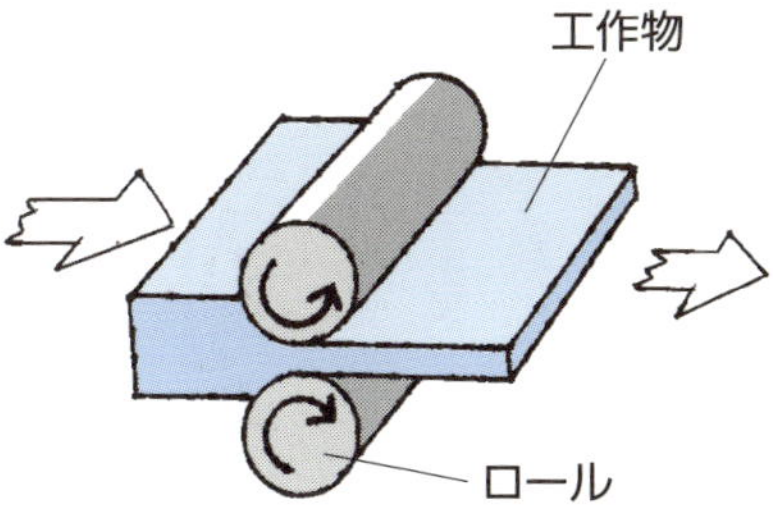

圧延加工

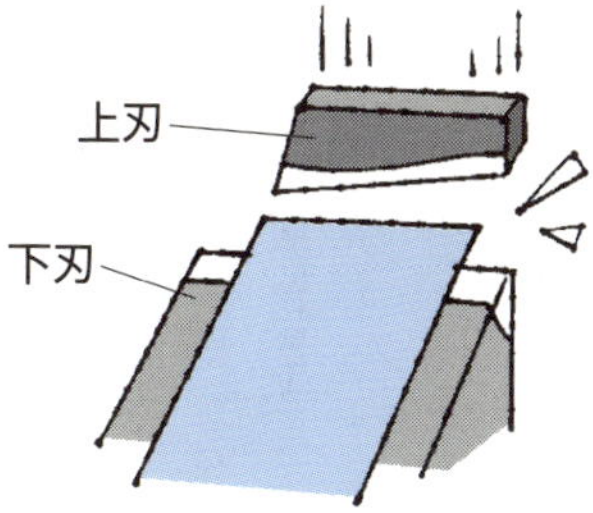

せん断加工

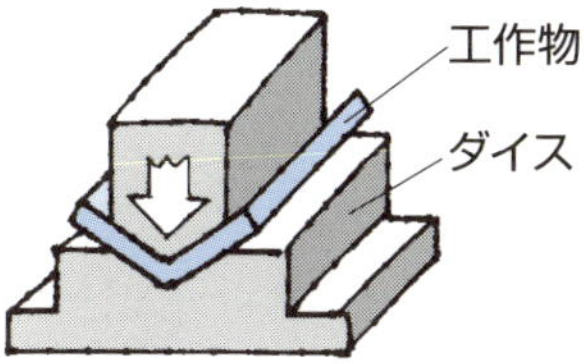

曲げ加工

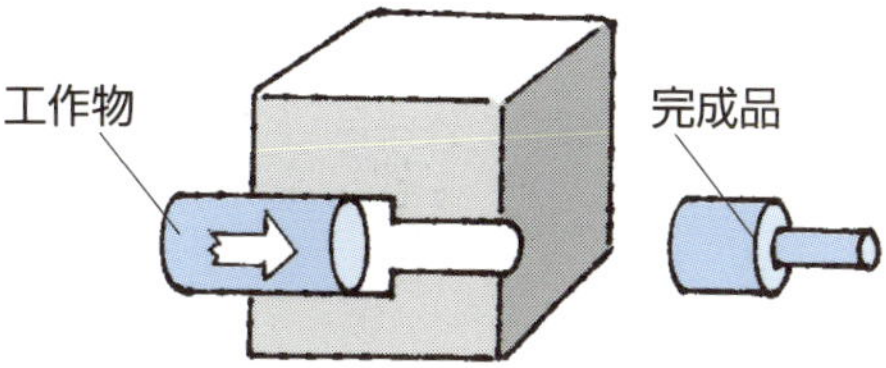

押出し加工

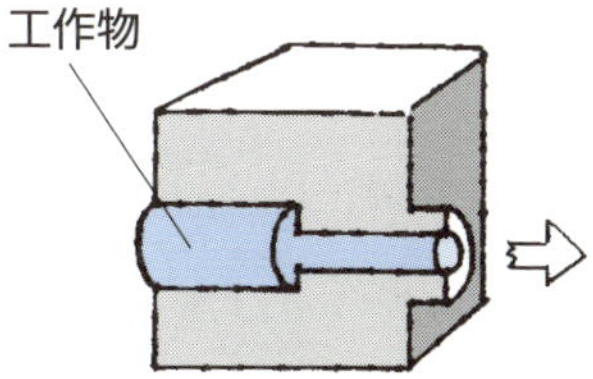

引抜き加工

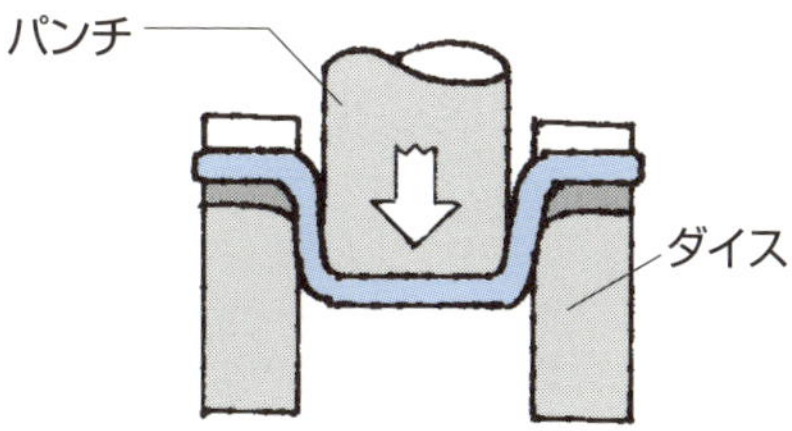

絞り加工

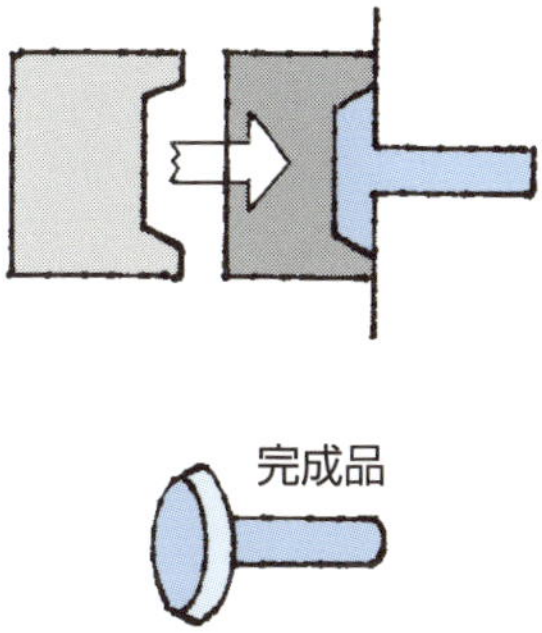

圧造

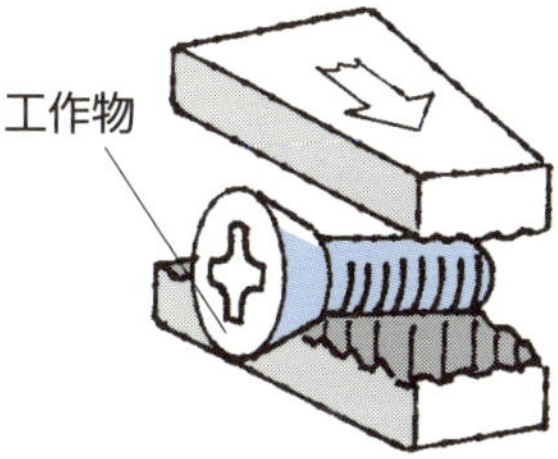

転造

52 冷間圧造で小ねじの頭部を成形

線材をたたいてねじ頭部を成形

小ねじの成形は線材の端部を押しつぶしてねじの頭部形状を加工することからはじまります。そのため、製造を開始する前には、数十メートルの長さでコイル状に巻かれた線材を用意します。圧造とは、ダイスと呼ばれる凹型の金型に金属線材を詰めて、パンチと呼ばれる凸型の金型で押しつぶすことで成形する加工法です。圧造には、常温で加工する冷間圧造と加熱してから加工する熱間圧造とがあります。

切削加工では加工後に元の材料より小さな製品ができあがりますが、圧造では材料を押しつぶすことで成形するため、元の材料より太い製品が成形されます。そのため、加工前の材料の寸法は成形後の寸法を想定してから材料の太さを選定する必要があります。

冷間圧造を行う工作機械のことをヘッダーを呼ぶことと関連して、この作業をヘッダー加工といいます。一般的な小ねじの成形は一度に大きな変形を与えると材料のひび割れなどが発生してしまうため、2段階で行われることが多く、これをダブルヘッダー加工といいます。

ダブルヘッダー加工では、まず最初に第1パンチが動いて線材を予備成形した後、第2パンチが動くことで再び線材を押しつぶし、仕上げ成形を行います。なお、頭部に十字穴のくぼみを成形したいときのパンチは十字穴が盛り上がった形状をしており、これを工作物の端部に押し当てることで十字穴の形状に加工します。

なお、ダブルヘッダー加工は、1個のダイスと2個のパンチで加工を行うため、1ダイス2ブロー（1D2B）と呼ばれることもあります。また、2ダイス2ブロー（2D2B）や3ダイス3ブロー（3D3B）など、複数のパンチとダイスを用いた加工法もあります。特に1種類の工作物を4回以上たたいて成形する、多段式ヘッダーをもつ圧造機械をホーマーと呼びます。

ここまでの段階では、工作物にねじの頭部形状が成形されますが、ねじ山はまだつくられていません。

要点BOX

- ●加工法によって元の線材を選ぶ
- ●ヘッダーとダブルヘッダー
- ●鍛造では元の材料より太い製品ができる

冷間圧造による小ねじ頭部の成形

ダブルヘッダー加工

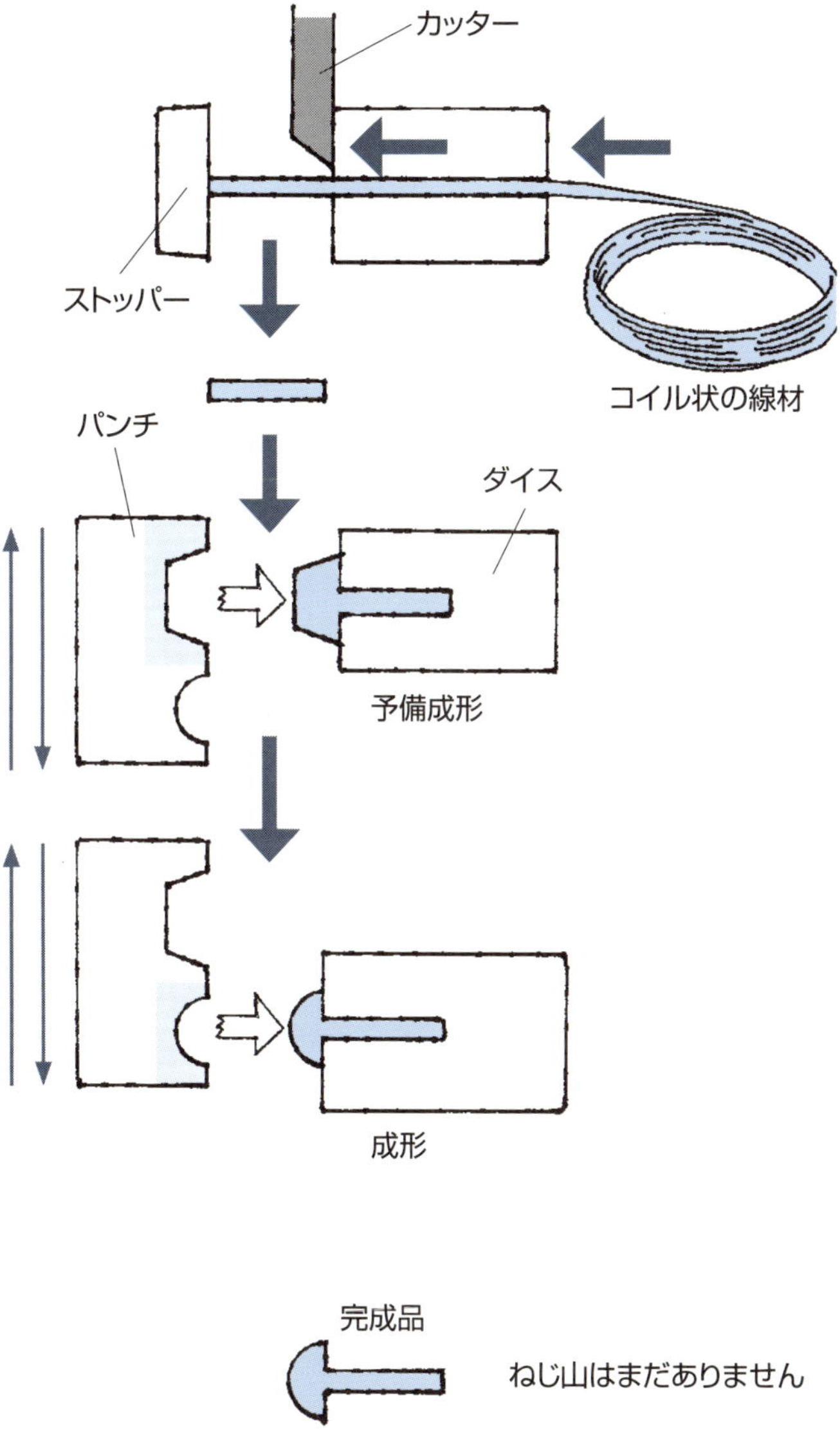

ダブルヘッダー加工は1個のダイスと2個のパンチで加工を行うため
1ダイス2ブロー（1D2B）とも呼ばれます。

53 平ダイスによる転造でねじ山を成形

工作物を平面状に転がしてねじ山を成形

圧造工程を終えた工作物は、ガラと呼ばれる六角形の回転できる容器に灯油とともに加えてから洗浄を行います。洗浄を終えた工作物は次に円筒形の遠心分離機に送られ、遠心力で灯油を振り切り、ねじ山を成形する転造工程に送られます。

転造は、ねじ山が刻んである転造ダイスの間に大きな力を加えながら工作物を転がすことでねじ山を成形する加工法です。塑性加工の一種である転造のメリットとして、切りくずを出さないことや加工時間が短いことと、工具が長寿命であること、安定した加工精度が得られること、などがあげられます。そのため、切削加工と比べて生産性が高く、大量生産に向いています。また、被加工面は研削されたダイスによって押しつぶされるため、表面の粗さが整えられるとともに、塑性変形によって被加工面が組成硬化し、強い強度を得ることができます。

小ねじの転造に多く用いられるのはダイスの加工面が平坦な平ダイスであり、平ダイス転造盤にセットして用いられます。平ダイスによる転造では、2枚1組になったダイスのうち、一方を固定したまま他方を往復運動させ、その間に工作物を送ることで、工作物がダイスに押しつけられながらねじ山の成形を行います。一度ダイスをセットすれば、加工は自動的に進められ、一般的な平ダイスによる小ねじの転造では1分間に数十本程度の生産能力があります。

なお、転造を行う前の工作物は平ダイスの手前で一列に並んでいます。圧造と洗浄を終えた段階での工作物は1つの容器にまとめられているだけでしたが、どのようにして一列に並べたのでしょうか。もちろん、人手で並べているわけではありません。平ダイスに送られる前にパーツフィーダと呼ばれる装置があり、ここではランダムに置かれた複数の工作物に微小な振動を加えながら容器をゆっくり回転させることで、自動的に整列させて平ダイスに供給しているのです。

要点BOX

- ●圧造工程を終えた工作物は洗浄される
- ●ねじ山は平ダイスで加工される
- ●ねじはパーツフィーダで整列、平ダイスに送る

平ダイスによる小ねじの転造

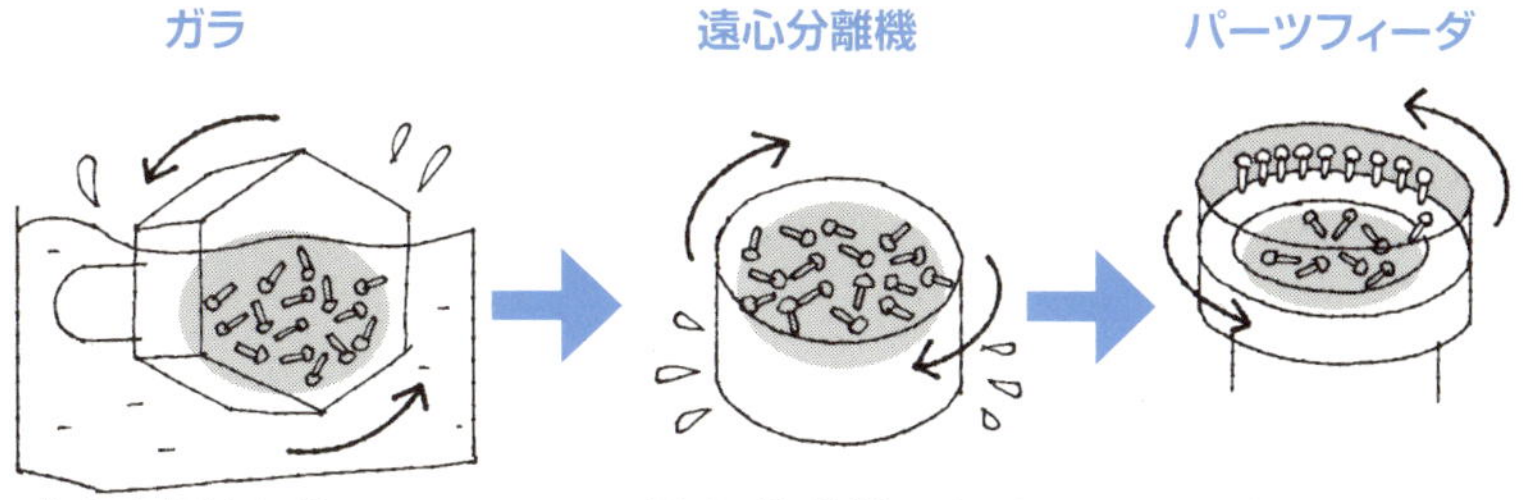

工作物と灯油をガラの中で回転させて洗浄する

遠心分離機で灯油を振り切る

ランダムに投入された工作物を細かい振動で一列に並べる

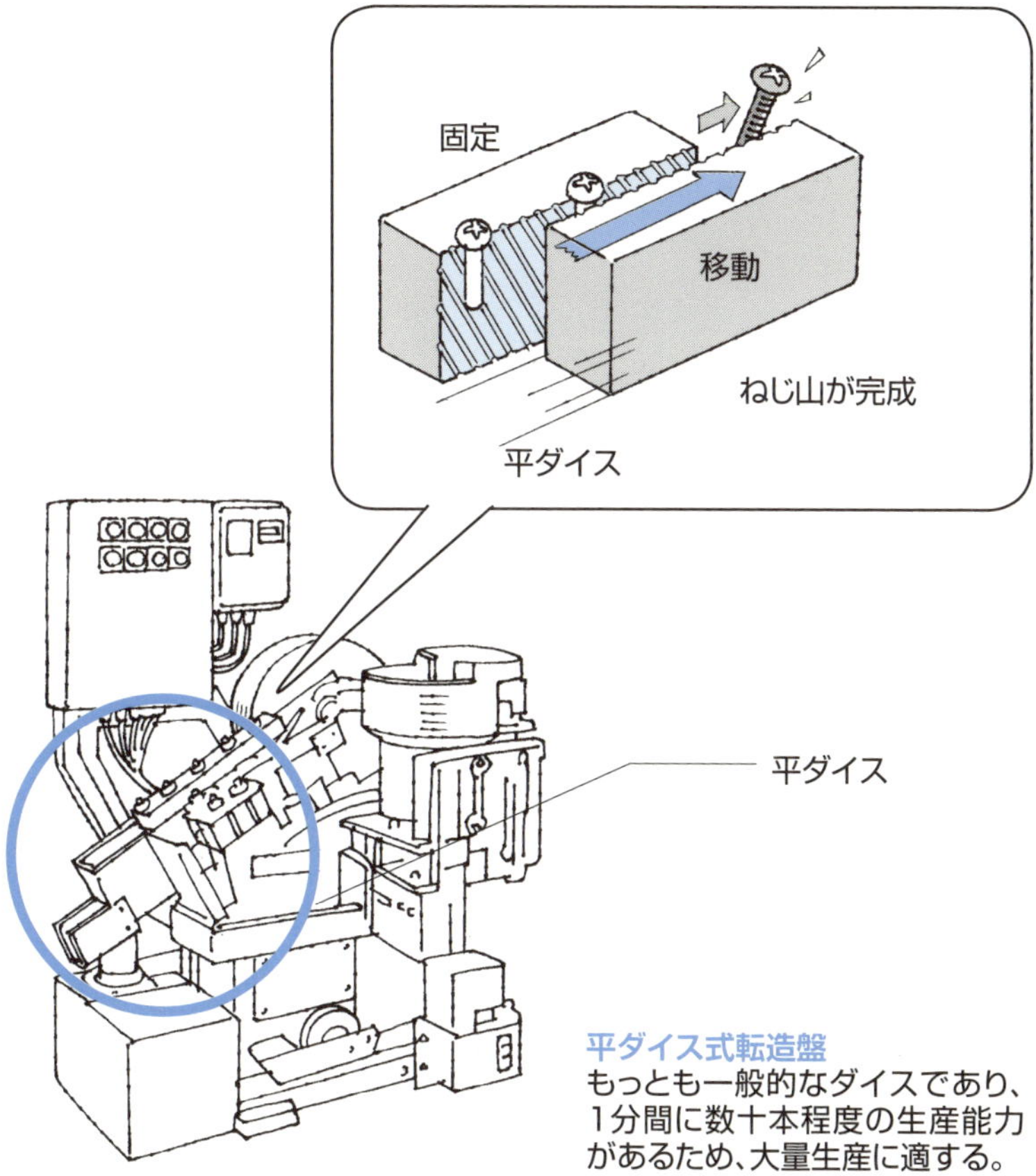

平ダイス式転造盤
もっとも一般的なダイスであり、1分間に数十本程度の生産能力があるため、大量生産に適する。

54 熱間圧造で六角ボルトの頭部を成形

棒材を加熱してからねじ頭部を成形

ねじの直径が数十ミリ以上あるような太径のボルトは、工作物を加熱してから頭部を圧造する熱間圧造により成形されます。なお、金属を加熱して叩きながら成形する加工は鍛造とも呼ばれるため、熱間鍛造ということもあります。

小ねじの成形ではコイル状に巻かれている線材を準備しましたが、太いボルトの場合には必要な長さに切断した棒材を準備します。ここで準備した棒材は、鍛造したい端部を中心として電気炉や重油炉などで適切な温度になるまで加熱します。適切な温度まで加熱されて橙色に輝いた棒材は熱間圧造を行うプレス機に送られ、ここでパンチが作動します。通常は予備成形と仕上工程で棒材を2回程度叩いて頭部の成形を行います。なお、頭部を六角形に成形するときには六角形のくぼみがあるパンチが用いられます。

熱間圧造は冷間圧造より大きな変形が可能ですが、仕上げ精度では劣ります。そのため、熱間圧造の後には旋盤による切削加工で円筒部分を仕上げたり、フライス盤による切削加工で六角ボルトの平面部分を仕上げたりします。また、熱間圧造では材料の内部に残ったひずみを取り除くために焼きなましなどの熱処理を施します。

なお、六角ボルトの頭部の成形はパンチで押しつける方法のほか、頭部を打ち抜いてつば部をとる打抜加工による方法もあります。このとき、打ち抜かれた部品は花びらのような形状をしています。また、六角穴付きボルトの穴の成形方法には、パンチを押しつけて成形する方法や棒状の軸に多数の円刃が配列されているブローチと呼ばれる切削工具を用いる方法などがあります。

一般的には冷間圧造と熱間圧造のどちらでも成形できる場合には、加熱のコストがかからず、精度や強度の面でも優れる冷間圧造が用いられることが多いです。

要点BOX

●太径のボルトは熱間圧造される
●六角の頭部は六角のくぼみのあるパンチで
●焼なましで内部ひずみをとる

熱間圧造による六角ボルトの成形

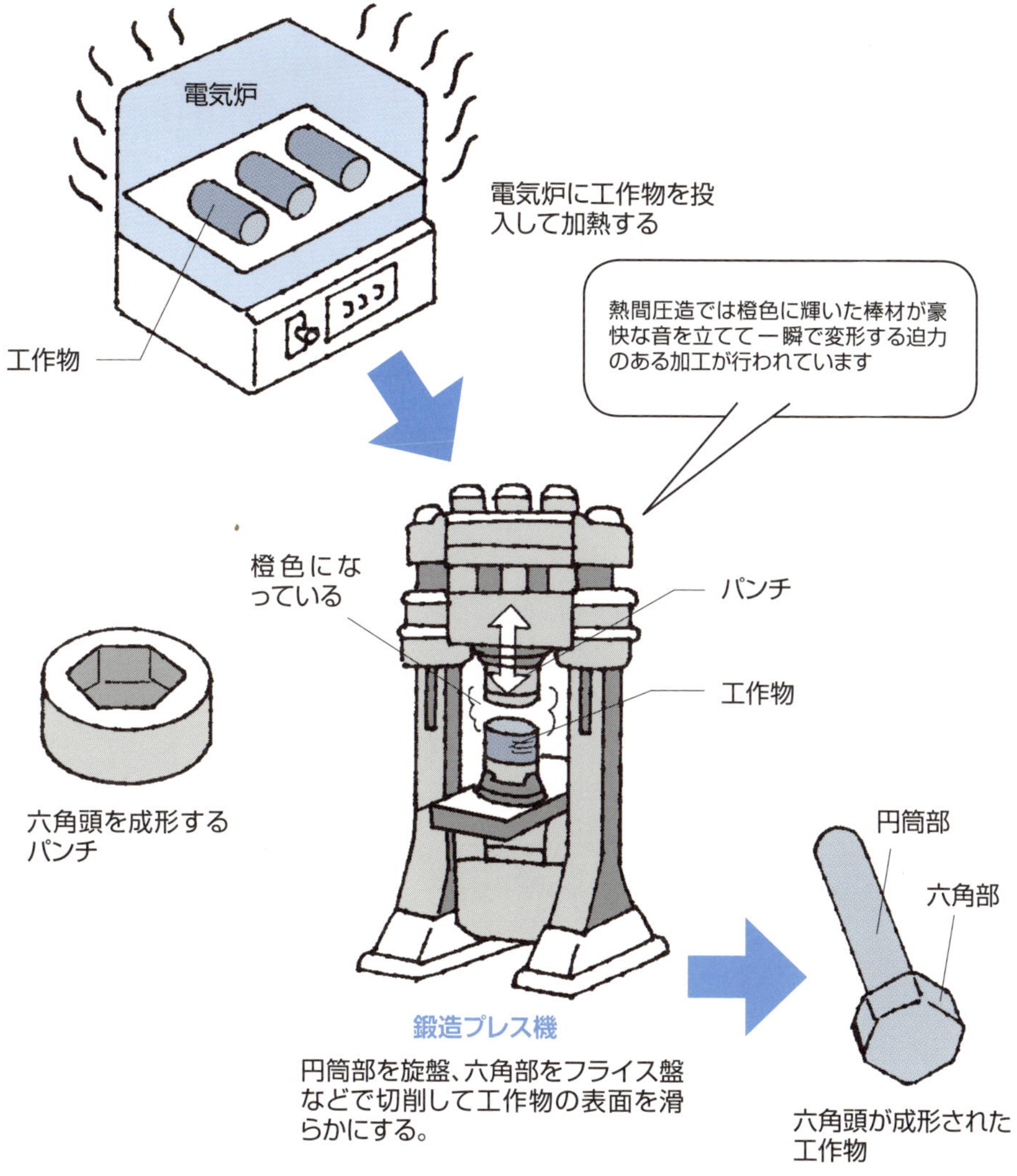
電気炉
電気炉に工作物を投入して加熱する
工作物
熱間圧造では橙色に輝いた棒材が豪快な音を立てて一瞬で変形する迫力のある加工が行われています
橙色になっている
パンチ
工作物
六角頭を成形するパンチ
鍛造プレス機
円筒部を旋盤、六角部をフライス盤などで切削して工作物の表面を滑らかにする。
円筒部
六角部
六角頭が成形された工作物

熱間圧造は工作物を加熱するためのコストがかかり、精度面でも冷間圧造に劣るため、主に太いボルトの製造に用いられる。

55 丸ダイスによる転造でねじ山を成形

工作物を丸ダイスの間で転がしてねじ山を成形

熱間圧造でねじの頭部形状などを成形し、切削加工などで寸法精度を整えたら、ねじ山を加工する転造に入ります。小ねじの転造には平ダイスが用いられますが、太径のボルトの転造には丸ダイスやセグメントダイスが用いられます。

丸ダイスは同一形状の2個または3個の丸いダイスを丸ダイス転造盤に取り付け、それぞれのダイスを同じ方向へ、同じ速度で回転させながら加工を行います。ダイスが回転することで加工面を長く延長することができることや、ダイス間の距離を自由に変更できるなどの特長があります。丸ダイスはねじの転造以外にも、工作物の表面につまみ用などのギザギザ模様をつける平目やアヤ目などローレット模様をつけることができるなど、加工の応用性に優れています。ただし、平ダイスなどに比べると生産能力はやや劣ります。また、丸ダイスは加工したいねじの直径やピッチの大きさに応じて交換しなければなりません。そのため、さまざまなねじ山のねじを製造するためには多種類の丸ダイスを用意しておく必要があります。

セグメントダイスは固定された丸ダイスの回りを回転させることで加工を行う方式です。工作物はセグメントダイスの一端から挿入されてダイス間を遊星運動間に加工が行われ、他端から排出されます。そのため、プラネタリ式とも呼ばれます。加工中にダイス間距離の変更ができないなど、加工の応用性はありませんが、平ダイスや丸ダイスよりも最も高い生産能力を持つため、汎用ねじの大量生産の現場で用いられています。

ねじの転造のほとんどは常温で加工されるため、ヘッダー加工と同様にねじ山部分のファイバーの流れを切断しません。また、ねじ山はダイスで押し付けられるため、特にねじの谷底が加工硬化され、仕上げ面も滑らかに仕上がります。切削ねじに比べて強度が高く、均一な製品を生産できるなどの特長があります。

要点BOX

- 太径は丸ダイスやセグメントダイスで
- 種類に応じて丸ダイスは用意
- セグメントダイスは生産性が高い

丸ダイスによるボルトの転造

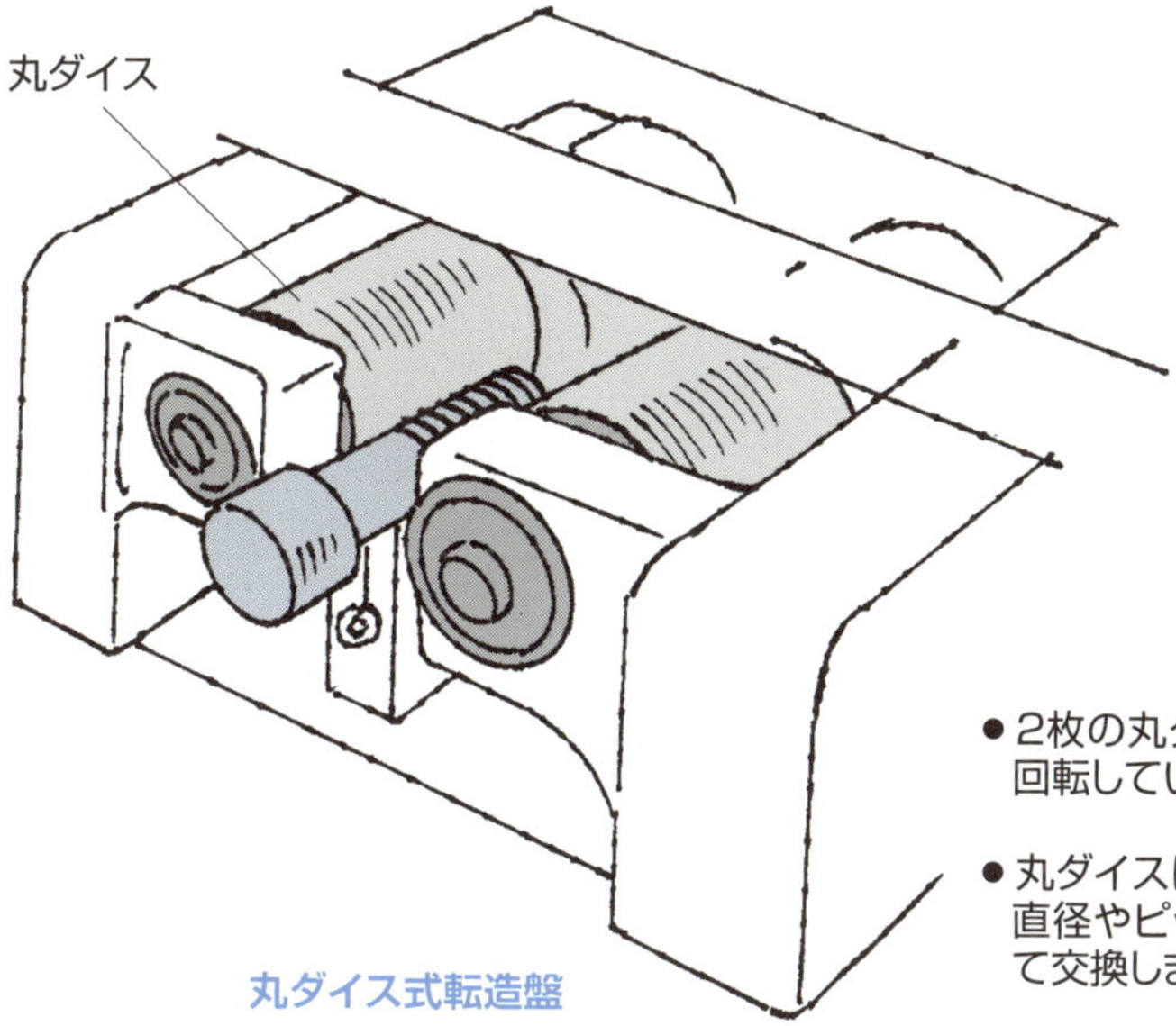

丸ダイス式転造盤

- 2枚の丸ダイスは同じ方向に回転しています
- 丸ダイスは加工したいねじの直径やピッチの大きさに応じて交換します

セグメントダイス

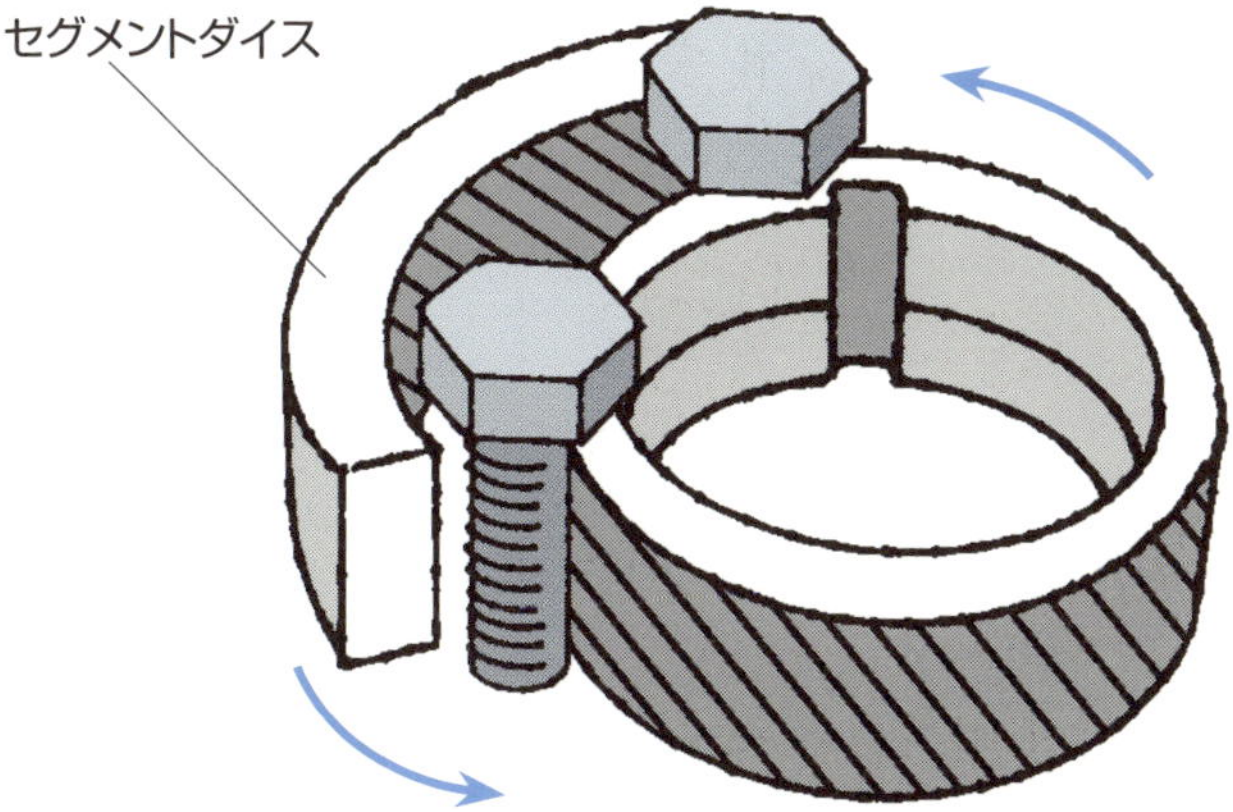

セグメントダイス

56 ナットの圧造加工も冷間や熱間で

まずは線材にナットブランクをつくる

ボルトと同じようにナットにも冷間圧造や熱間圧造があり、ナットの外形やねじ山を成形する前のナットブランクが成形されます。

M10以下程度のナットの成形は冷間圧造で行われることが多く、コイル状の線材はナットホーマと呼ばれる多段式の自動プレス機が用いられます。この中にあるパンチとダイスで何度かプレスされることで、中心部にめねじを切るための穴であるナットブランクを成形します。線材の断面が丸いものではなく、六角形の断面である六角線を使用すれば、プレスの段数を減らすことができるため、効率的に加工ができます。

M20～M30程度の大きな変形が必要な太径ナットの成形は熱間圧造で行われることが多く、加熱された棒材は熱間多段プレスでナットブランクを成形します。

圧造加工を終えた工作物のナットブランクにめねじを成形するのが次の工程です。大量生産の場面では、ナットのめねじ立てに自動ねじ立て盤が用いられます。ホッパーから一つずつ送られてきた工作物は90度に曲げられた部分があるベントタップにナットブランクを通すことで、連続的にめねじが成形されます。ベントタップには手仕上げで用いた3種類のタップが1本にまとめられたように先端から先タップ、中タップ、仕上げタップの3段階に分かれており、一度通すだけで仕上げ工程まで完了します。

それほど大量生産が求められないような場面では、ドリルによる穴あけを行うボール盤にめねじ切り機構をもたせたタッピングボール盤が便利です。右ねじ切りか左ねじ切りのレバーを操作することで、ねじ立てが所定の位置に達したとき、チャックが瞬時に逆転するので、それに合わせてハンドルを軽く上に戻すことでめねじ切りができます。

なお、めねじの場合には転造が難しいため転造ダイスのような工具でめねじを切る機械はありませんが、切りくずを出さない転造タップは存在します。

要点BOX

- ●ねじ山成形前にナットブランクを成形
- ●ナットブランクは冷間鍛造で
- ●M20～M30の大形は熱間圧造で

ナットの圧造加工

六角ナットの製造法

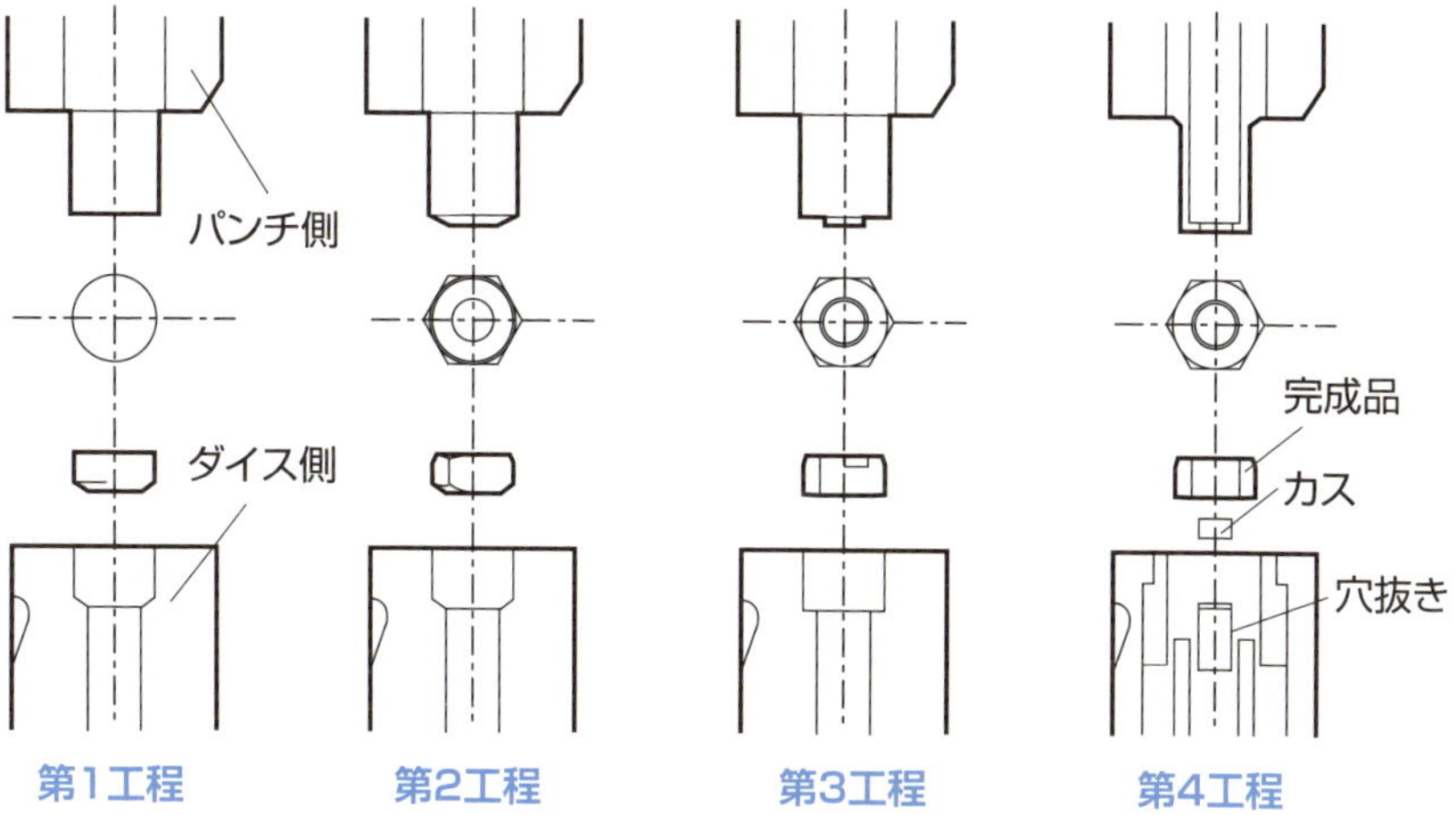

ナットホーマと呼ばれる多段式の自動プレス機でナットブランクを成形します。

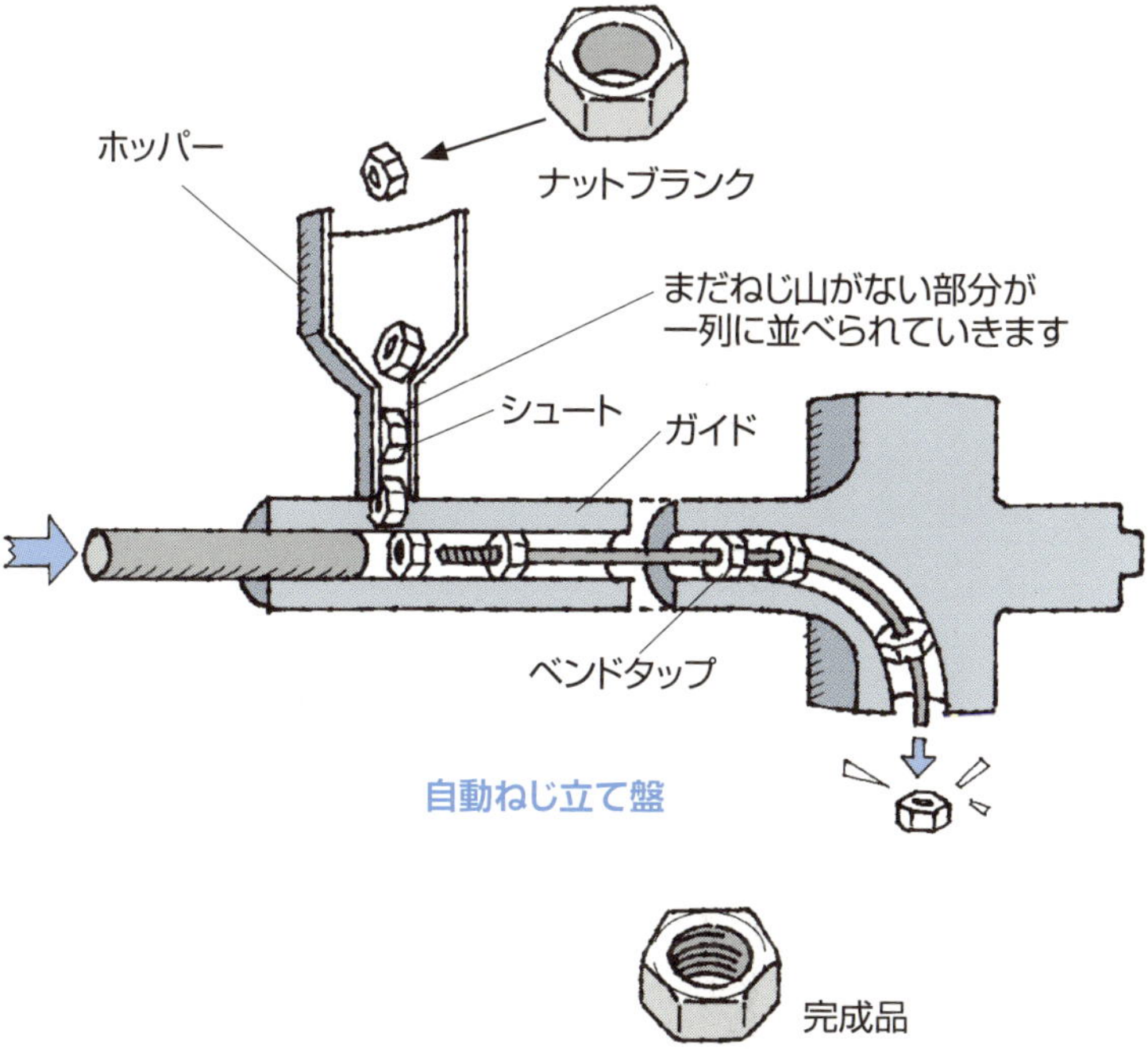

自動ねじ立て盤

57 ボルトの表面欠陥のいろいろ

ねじの不良品のチェックポイントは

ねじの製造工程では、さまざまな表面欠陥が発生します。そのため、ＪＩＳでは呼び径が５㎜以上、強度区分が10・9以下のねじに関して、各種の表面欠陥に対する許容限界を規定しています。

焼割れは、鍛造もしくはほかの成形工程での鍛造割れ、または熱処理の間に金属が過大な応力を受けることによって発生します。割れは結晶粒界に沿う、または横切るきれいな破壊であり、介在物に沿って進むこともあります。

鍛造による割れは、ボルトおよびねじの頭部頂面上などに発生する鍛造割れや、頭部側面もしくは角部などに発生する鍛造裂けきず、円形の頭またはフランジ付き頭をもつ外周にしばしば発生するせん断裂けきずなどがあります。鍛造割れはねじの呼び径に対して、どのくらいまで許されるかという許容限界がそれぞれ規定されています。過度の熱応力および熱処理時に発生する焼割れは、通常ねじ部品の表面を不規則な経路で進行します。焼割れはいかなる深さ、いかなる長さ、でも許容されません。

素材のすじきずおよび重なりは、ねじ部や軸部、または頭部を軸方向に走る細くて直線、または曲線状の欠陥です。その許容長さに関しては、ねじ呼び径の０・03倍を超えてはならないという許容限界が規定されています。

鍛造または材料を長さ方向に圧縮してその長さの一部または全部の断面を大きくする据え込み時に、金属が充満しきれなかったことによって発生するボルトおよびねじの表面の浅い穴またはへこみのことをくぼみと呼びます。くぼみの許容深さは、ねじの呼び径の０・02倍を超えてはならず、最大０・０２５㎜までという許容限界が規定されています。

鍛造時にねじ部品の表面に生じる金属の重なりのことをしわと呼びます。座面またはそれより下部の凹角部のしわは許容されません。

要点BOX

- ●ボルトの表面欠陥
- ●焼割れ、鍛造割れ、鍛造裂けきず
- ●許容限界が規定されている

ボルトの表面欠陥のいろいろ

焼割れ

過度の熱応力などによって焼入れ時に発生し、通常はねじ部品の表面を不規則な経路で進行します。

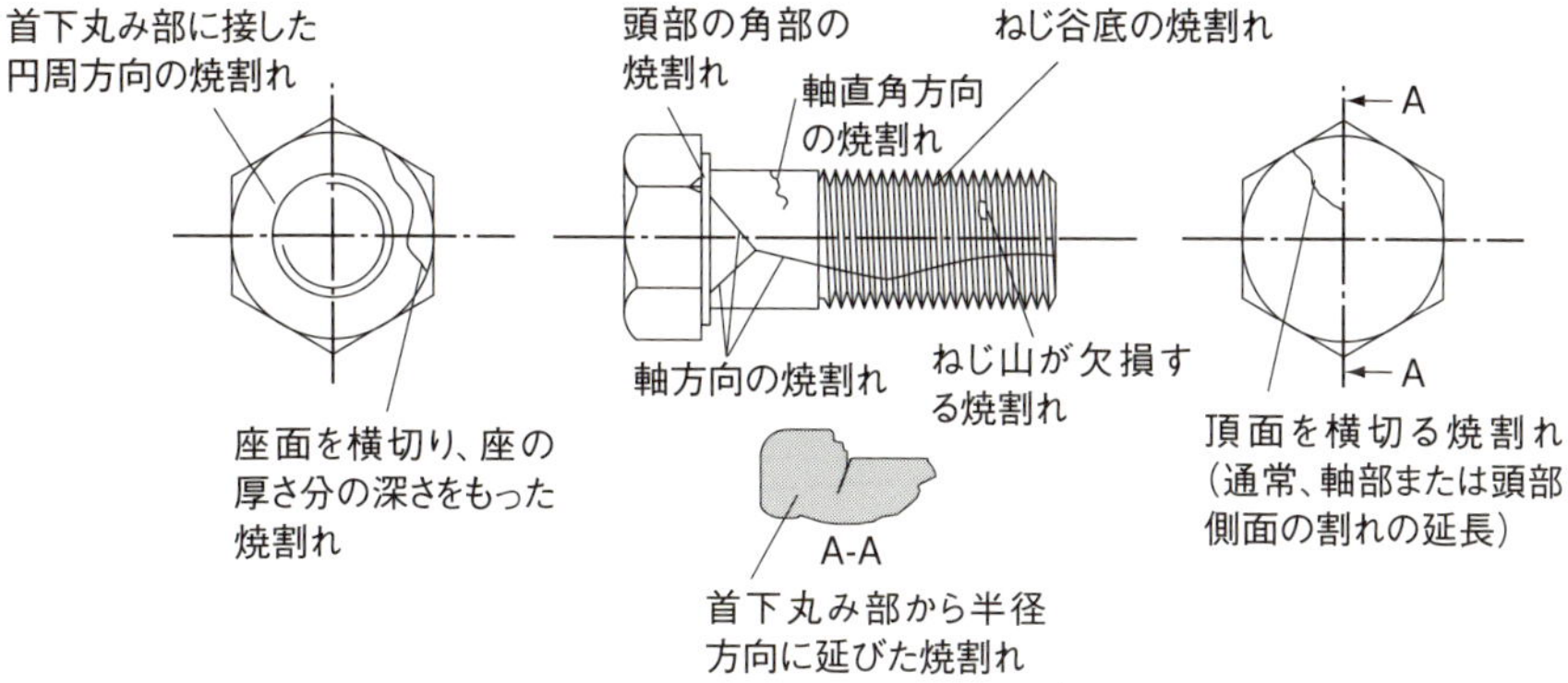

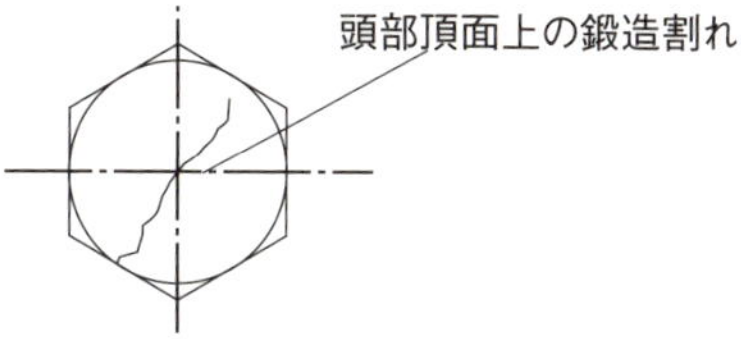

鍛造割れ

鍛造時に発生し、ボルトおよびねじの頭部頂面、並びにへこみ付きの頭の外周の盛上がり部に位置します。

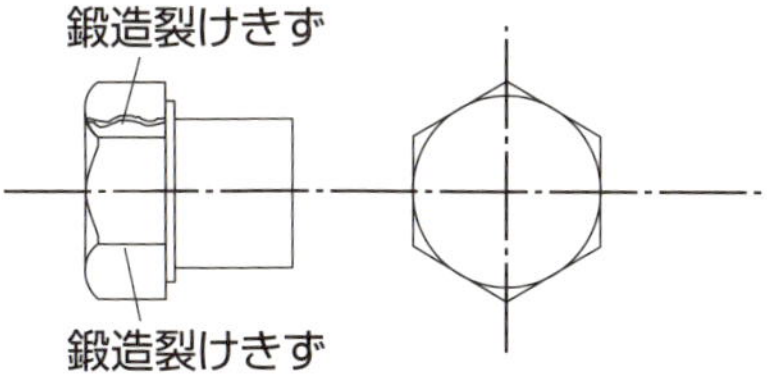

鍛造裂けきず

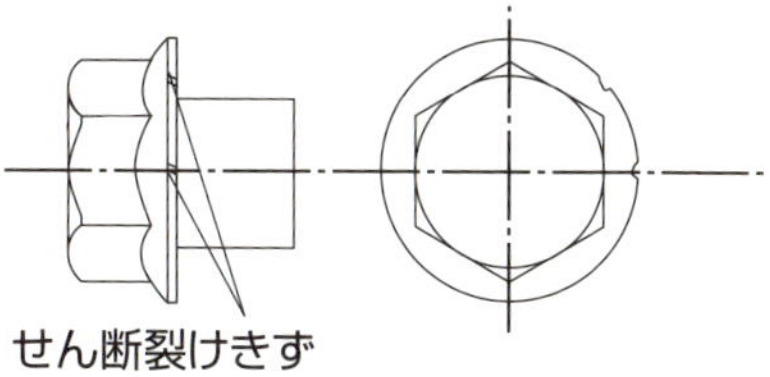

せん断裂けきず

素材の重なりまたはすじきず

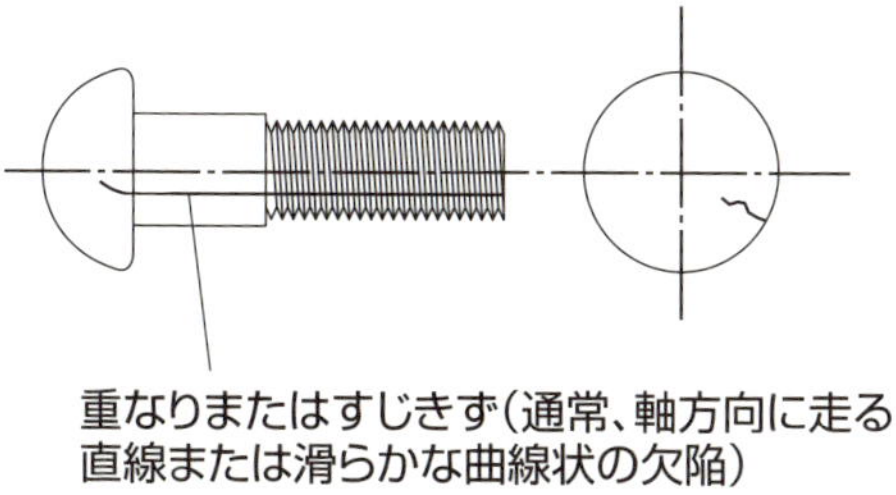

58 製図によるねじの表し方

ねじを製図で表すための決まり事

製図は機械や建築物などをつくるにあたって、その物の形を詳細に示すために描かれるものであり、設計者と製作者が異なる場合、製図は設計の意図を伝えるために極めて重要な情報です。そのため、製図を行うときの決まりはＪＩＳによって規格化されており、線の種類や描き方などが規定されています。ねじの製図に関しては、ねじのピッチやねじ山の形状をいちいち厳密に描く必要がないように表記法が定められています。

ねじの外観および断面図は、側面から見た状態のねじに関して、ねじの頂（通常はおねじの外径、およびめねじの内径を指す）を太い実線で、ねじの谷底を細い実線で示します。このとき、ねじの山の頂と谷底を表す線の間隔はねじ山の高さとできるだけ等しく描きます。

ねじの端面から見た図において、ねじの谷底は細い実線で描いた円周の4分の3にほぼ等しい円の一部で表し、できるだけ右上方に4分の1の円をあけます。

隠れたねじを示すことが必要な場所では、山の頂および谷径は細い破線で表します。

ねじには山の頂と谷底の形状が両方とも完全な山形になっている完全ねじ部と、ねじの加工工具の面取り部または食い付きのなどによって作られた山形が不完全な不完全ねじ部とがあります。不完全ねじ部は傾斜した細い実線で表します。

一般にねじ部品の種類およびその寸法はねじの種類と呼び径またはサイズなどを、たとえばＭ８×40のように表します。必要な場合には、この後にリードやピッチ、公差等級などを追加して記入します。

寸法記入の位置に関しては、ねじの呼び径は、常におねじの山の頂、またはめねじの谷底に対して記入します。不完全ねじ部がある場合、かつ、そのために明確に図示する場合以外には、ねじ部の長さの寸法は一般にねじ部長さに対して記入します。

要点BOX

- 製図の決まりはJISで規格化されている
- ねじの頂は太い実線、谷底は細い実線
- 不完全ねじ部分は傾斜した細い実線で

製図によるねじの表し方

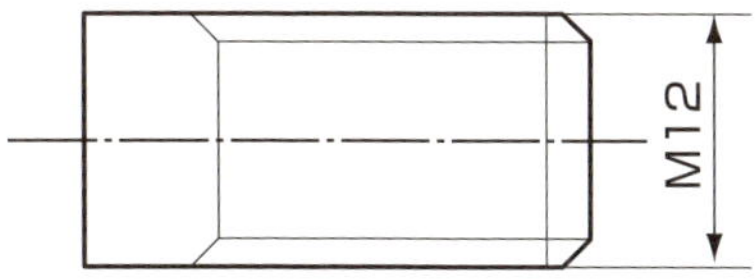

おねじは山の頂を表す線から
寸法補助線を出す

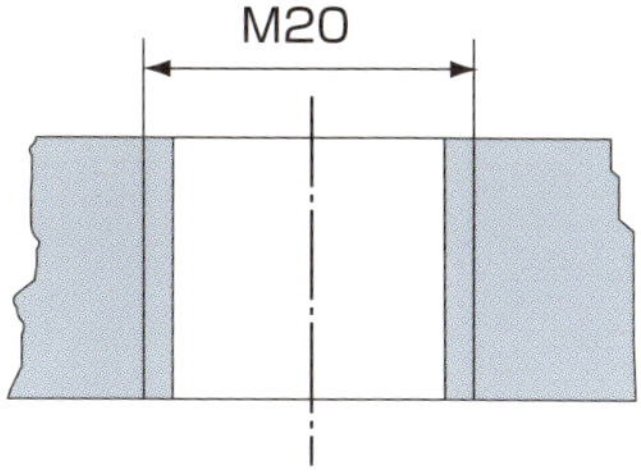

めねじは谷底を表す線から
寸法補助線を出す

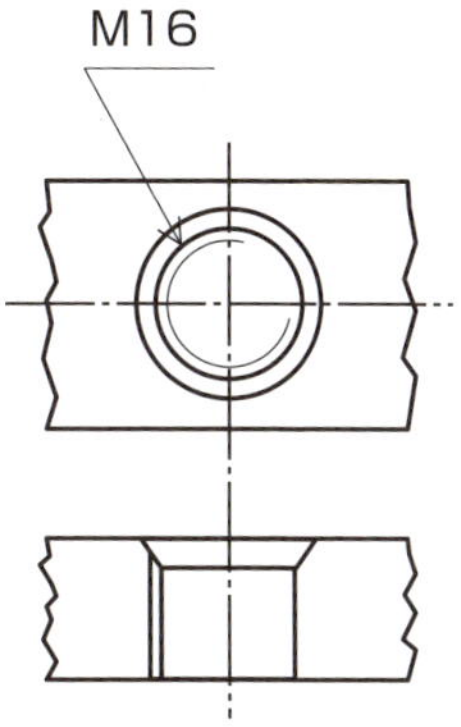

面取りのある場合はねじ
を示す矢印の位置を明確
にする

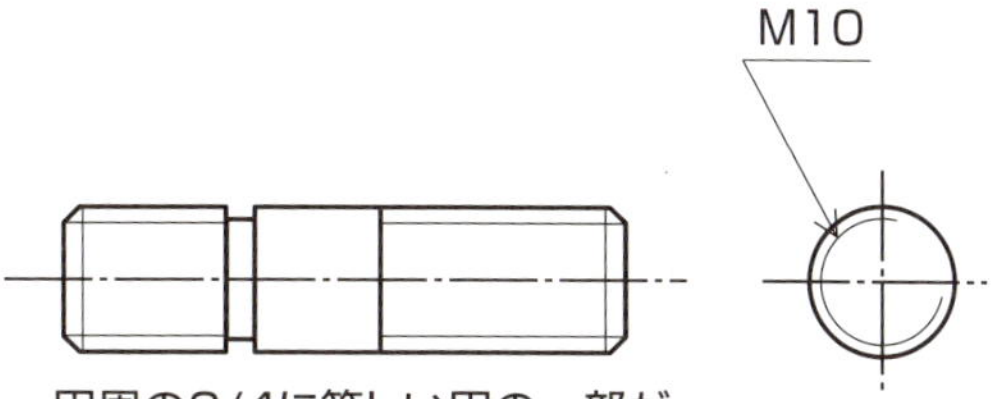

円周の3/4に等しい円の一部が
おねじの谷底を表す

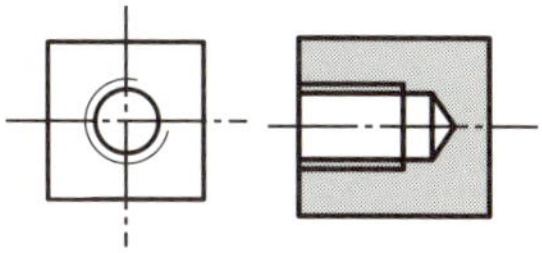

隠れたねじは谷底を細い
破線で表す

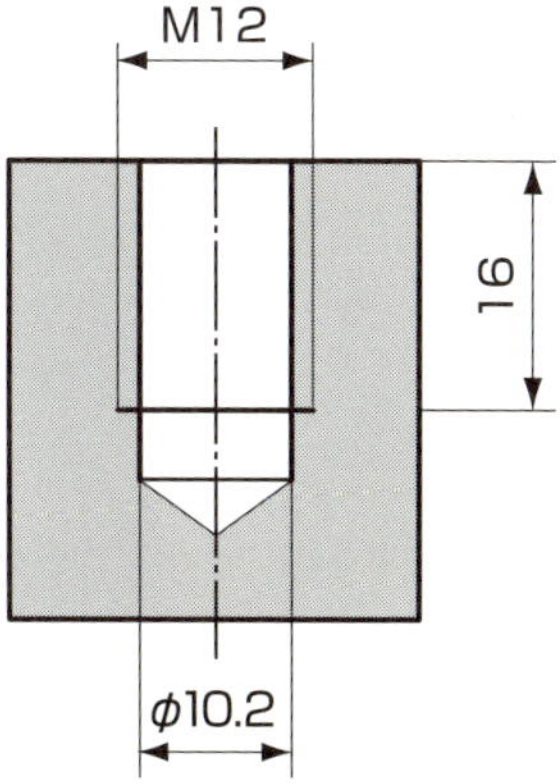

ねじの長さの寸法は一般に必要ですが
止まり穴深さは、通常、省略してもよい

Column

カレイナットとインサートナット

　厚さ数ミリの薄板にめねじを切ってボルトで締結しようとしても、薄板の場合には2~3山程度のめねじしか切れないようなことがあります。そのような場合には、ナットの片側にある首下に施されたナール部が圧入後、母材に固定される高い取付強度が得られるカレイナットが用いられます。

　カレイナットを用いることで、板厚が0・6㎜以上の母材に対して確実にナットを取り付けることができます。また、鉄板だけでなく、溶接に不向きなアルミニウムやステンレスにも圧入方式でナットを取り付けることができます。ナットの反対側は平坦のままであり、表面処理後でも取付け可能です。

　インサートナットは軽合金やプラスチックなど強度の低い材料にナットのはたらきをする部品を挿入して利用するものであり、締結部分の強度を向上させることができます。

　ヘリサートはナットのはたらきをする部品であり、下穴加工をしてタップ作業をした後に挿入して用います。

　エンザートはヘリサートのようなタップ作業をすることなく、そのままねじ込んで取り付けることができるため、ヘリサートより作業性はよいです。ただし、ヘリサートよりも大きな下穴が必要となります。

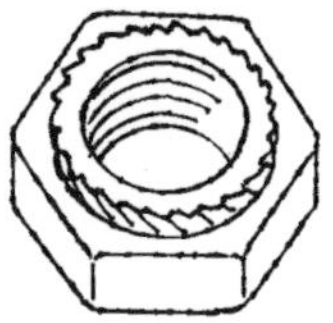
カレイナット

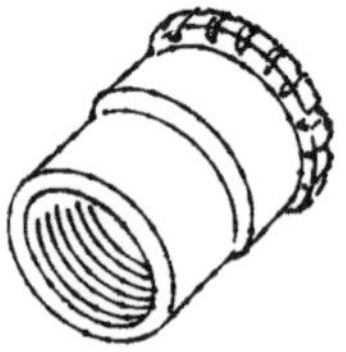
インサートナット

ヘリサートナット

第6章

ねじの材料と表面処理

59 ねじ材料の基本はやはり鉄鋼材料

ねじの材料に求められるのは圧造しやすさ

ねじに用いられる材料の多くは安価で入手が容易であり、強度や粘り強さを兼ね備えた鉄鋼材料です。代表的な鉄鋼材料は、引張強度の最低保証値を示した一般構造用圧延鋼材（ＳＳ材）とＳＳ材より高級で信頼性のある炭素含有量などを規定した機械構造用炭素鋼（Ｓ-Ｃ材）です。例えば、ＳＳ４００とは引張強度の最低保証値が４００Ｎ／㎟であること、Ｓ４５Ｃは炭素含有量が０・45%であることを意味しています。

冷間圧造で製造されるねじの代表的な材料は、冷間圧造用炭素鋼線です。ＪＩＳ記号ではＳＷＣＨで表され、小ねじ、ボルト、ナット、タッピンねじなどの多くはこの材料から作られています。なお、製鋼メーカーでＳＷＣＨを製造する元材料をＳＷＲＣＨといいます。より大きな強度が必要なボルトやナットにはＳ４５Ｃなどの機械構造用炭素鋼が用いられます。さらに強度が必要な六角穴付きボルトなどには、機械構造用炭素鋼にニッケル（Ni）、クロム（Cr）、モリブデン（Mo）などを添加した合金鋼である機械構造用合金鋼が用いられます。ニッケルクロム鋼はＳＮＣ、クロムモリブデン鋼はＳＣＭ、ニッケルクロムモリブデン鋼鋼材はＳＮＣＭ、４００℃程度まで強度が低下しない高温用合金鋼ボルト材はＳＮＢで表されます。

耐食性に優れた耐食鋼の代表がステンレス鋼です。13%程度のクロムを含むマルテンサイト系ステンレス鋼は高強度で耐摩耗性に優れますが耐食性は劣ります。代表的な型番はＳＵＳ４１０であり、タッピンねじ類に広く使用されています。18%程度のクロムを含むフェライト系ステンレス鋼は耐食性と圧造性に優れますが耐摩耗性はやや劣ります。代表的な型番はＳＵＳ４３０であり、一般的な小ねじ類に使用されています。18%程度のクロムと8%程度のニッケルを含むオーステナイト系ステンレス鋼は特に耐食性に優れています。

要点BOX

- ねじ材料は安価で入手容易な鉄鋼材料
- 冷間圧造用では冷間圧造用炭素鋼線
- 耐食性に優れたステンレス鋼

ねじの材料〜鉄鋼材料

SS材(一般構造用圧延鋼材)

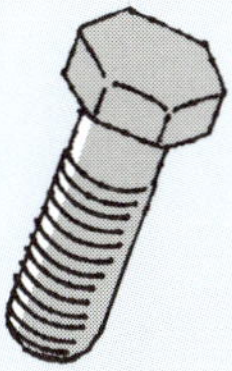

〔例〕SS400
引張強さの最低保証値が400 N/mm^{2}である

S-C材(機械構造用炭素鋼)
➡一般的なボルト・ナットに使用

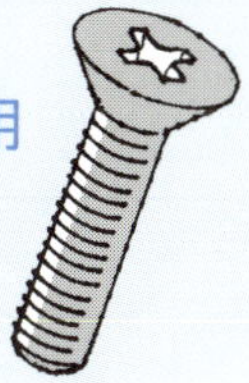

〔例〕S45C
炭素含有量が0.45%

SWCH材(冷間圧造用炭素鋼線)
➡一般的な小ねじ、タッピンねじに使用

〔例〕SWCH10
炭素含有量が0.10%

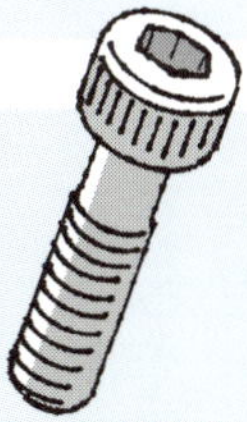

SCM材(クロムモリブデン鋼)
➡より強度が必要な六角穴付きボルトなどに使用

〔例〕SCM430
クロム含有量が0.28〜0.33%、モリブデン含有量が0.60〜0.90%

SUS材(ステンレス鋼)
➡耐食性に優れる

〔例〕SUS410、SUS430
炭素含有量が0.15%以下、クロム含有量が17〜19%など

60 銅材料のねじの用途は

黄銅は金以外で唯一の金色を出せる合金

銅は耐食性、電気伝導性、熱伝導性、展延性に優れた、赤褐色の光沢を放つ非磁性の材料です。しかし、引張強さなどの機械的強度では鉄鋼材料より劣るため構造材料には向きません。

りん脱酸銅であるＣ１２２０は銅（Cu）にスズ（Sn）と少量のリン（P）を加えた合金であり、機械的強度が大きく、耐食性や耐摩耗性に優れ、非磁性という特長があります。そのため、特に粘り強さを必要とする電子機器や半導体製造装置などのねじに用いられています。

無酸素銅であるＣ１０２０は、酸化物を含まない99・９９５%の高純度銅であり、電気や熱の伝導性に優れているため、オーディオ機器や電子機器のねじなどに用いられています。

タフピッチ銅は酸素を多少含んだ純度99・5%程度の銅であり、広く導電用材料として用いられています。りん脱酸銅であるＣ１２２０は溶解中に吸収した酸素をりんを用いて除去した純度99・90%以上の銅です。タフピッチ銅より導電率は劣ります。

黄銅は銅（Cu）と亜鉛（Zn）の合金である代表的な銅合金であり、真鍮《しんちゅう》とも呼ばれます。導電性に優れているため、電気機器や端子などの電気部品として使用されています。また、展延性、加工性、耐食性、めっき性などにも優れています。さらに金色の高級感を生かして、家具などの装飾部品やオーディオ部品などの小ねじに用いられています。

黄銅の中でも鉛（Pb）を1～4%添加した快削黄銅であるＣ３６０４は切りくずの破断が容易であり、被削性が特に優れているため、小ねじに使用されています。

なお近年は環境問題に対応して鉛の含有量を０・1%以下に抑え、耐食性も大幅に向上させた新合金である鉛レス黄銅も注目されています。

要点BOX
- ●銅材料のいろいろ
- ●銅材料の特長と用途
- ●導電性に優れ、電気機器に多用

ねじの材料～銅材料

銅は、耐食性、電気伝導性、熱伝導性などに優れた赤褐色の光沢を放つ金属です。

●純銅

無酸素銅(C1020)
タフピッチ銅(C1100)
りん脱酸銅(C1220)…非磁性

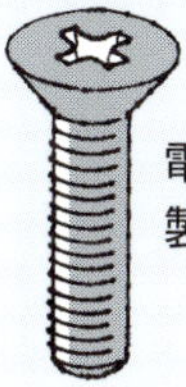

電子機器や半導体製造装置など

●黄銅

亜鉛を20%以上含んだ金色の光沢を放つ金属であり、加工性に優れています。

七三黄銅(C2600)…銅を約70%含む
六四黄銅(C2801)…銅を約60%含む
快削黄銅(C3604)…鉛を1.8%～3.7%含む

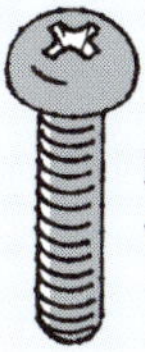

家具などの装飾部品やオーディオ部品

➡近年、環境に配慮した鉛レス快削黄銅も登場しています。

半導体製造装置では非磁性が求められます

アンティーク家具などに用いられます

61 アルミニウムとチタンのねじの将来性は

強度か、軽さか、さびにくさか

アルミニウムは密度が鉄の約3分の1と軽量、電気伝導性や熱伝導性にも優れており、加工しやすい銀白色の光沢を放つ金属です。一般的に、鉄鋼材料をアルミニウム材料に置き換えることで軽量化を進めることができます。製品に数十本のねじが用いられている場合などには、ねじ一本の軽量化が全体の軽量化に役立つことがあります。現状ではまだアルミニウムのねじは航空機関係や医療関係などの一部で用いられている程度ですが、今後の普及が注目される材料です。次にアルミニウムのねじに用いられつつある代表的なアルミニウム合金を紹介しておきます。

Al-Cu系合金にはジュラルミン（Ａ２０１７）や超ジュラルミン（Ａ２０２４）などがあり、適切な熱処理を施すことで、その引張強さは鋼材に匹敵します。しかし、銅（Cu）を含んでいるため耐食性に劣ります。

Al-Mg系合金にはＡ５００５やＡ５０５２などがあります。中程度の強度ながらも耐食性や耐海水性に優れ、加工性もよいため、幅広く用いられています。

Al-Zn-Mg系合金には超々ジュラルミン（Ａ７０７５）です。最大の強度があるアルミニウム合金であり、航空機部品などに用いられています。

チタンは耐食性や耐熱性に優れ、密度が鉄の約3分の2と軽量である銀灰色の金属です。航空宇宙関係や火力・原子力、土木・建築、海洋開発、マリンスポーツなどに用いられています。現状では加工が難しく高価であるため、チタンのねじはまだそれほど普及していませんが、チタン自体は今後普及が期待される材料であるため、チタンのねじも増えてくる可能性はあります。

チタンは純チタンとチタン合金とに大別されます。純チタンは一般的な鉄鋼材料と同程度の強度をもち、耐食性に優れた材料です。さらに耐食性を高めた耐食チタン合金もあります。また、高強度チタン合金は一般的な鉄鋼材料の2倍以上の強度をもちます。

要点BOX

- ●アルミねじは軽量化促進に
- ●チタンねじは耐食・耐熱性に優れ軽量
- ●いずれも今後の普及が期待

ねじの材料～アルミニウム

アルミニウムは、密度が鉄の約3分の1と軽量、電気伝導性、熱伝導性などに優れた銀白色の光沢を放つ金属です。

ねじに用いられる主なアルミニウム合金

- Al-Cu系合金
  ジュラルミン(A2017)
  超ジュラルミン(A2024)

航空機部品用として

- Al-Mg系合金
  A5052…中程度の強度で耐食性に優れる

- Al-Zn-Mg系合金
  超々ジュラルミン(A7075)

ねじの材料～チタン

チタンは、密度が鉄の約3分の2と軽量、耐食性、耐熱性などに優れた銀灰色の金属です。

- 純チタン(TP270、TP340など)
  鉄鋼材料と同程度の強度をもち、耐食性に優れる

- チタン合金
  純チタンの2倍以上の強度をもつ種類もあり、耐食性に優れる

マリンスポーツ用として

62 金属材料は熱処理で性質向上を

材料に硬くて粘り強い性質を持たせるには

鉄鋼材料をはじめとする金属材料に所要の性質および状態を与えるために行う加熱および冷却の操作のことを熱処理といいます。代表的な熱処理には、次の4種類があり、ねじの製造工程においても、さまざまな熱処理が施されます。

焼入れは材料を適切な温度まで加熱した後に、水中または油中で急冷することによって、オーステナイト組織をマルテンサイト組織という状態に変化させる熱処理です。これは古くから日本刀を鍛える際に用いられてきた方法でもあります。焼入れによって、材料の硬さを増大させることができますが同時に脆《もろ》くなり、そのままでは材料が割れやすくなります。

焼戻しは、焼入れによって硬くて脆くなった材料を焼入れ温度より低い温度まで再加熱した後に冷却する熱処理であり、焼入れの後には必ず焼戻しを行います。焼戻しによって、材料の脆さを改善して粘り強い性質を与えるとともに、硬さの調整や内部応力の除去などを行うことができます。粘り強さの向上を優先するものを高温焼戻し、硬さの向上を優先するものを低温焼戻しといいます。

焼なましは焼鈍《しょうどん》とも呼ばれ、材料を適当な温度まで加熱して設定温度を維持した後に、炉の中でゆっくりと冷却する熱処理です。材料を軟化したり、熱間で加工された材料の組織を微細化するものを完全焼なまし、軟化を目的とするものを中間焼なましといいます。

焼ならしは焼準《しょうじゅん》とも呼ばれ、材料を適当な温度まで加熱した後にゆっくりと冷却する熱処理であり、材料の残留応力を除いたり、粗大化した結晶粒を微細化したりすることにより、粘り強さなどの機械的性質の改善をはかります。

材料を焼入硬化させた場合の焼きの入りやすさのことを焼入性といい、JISでは各種の焼入性試験方法が規定されています。

要点BOX

- ●代表的な熱処理4種
- ●焼入れ、焼戻し、焼なまし、焼ならし
- ●JISでは焼入性試験方法が規定されている

熱処理のいろいろ

焼入れ

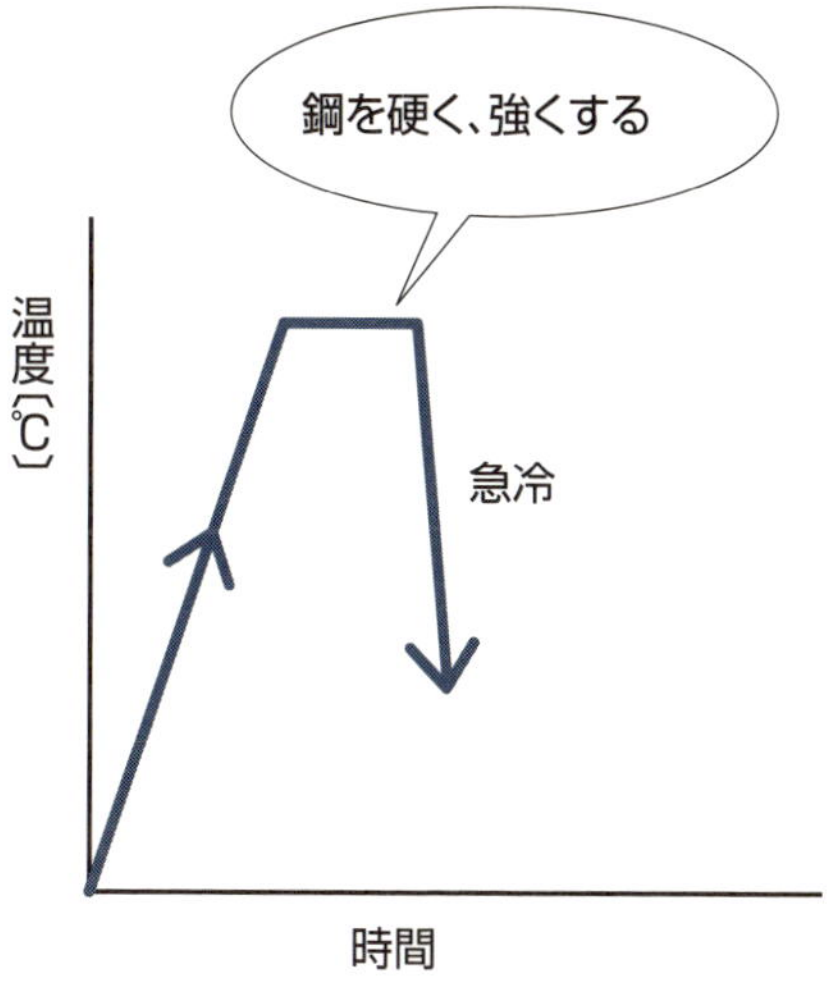

焼戻し

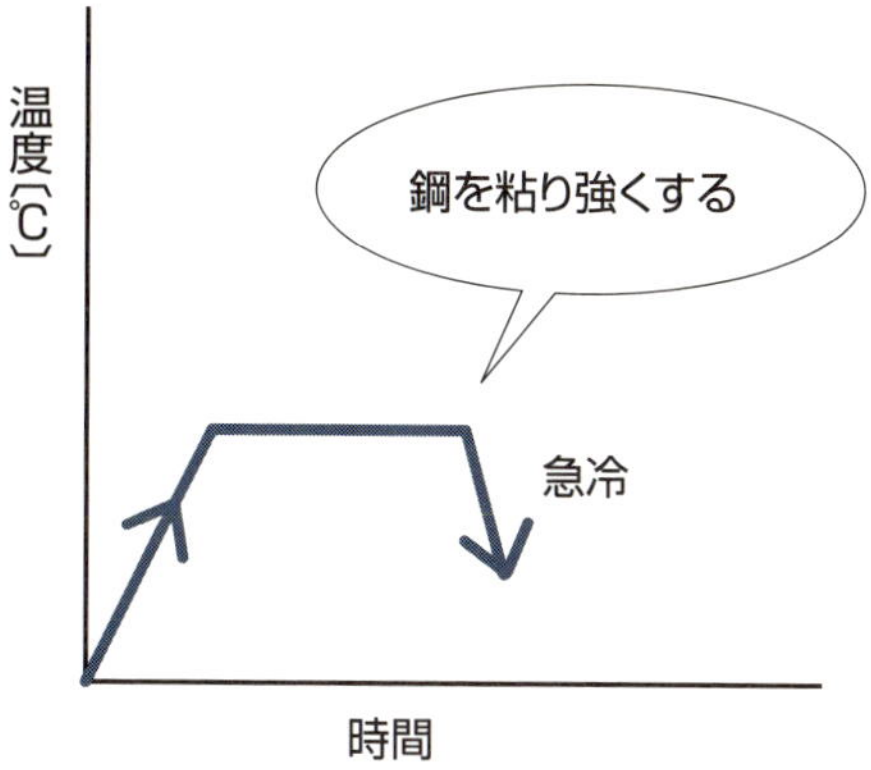

焼なまし

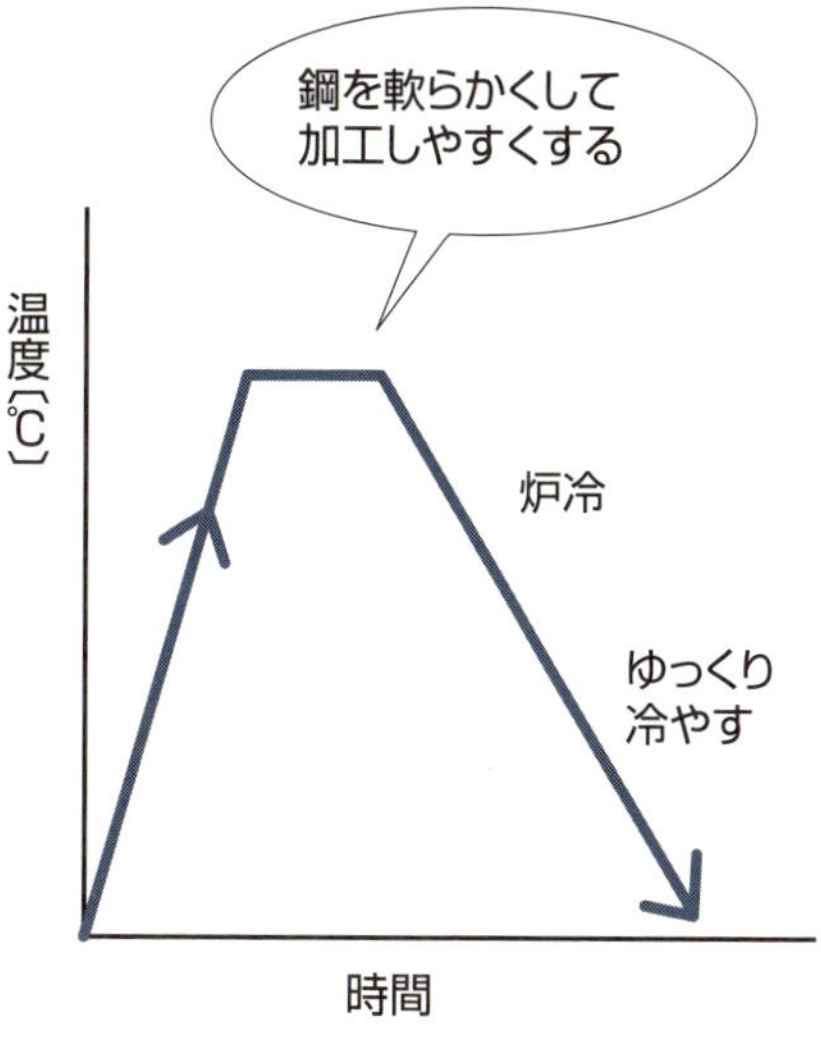

焼ならし

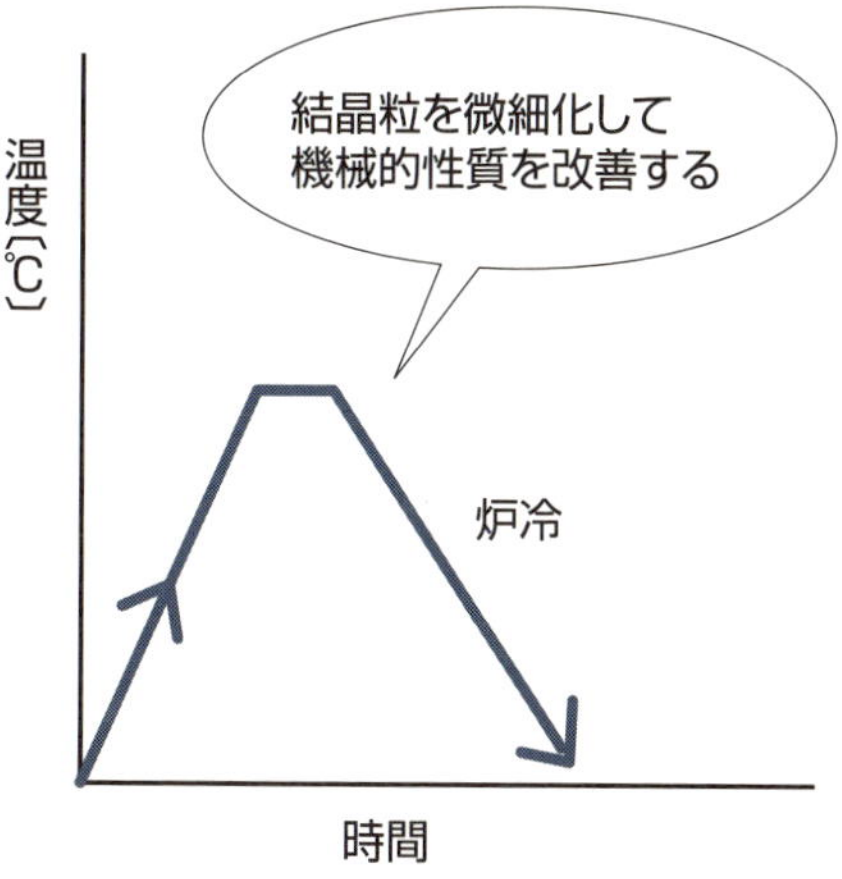

63

金属の表面硬化法のいろいろ

表面だけを硬く、粘り強く、摩擦に強く

焼入れなどの熱処理は材料全体の性質を変化させるものでした。一方で、材料の表面の性質だけを変化させるような熱処理もあります。ねじやボルトの場合にはねじ山の表面だけを硬くて粘り強くしたい場合も多いので、次のような表面処理が行われます。

浸炭焼入れは、通常、焼入れができない炭素が0・05～0・10％程度の低炭素材料の表面から炭素を浸入・拡散させて、その後に焼入れを行うものであり、材料表面を硬くて粘り強く、かつ耐摩耗性を向上させることができます。浸炭には固体浸炭や液体浸炭、ガス浸炭などいくつかの方法がありますが、現在主流となっているのは、炭化水素系のガスを変成して炉内へ装入するガス浸炭です。なお、浸炭状況を評価するには、表面最高硬さや浸炭深さなどの断面硬さが測定されます。

窒化処理は、アンモニアガス中で材料を加熱しながらその表面に窒素を浸入・拡散させて、窒素化合物を形成させて硬化させる方法であり、材料表面の耐摩耗性や耐疲労性、耐腐食性、耐熱性などを向上させることができます。他の表面硬化法よりも比較的低温下で処理を行うため、熱処理変形が少ないという特長もあります。なお、窒化する場合には、一般的にクロム（Cr）－アルミニウム（Al）、モリブデン（Mo）などの合金元素を必要とします。

高周波焼入れは、材料の表面にコイルを置いて高周波電流を流すことにより誘導電流を発生させ、このときに発生するジュール熱で材料表面に焼入れを行うものであり、材料表面の耐摩耗性および耐疲労性を向上させることができます。

なお、代表的な硬さ試験機として、金属の表面硬さを測定するものにビッカース硬さ試験機があります。これはダイヤモンド製の正四角錐圧子を用いてくぼみをつけたときの試験力を、くぼみの対角線長さから求めた表面積で割った値で表します。

要点BOX

- 浸炭焼入れで表面を硬く、粘り強く
- 窒化処理で耐腐食性、耐熱性を向上
- 高周波焼入れで耐摩耗性を向上

表面硬化法のいろいろ

浸炭焼入れ

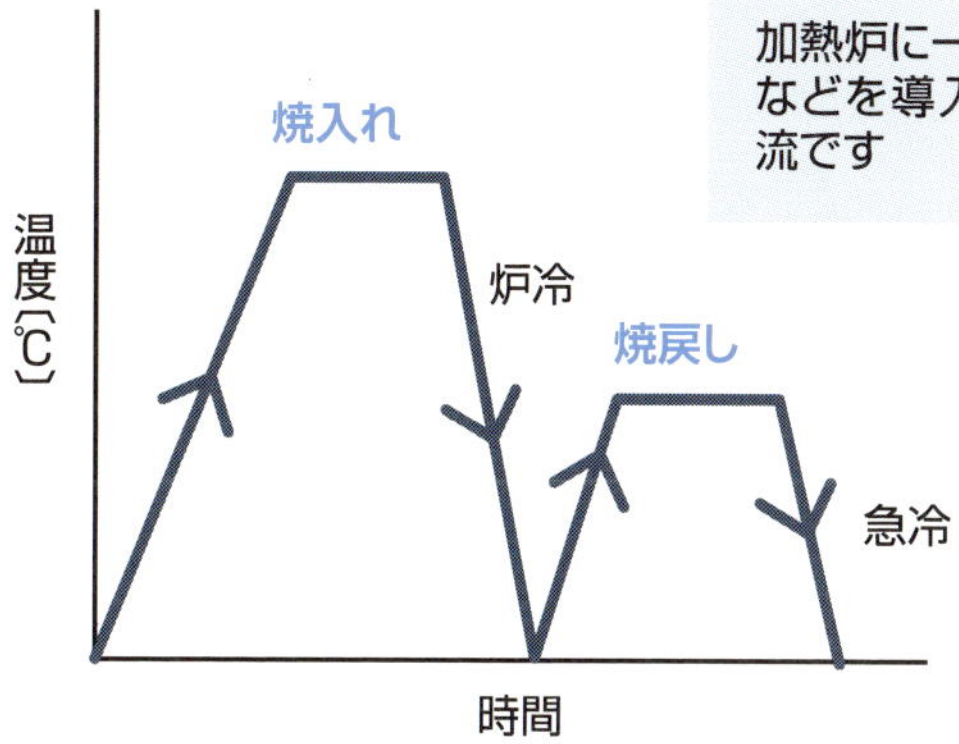

加熱炉に一酸化炭素ガス(CO)などを導入するガス浸炭が主流です

窒化処理

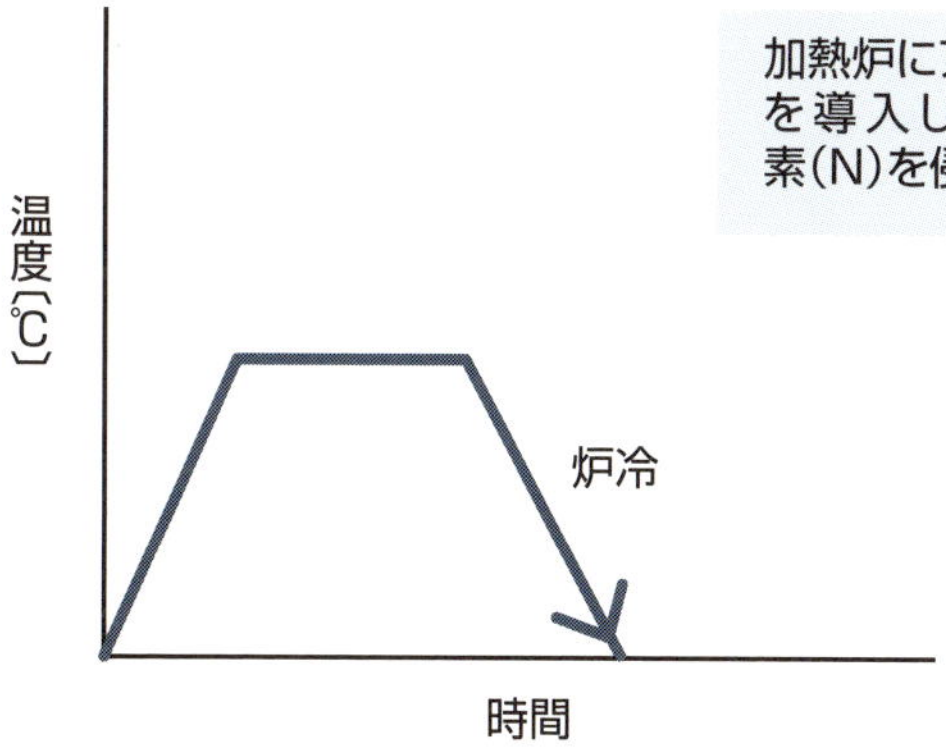

加熱炉にアンモニアガス(NH_3)を導入して鋼の表面から窒素(N)を侵入させる

高周波焼入れ

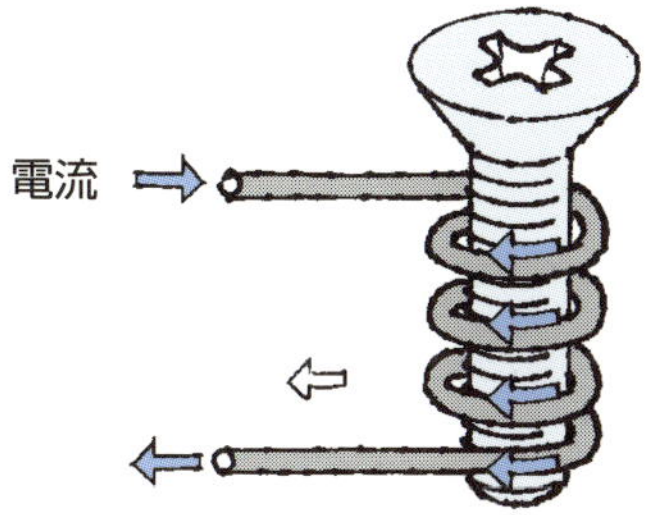

鋼材の周囲に高周波電流を流して材料表面に誘導電流を発生させる

↓

浸透深さは周波数で決まる

64 プラスチックねじは種類が豊富

プラスチックねじの種類と特徴は

プラスチックは人工的に合成された高分子物質のことであり、さまざまな種類があります。その中でも、機械部品や構造材料などの工業用途で用いられるプラスチックのことをエンジニアリングプラスチック（略してエンプラ）といい、材料の強度を比重で割った値である比強度のほか、耐摩耗性、耐衝撃性、耐食性、電気絶縁性などに優れているものなどがあります。また、非磁性や透明性、耐薬品性などに優れたものもあり、金属の代替材として、幅広く用いられています。プラスチックのねじの材料にもなるエンジニアリングプラスチックには次のようなものがあります。

ポリアセタール（ＰＯＭ）は引張強さや曲げ強さ、耐摩耗性などにおいてバランスのとれた機械的強度をもち、耐薬品性にも優れていることから、ねじや歯車などの機械部品に用いられています。一般に白色で、デルリンやジュラコンなどの商品名で呼ばれることもあります。

ポリアミド（PA）は引張強さや曲げ強さ、耐摩耗性などに優れ、耐油性、耐薬品性も兼ね備えている材料です。白、青、黒などの色があり、ナイロンという商品名で呼ばれることもあります。

ポリカーボネート（PC）は引張強さや耐摩耗性、特に耐衝撃性に優れています。高い透明性をもつことから光学材料にも用いられています。

ピーク（ＰＥＥＫ）は耐熱性や耐摩耗性に優れた、薄茶色で高強度の材料であり、特にエンプラの中でも最高レベルの耐薬品性をもちます。なお、ＰＥＥＫはVictrex社の日本における登録商標です。

レニー（ＲＥＮＹ）は耐熱性や耐油性に優れており、エンプラの中でも最高レベルの機械的強度をもちます。なお、ＲＥＮＹは三菱エンジニアリングプラスチックス社の登録商標であり、一般的には白や黒の色をしています。

要点BOX

- ●いろいろあるエンプラ
- ●バランスとれた機械的強度を持つPOM
- ●耐衝撃性に優れるPC

ねじの材料～プラスチック

エンジニアリングプラスチックのねじ

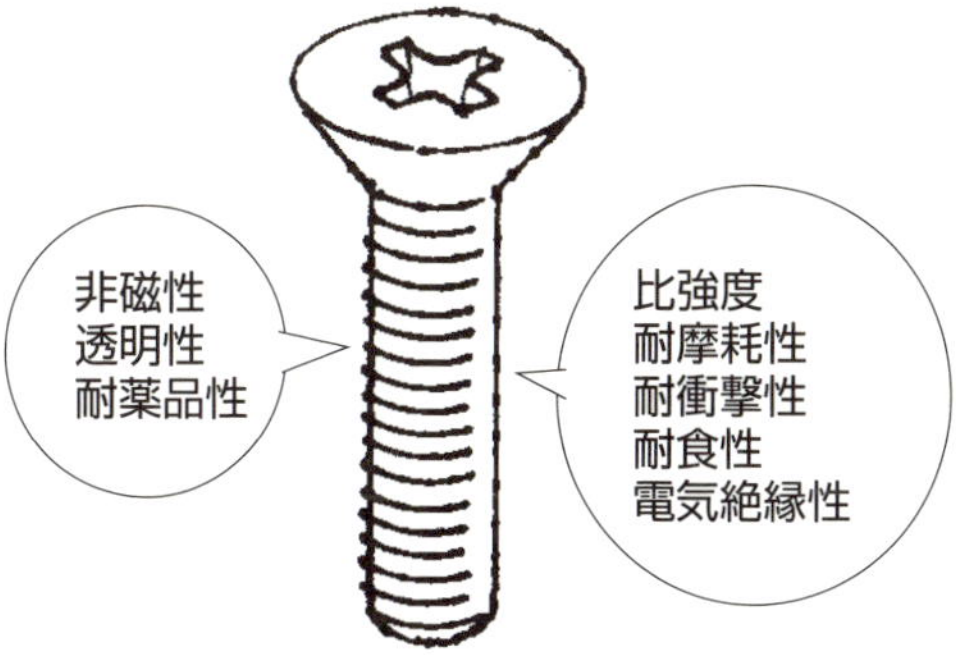

金属のねじにはない特性を
もたせることができます。

ポリアセタール
（POM：白色）

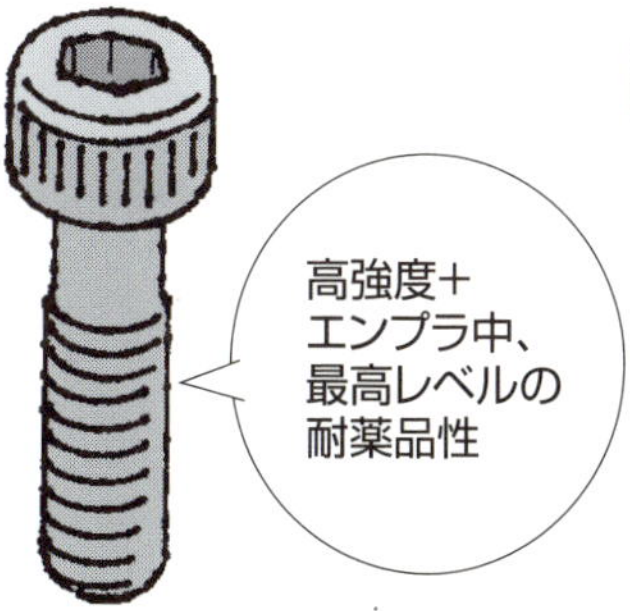

ピーク
（PEEK：薄茶色）

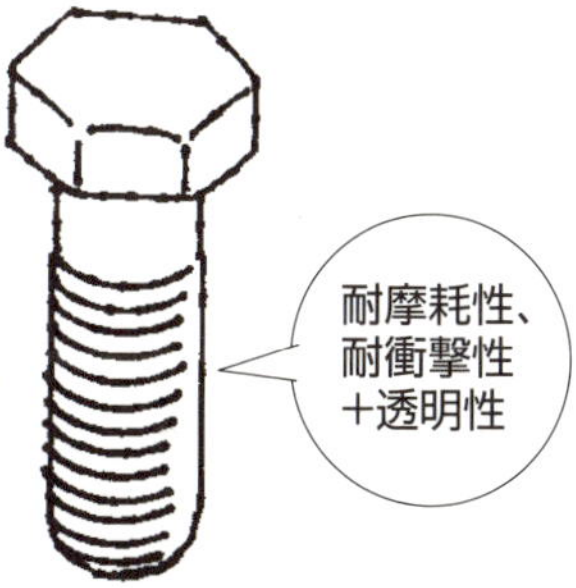

ポリカーボネート
（PC：透明）

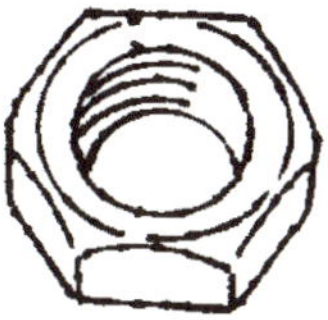

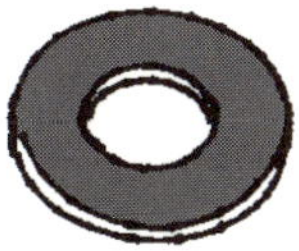

レニー
（RENY：白や黒）

プラスチックのねじはおねじだけでなく、
ナットや座金などにも用いられています。

65 小ねじに多く用いられる亜鉛めっき

ねじの表面は銀色か虹色か

切削加工や塑性加工で成形されたねじは、耐食性や耐摩耗性などを向上させるために、最終工程として何らかの表面処理が行われます。ここではねじに施される代表的なめっき法を紹介します。

電気めっきは、めっきをしたいねじを陰極として、めっきをする金属を陽極としためっき浴に浸し、ここに電気エネルギーを加えることにより、陰極の表面にめっきをする金属を析出する方法です。析出させたい金属の違いによって、亜鉛めっき、ニッケルめっき、クロムめっきなどの種類に分類されます。

亜鉛めっきはさびを防ぐことを目的としためっきであり、安価で量産に向いているため、ねじのめっき法として幅広く用いられています。鉄系ねじのめっきでは、イオン化傾向の大きな亜鉛が溶解して鉄をさびから守るはたらきがあります。亜鉛めっきはそのままでは表層の亜鉛がさびやすいため、これを防ぐ目的でめっき後にクロム酸塩溶液中に浸してクロメート皮膜を生成するクロメート処理が施されることが多いです。クロメート処理は処理溶液の違いにより分類されます。

有色クロメート（クロメート）は耐食性の向上を主目的としたものであり、表面は虹色を帯びた金色です。光沢クロメート（ユニクロ）は光沢で外観を美しくすることを主目的としたものであり、表面は青みがかった銀色です。黒色クロメート（黒亜鉛）は耐食性の向上を主目的としたものであり、表面は艶のある黒色です。緑色クロメートはクロメート処理の中でもっとも耐食性に優れており、表面は深緑色です。

なお、ユニクロの語源はクロメート処理における光沢仕上げを開発した米国・ユナイテッドクロミウム社の処理液がユニクロムデッィップコンパウンドと呼ばれたことに由来するようです。本来クロメート処理と呼ばれるものはここにあげた4種類ですが、一般にクロメートというと虹色をおびた有色クロメートを意味することが多いので注意しましょう。

要点BOX

- ねじに施される代表的なめっき法
- 亜鉛めっき、ニッケルめっき、クロムめっき
- 耐食性向上へ有色クロメート

電気亜鉛めっき

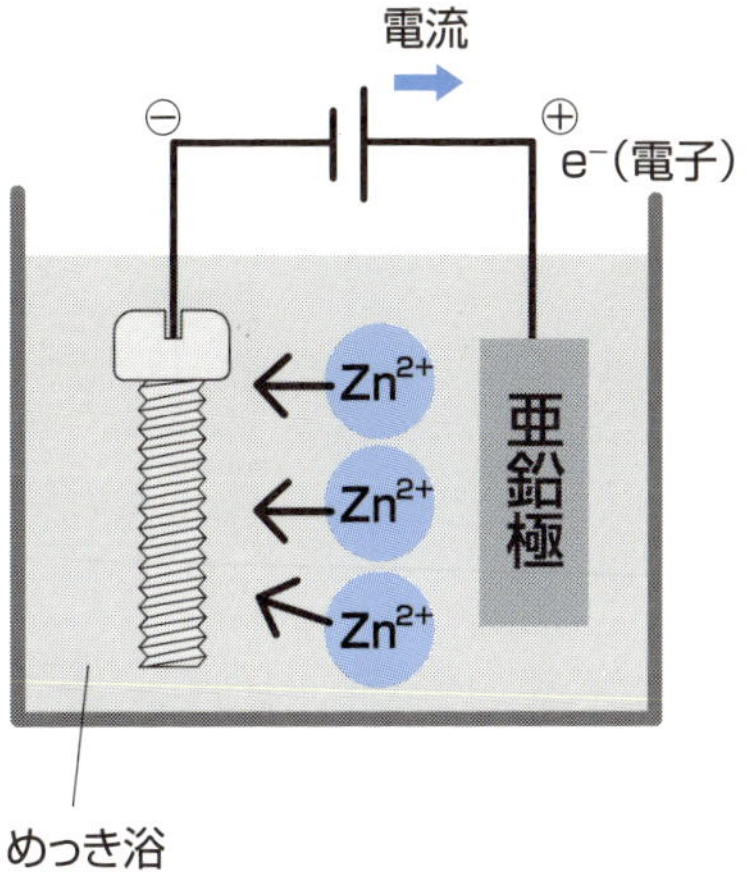

電気化学的反応

亜鉛側:$Zn \rightarrow Zn^{2+} + 2e^-$

鉄板側:$2H^+ + 2e^- \rightarrow H_2$

鉄よりイオン化傾向が大きくイオンになりやすい亜鉛がイオンになって溶け出します。

亜鉛は自らイオンになって溶け出すことで腐食して、鉄をさびから守るはたらきがあります。

亜鉛めっきそのままの皮膜では変色したり、耐食性が劣るため、さまざまなクロメート処理を行います。

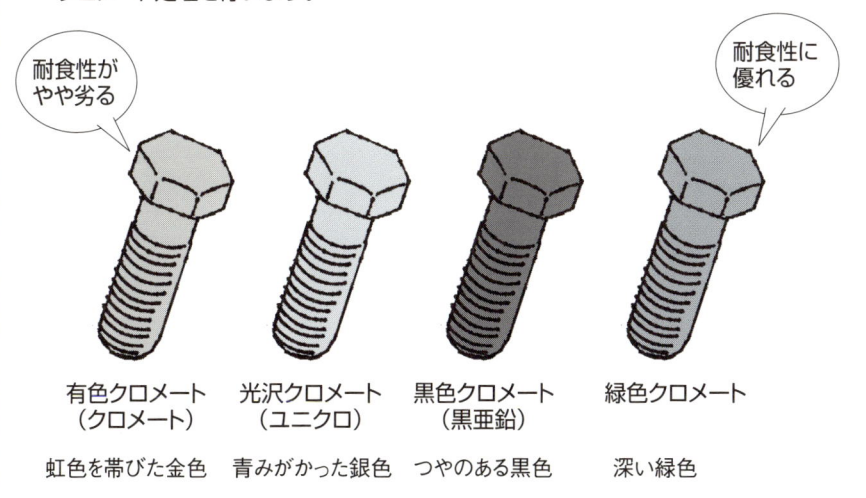

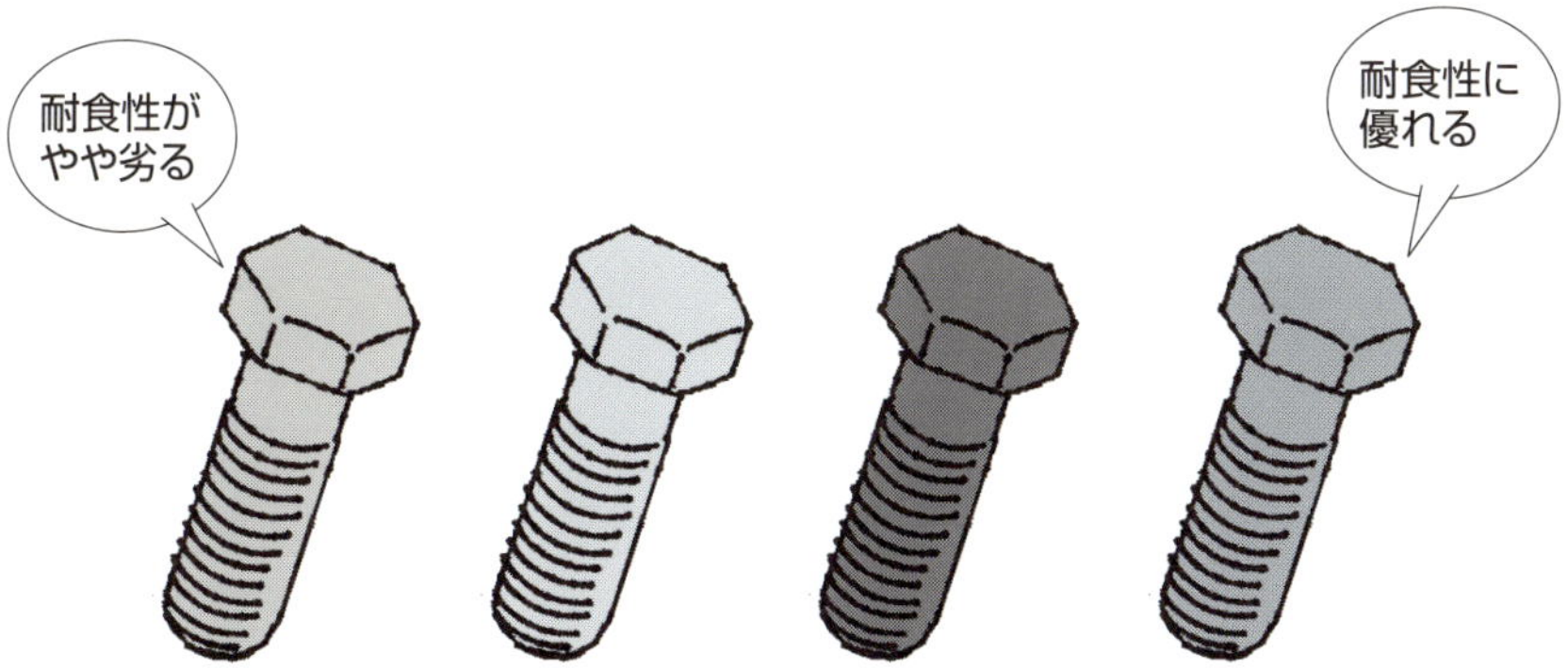

有色クロメート（クロメート）	光沢クロメート（ユニクロ）	黒色クロメート（黒亜鉛）	緑色クロメート
虹色を帯びた金色	青みがかった銀色	つやのある黒色	深い緑色

一般的なボルトにはクロメートやユニクロが多く用いられています。

66 無電解めっきや陽極酸化処理など

アルマイトは赤や青のカラーめっきも可能

無電解めっきは、電気めっきのように電気を流さずに、めっきをしたい材料をめっき液に浸すだけでめっき金属を析出させるめっき法です。このめっき法では異種金属間のイオン化傾向の差による還元反応を利用しており、耐食性を向上させることはもちろん、電気めっきよりも均一な膜厚をつくることができます。また、プラスチックのような電気伝導性のない材料でもめっきが可能であるという特長もあります。析出させたい金属の違いによって、ニッケルめっき、スズめっき、金めっき、銀めっきなどの種類に分類されます。

ねじに施されることが多い代表的な無電解ニッケルめっきはニッケルとリンの合金めっきであり、複雑な形状に対しても、膜厚のムラなく均一にめっきできることに加えて、硬さや耐摩耗性などの機械的特性、電気的特性、磁気的特性などを向上させることもできます。

陽極酸化処理は電気めっきとは逆に、めっきをしたいねじを陽極として、めっきをする金属を陰極としためっき浴に浸し、ここに電気エネルギーを加えることにより陽極の表面にめっきをする金属を析出する方法です。この方法はアルマイト処理とも呼ばれ、主にアルミニウムの表面処理に利用されます。この処理では、耐食性や耐摩耗性の向上はもちろん、被膜を赤、青などに染色するカラーアルマイト処理もできます。

黒染めは鉄の表面に緻密な酸化被膜である四三酸化鉄皮膜を形成して耐食性を向上させる処理です。電気を使用することなく安価で光沢のある黒色を出すことができますが、皮膜の厚みが1～2 μmと薄いため、ほかのめっきに比べると耐食性は劣ります。

パーカーライジングは耐食性を向上させるため、鉄の表面に化学的に皮膜を形成する化成皮膜を施す処理であり、厚膜を形成して耐食性に優れたりん酸塩亜鉛皮膜と薄膜を形成して耐食性よりも表面の美観を向上させるりん酸塩鉄皮膜とに大別されます。

要点BOX

- ●めっき液に浸すだけでめっき
- ●ねじに施される無電解ニッケルめっき
- ●陽極酸化ー主にアルミの表面処理に

無電解ニッケルめっき

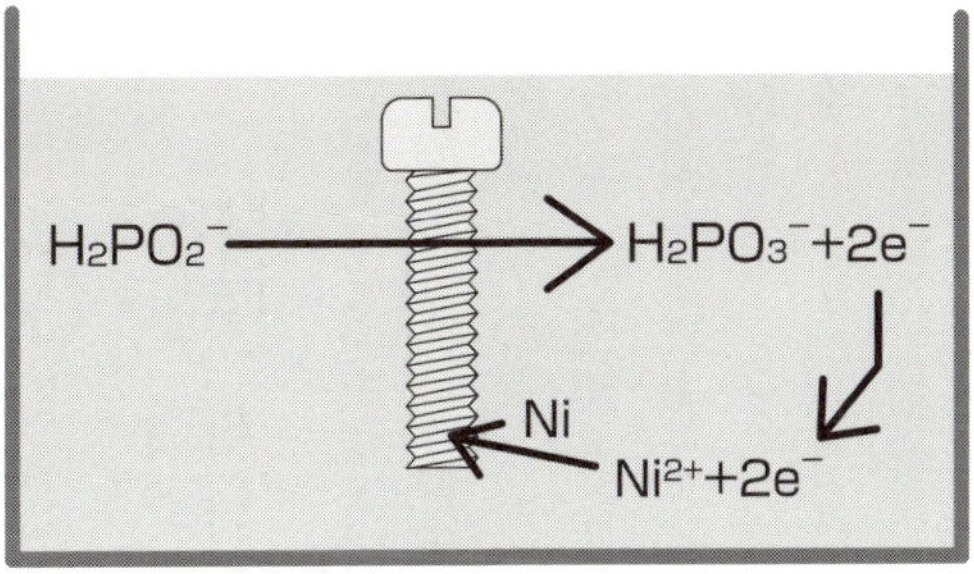

ニッケルめっきでは還元剤として、次亜りん酸塩（$H_2PO_2^-$）が用いられます。

陽極酸化処理

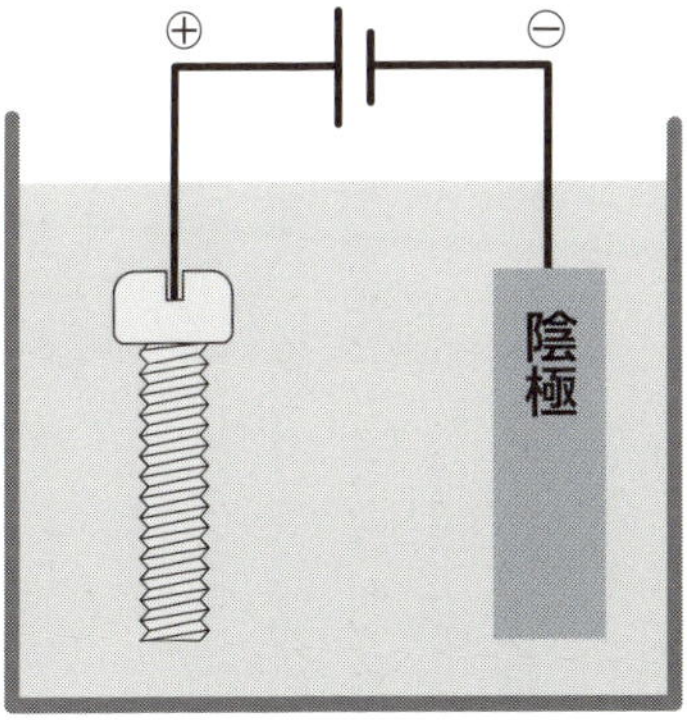

耐食性や耐摩耗性の向上に加え、カラー着色もできます。

アルミサッシなどにも用いられています。

黒染め

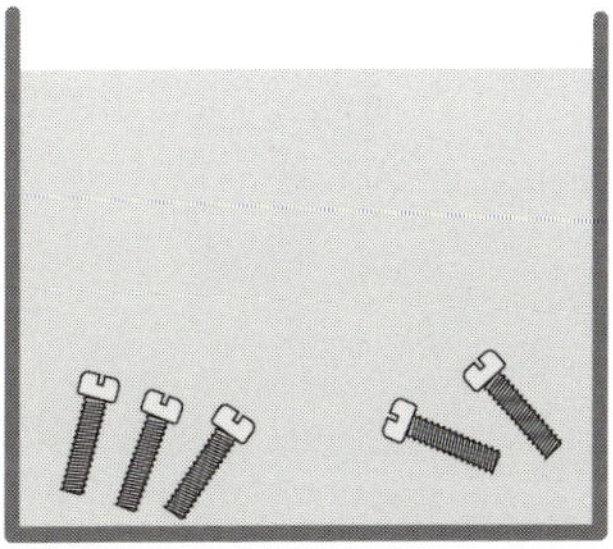

表面に四三酸化鉄皮膜を形成する

パーカーライジング

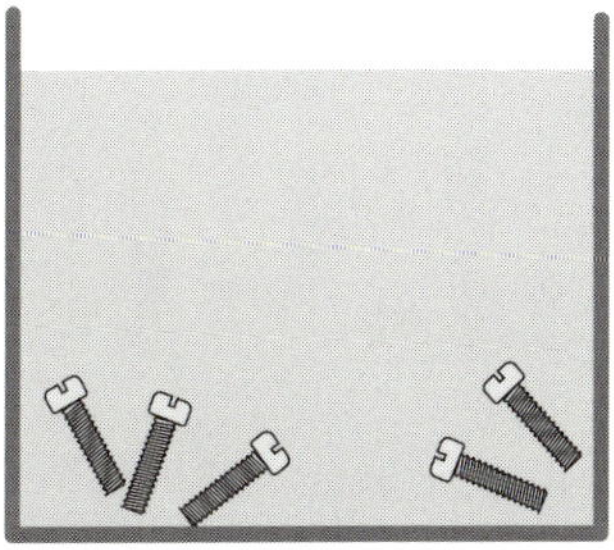

表面にりん酸塩皮膜を形成する

67 めっきに関係する規制のいろいろ

めっきの廃液処理などの環境対策は

めっきは有害な化学物質を多く用いるため、その廃液処理の問題などの環境対策が求められています。例えば、クロメート処理に用いられる六価クロムは人体に影響を与える有害物質であるため、排水規制も古くから行われ、環境基本法等の法規制により環境基準値が規定されています。近年では自動車業界や半導体業界などでは、六角クロムの代替処理が検討されており、有力な代替物質が三価クロムめっきです。三価クロムは毒性がない三価クロムが主成分であるため、作業環境が改善されると同時に廃水処理も簡単になります。

近年はEU（欧州連合）での規制が強化されており、その対策も求められています。

EUでは欧州における自動車のリサイクルに関する指令であるELV（End of Life Vehicleの略）が2000年10月から施行されており、自動車廃棄物の削減とこれらが環境へ与える影響を軽減するために廃棄物の利用やリサイクルを進めることなどを目的として自動車におけるカドミウムや鉛、水銀、六価クロムなどの使用が一部の例外を除き、禁止されています。

RoHS指令は2006年7月に施行された電気電子部品に含まれる特定物質の含有を規制する指令のことであり、六価クロムのほか、鉛やカドミウム、水銀などの6種類を規制値以上含有した製品はEUでは販売できないという内容です。

また、2007年6月には同じくEUでREACH規制が施行されました。この規制では、人の健康と環境の保護、EU化学産業の競争力の維持向上などを目的として、化学物質のほとんどすべてを対象として規制をしています。

この規則は従来の40以上の化学物質関連規則を統合するものであり、既存・新規を問わずすべての化学物質をEUで販売等をする場合に製造者、輸入者に登録を義務づけることなどが定められています。

要点BOX

- ●めっきにおける廃液処理
- ●EUにおけるRoHS指令
- ●REACH規制とは

めっきに関する規制

ELV（End of Life Vehicle）

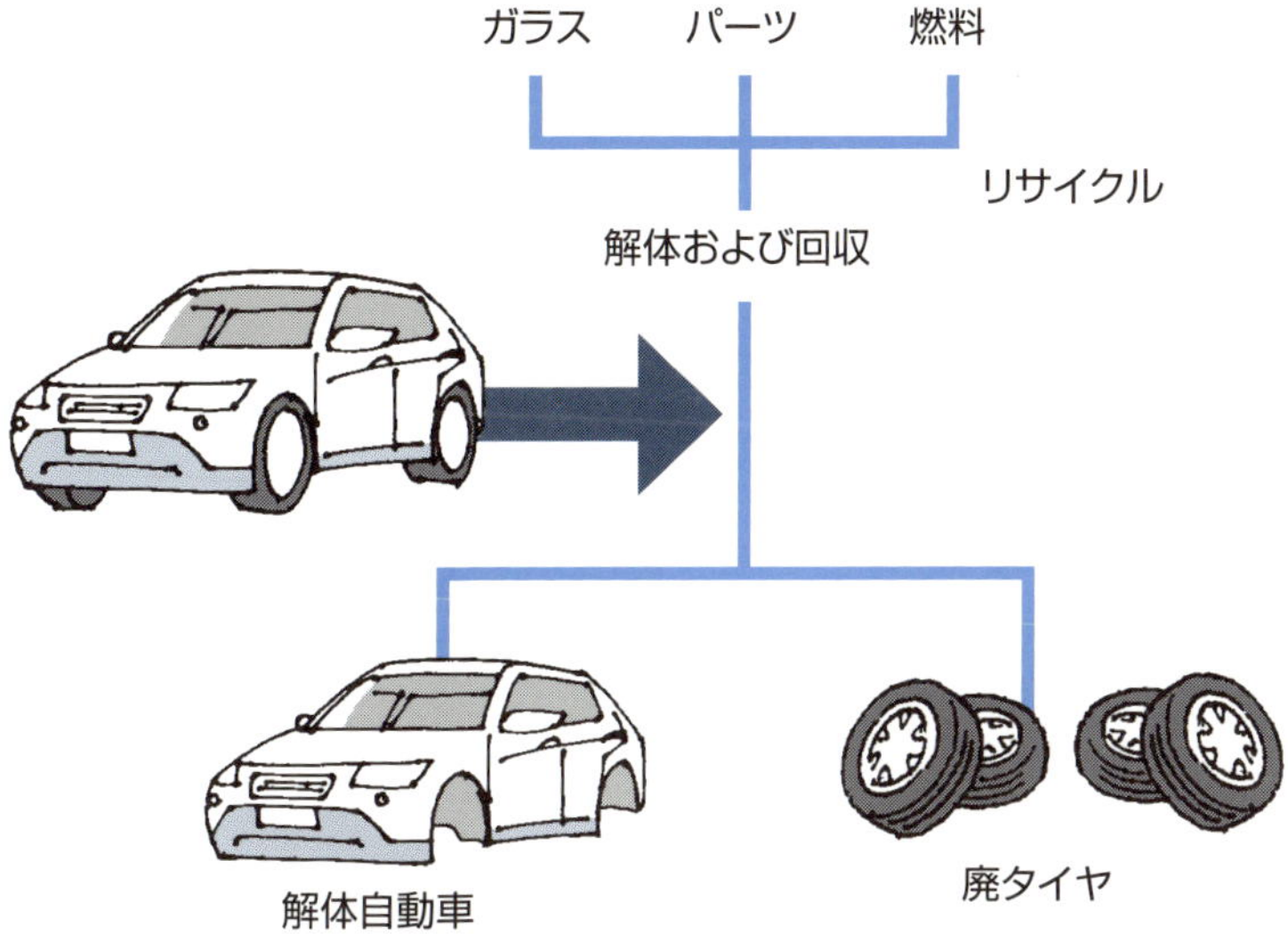

RoHS指令（Restriction of the Use of CertainHazardous Substances in Electrical and Electronic Equipmentの略）

使用禁止となっている有害物質と含有率基準値

物質の名称	含有率〔wt%〕
鉛	0.1
水銀	0.1
カドミウム	0.01
六価クロム	0.1
ポリブロモビフェニル（PBB）	0.1
ポリブロモジフェニルエーテル（PBDE）	0.1

※wt%は、製品重量を基準とした含有率を示す、製品重量が100gの場合、0.1wt%は0.1g

REACH規制（REACHとは、Registration（登録）、Evaluation（評価）、Authorization（認可）and Restriction（制限）of Chemicals（化学）」の略）

「EU域内にて、化学品を製造、輸入する場合に登録、許可を義務付け、高懸念物質については、認可、されにリスクの高い物質には、禁止等の制限を設ける」EUの規制。

電子機器のような完成品も化学物質の集合体とする

68 水素ぜい性による遅れ破壊

ねじの製造工程において水素の侵入を防ぐには

水素ぜい性はねじの製造工程において鉄鋼材料の内部に水素原子が侵入することで材料が脆くなることであり、通常の設計強度よりも十分に低い応力が付加されたときに延性や荷重負荷能力が失われたり、き裂が発生したり、ぜい性破壊を引き起こしたりします。水素ぜい性を起こした材料は割れやすくなるため、塑性変形をほとんど伴うことなく、ぜい性的に突然破壊することがあり、これを遅れ破壊といいます。

一般に水素ぜい性は低炭素鋼ではほとんど問題ありませんが、高強度の高炭素鋼において起こります。このことは、高強度が必要な六角ボルトや六角穴付きボルトなどにおいて致命的な欠陥となります。なお、ボルトにおいて遅れ破壊が発生しやすい箇所としては、ねじ頭部の首下や不完全ねじ部があげられます。水素は熱処理やガス浸炭、洗浄、めっき処理などの工程を中心として、切削加工や転造加工などにおいても侵入することがあります。これらの工程を省くことは難しいため、不純物の侵入を防ぐような工程管理が求められます。

ＪＩＳでは水素ぜい化検出のための予荷重試験として、平行座面による方法が規定されています。この試験では、ねじやボルトを対応するナットと組み合わせ、適切なトルクレンチで降伏点まで締め付ける予荷重試験を行い、このときのトルク値の平均を記録し、目視によりき裂や破壊を観察します。

なお、水素ぜい性は安定して静的荷重を受けているボルトが時間の経過とともに一定の荷重内において何の前ぶれもなく突然破断することから、静的疲労破壊とも呼ばれます。

これに対して、ボルトが振動などの動的荷重を繰り返し受けていると、荷重が弾性範囲内であっても、ボルトの一部に肉眼では発見できないような微細なき裂が入り、突然破断することがあります。このような破断を動的疲労破壊といいます。

要点BOX

- 鉄鋼材料の水素ぜい性破壊
- 突然破断を起こす水素ぜい性
- 静的疲労破壊と動的疲労破壊

水素ぜい性による遅れ破壊

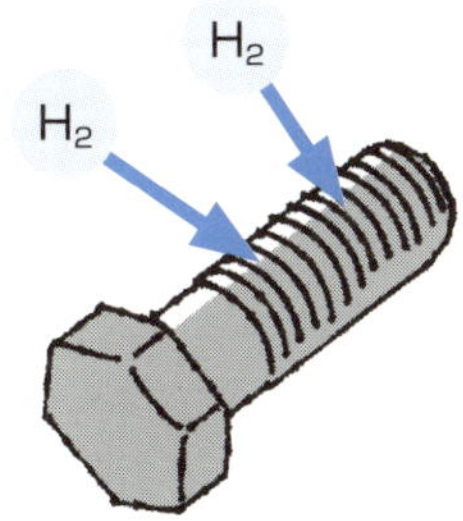

ボルトの首下や不完全ねじ
部で発生しやすい

遅れ破壊とは、
一定の引張荷重が加えられている状態で、ある時間が経過した後に、外見上はほとんど塑性変形を伴わずに突然ぜい性的に破壊する現象です。

この原因は鋼材内部に侵入した水素によるものであるため、この現象を水素ぜい性ともいいます。

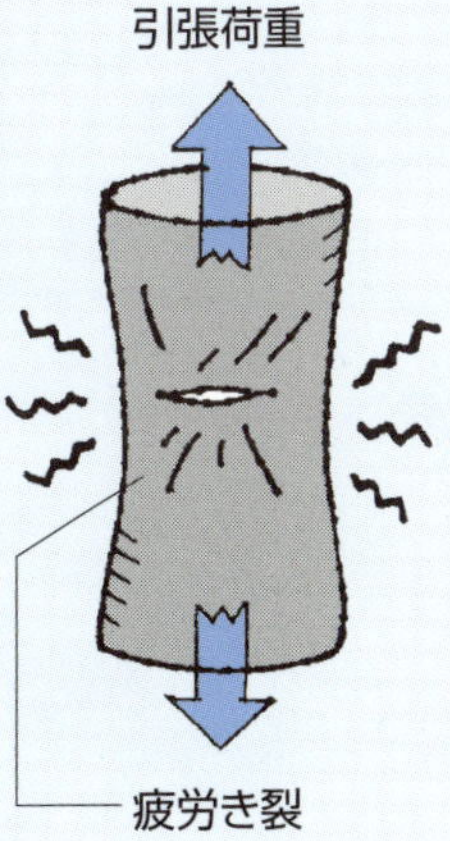

切欠きやき裂をつけた鋼の試験片に水素ガス中で荷重をかけると、荷重が一定値でも時間の経過とともにき裂がゆっくり進展し、最終的には脆く破壊します。

破壊破面を観察して、
破面原因を究明します。

振動や曲げ荷重を繰り返し
受けることで発生しやすい

疲労破壊とは
振動や曲げ荷重を繰り返し受けているうちに、ボルトの一部に肉眼では発見できないような微細なき裂が入り、破壊する現象です。

Column

溶かしてつくるねじ

これまでねじの製造法として、切削加工と塑性加工(圧造・転造)を紹介してきました。ところで、プラスチックねじはどちらの方法で製造されているのでしょうか。多くのプラスチックねじはこのどちらでもなく、射出成形と呼ばれる別の製造法でつくられています。

射出成形とは、プラスチックの原料となる樹脂の粒を溶かして型に流し込んで成形する加工法です。射出成形を行うための工作機械を射出成形機といいます。ねじをつくりたいときにはねじの金型を取り付けておき、ここに加熱して溶かした樹脂を圧力を加えながら流し込みます。金型にはコストがかかりますが、射出成形は短時間での大量生産に向いている加工法であり、プラモデルや各種のプラスチック製品の多くはこの方法で製造されています。

実用的なねじではありませんが、これと同じ方法でチョコレートをボルトとナットの型に流し込んでつくったねじがあります。精密に型取りされているため、このボルトとナットはかみ合わせて動かすこともできるそうです。「ふたつでひとつになるチョコレート」として注目されています。

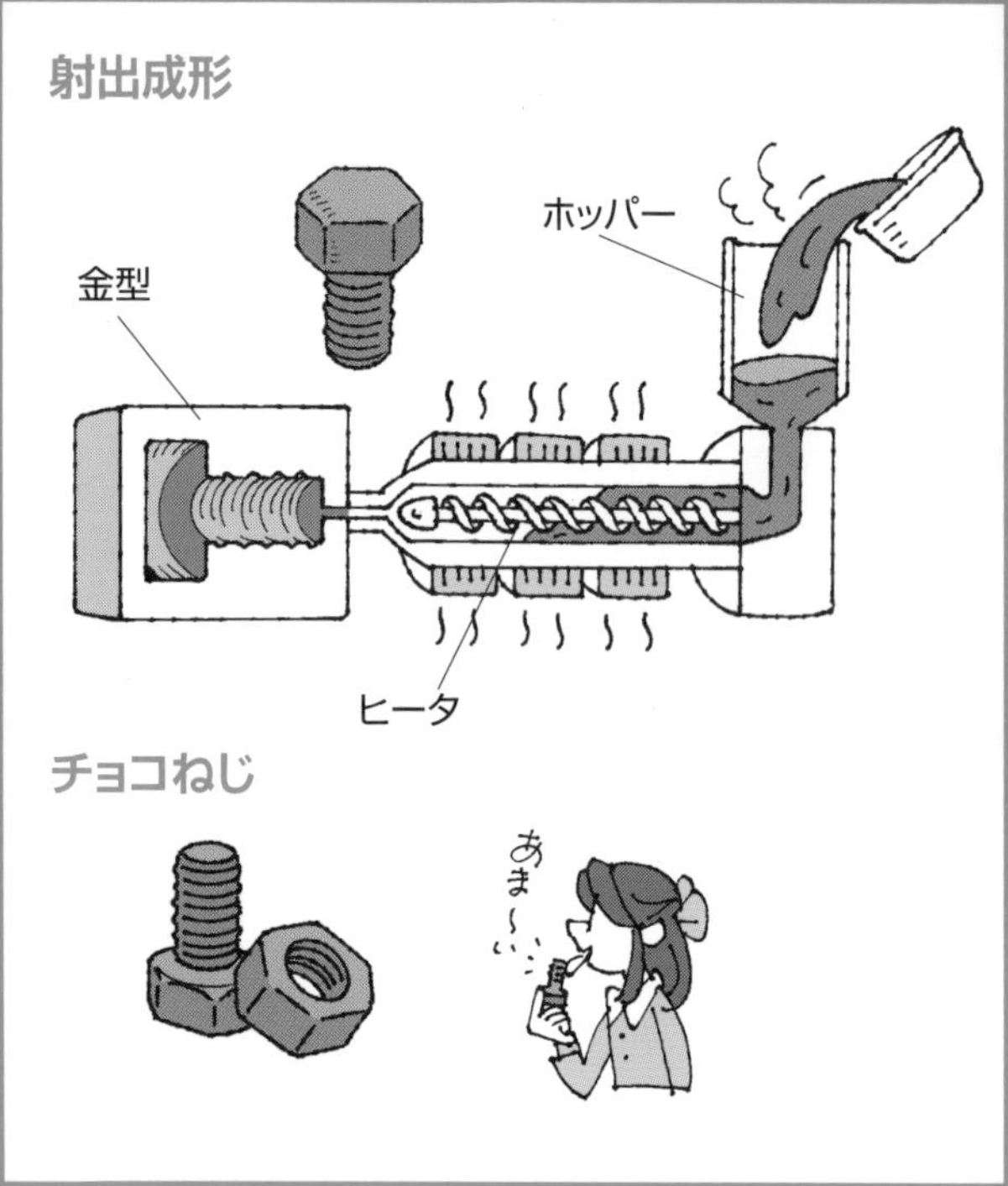

【参考文献】

『ＪＩＳハンドブックねじⅠ、Ⅱ』（日本規格協会）２００８年

酒井智次『増補ねじ締結概論』（養賢堂）２００３年

門田和雄『絵ときねじ 基礎のきそ』（日刊工業新聞社）２００７年

門田和雄『暮らしを支える「ねじ」のひみつ』（ソフトバンククリエイティブ サイエンスアイ新書）２００９年

門田和雄（監修）『ねじ図鑑～種類や上手な使い方がよくわかる』（誠文堂新光社）２００７年

ナ

ハ

マ

ヤ

ラ

索引

英数字

ア

カ

サ

タ

今日からモノ知りシリーズ
トコトンやさしい
ねじの本

NDC 694

2010年6月28日　初版1刷発行
2021年3月19日　初版9刷発行

©著者　門田和雄
発行者　井水 治博
発行所　日刊工業新聞社
東京都中央区日本橋小網町14-1
(郵便番号103-8548)
電話　書籍編集部　03(5644)7490
販売・管理部　03(5644)7410
FAX　03(5644)7400
振替口座　00190-2-186076
URL　https://pub.nikkan.co.jp/
e-mail　info@media.nikkan.co.jp
企画・編集　新日本編集企画
印刷・製本　新日本印刷(株)

●DESIGN STAFF
AD──────志岐滋行
表紙イラスト────黒崎　玄
本文イラスト────輪島正裕
ブック・デザイン ──新野富有樹
(志岐デザイン事務所)

●
落丁・乱丁本はお取り替えいたします。
2010 Printed in Japan
ISBN　978-4-526-06476-0　C3034

●定価はカバーに表示してあります

●著者略歴
門田和雄（かどた　かずお）

宮城教育大学教育学部
技術教育講座　教授

東京学芸大学教育学部技術科卒業
東京学芸大学大学院教育学研究科
修士課程（技術教育専攻）修了
東京工業大学大学院総合理工学研究科
博士課程（メカノマイクロ工学専攻）修了
博士（工学）

●主な著書
『絵とき「ねじ」基礎のきそ』
『絵とき「機械要素」基礎のきそ』
『絵とき「ロボット工学」基礎のきそ』
『トコトンやさしい「制御」の本』
『トコトンやさしい「歯車」の本』
『ココからはじめる機械要素』
『絵とき機械用語事典―機械要素編―』
『3Dプリンタではじめるデジタルモノづくり』
（以上，日刊工業新聞社）

『暮らしを支える「ねじ」のひみつ』
『基礎から学ぶ機械工学』
『基礎から学ぶ機械設計』
（以上，ソフトバンククリエイティブサイエンス・アイ新書）

など多数